江苏农林职业技术学院"园林技术"品牌专业建设成果

常见园林观赏植物资源图库

Common Ornamental Plants Resources Gallery

主　编｜宗树斌　王永平

副主编｜刘玉华　顾立新

主　审｜周兴元

参　编｜潘静霞　杨宝玲　陈少卿

江苏大学出版社

JIANGSU UNIVERSITY PRESS

镇江

内容提要

本书以"江苏丘陵山地林木种质资源基因库"的园林植物资源为基础,对常见园林观赏植物进行建档。从"形态特征"、"生态习性"、"繁殖要点"、"栽培管理"、"观赏应用"以及与该植物有关的"小知识"等几个方面对相关植物进行简明扼要的介绍,并把每种植物资源的信息生成二维码,建立信息资源库,便于有需要者进一步入库查询。全书图文并茂、直观易学,可作为园林类专业植物识别和栽培课程的教材或参考书,也可作为园林、园艺等相关专业从业人员的培训资料和参考用书。

图书在版编目(CIP)数据

常见园林观赏植物资源图库 / 宗树斌,王永平主编
. — 镇江 : 江苏大学出版社,2016.7
ISBN 978-7-5684-0151-7

Ⅰ. ①常… Ⅱ. ①宗… ②王… Ⅲ. ①园林植物－观赏植物－图集 Ⅳ. ①S68-64

中国版本图书馆 CIP 数据核字(2015)第 312316 号

常见园林观赏植物资源图库
CHANGJIAN YUANLIN GUANSHANG ZHIWU ZIYUAN TUKU

主　　编/	宗树斌　王永平
责任编辑/	杨海濒
出版发行/	江苏大学出版社
地　　址/	江苏省镇江市梦溪园巷 30 号(邮编:212003)
电　　话/	0511-84446464(传真)
网　　址/	http://press.ujs.edu.cn
排　　版/	镇江华翔票证印务有限公司
印　　刷/	南京精艺印刷有限公司
经　　销/	江苏省新华书店
开　　本/	889 mm×1 194 mm　1/16
印　　张/	22.5
字　　数/	635 千字
版　　次/	2016 年 7 月第 1 版　2016 年 7 月第 1 次印刷
书　　号/	ISBN 978-7-5684-0151-7
定　　价/	110.00 元

如有印装质量问题请与本社营销部联系(电话:0511-84440882)

前　　言

随着现代园林的发展,"植物造景"的理念深入人心,园林植物的绿化、净化、美化作用得到了越来越广泛的认知,园林植物在园林规划设计中的作用和地位也变得越来越重要。特别是现代城市建设中提出的"生态城市"、"园林城市"、"森林城市"等理念,对园林植物的培育提出了更高的要求。

园林植物的广泛应用是以丰富的园林植物种质资源为前提的。各地都纷纷通过开发应用传统乡土树种和引进栽植最新流行品种等途径来丰富当地的园林植物种质资源,建立种质资源基因库。江苏农林职业技术学院从2004年就开始"江苏丘陵山地林木种质资源基因库"建设项目,在江苏农博园和校园树木园等地点广泛引种栽培了丰富的园林植物树种,在此基础上,由学院主导推动的"彩叶苗木"和"草坪草"两大产业得到了快速的发展,为江苏的地方经济做出了巨大贡献,也为学院赢得了很高的荣誉和发展机遇。

本书就是依托该项目的建设成果,通过长期的观察、记录,对引种栽培的常见园林观赏植物进行建档。对每一种观赏植物,从"形态特征"、"生态习性"、"繁殖要点"、"栽培管理"、"观赏应用"以及与该植物有关的"小知识"等几个方面进行编写。在编写过程中注重"简洁、实用、全面"的原则,全书图文并茂、直观易学,可作为园林类专业植物识别和栽培课程的教材或参考书,也可作为园林、园艺等相关专业从业人员的培训资料和参考用书。

本书另外一个亮点就是,在当下"互联网+"的浪潮下,本书为每一种观赏植物资源生成了一个二维码,建立了网络的ID。这样就为后续的"植物资源信息平台"、园林植物类网络课程、电子教材、虚拟植物园等网络教学资源的开发建设奠定了基础。这是江苏农林职业技术学院"园林技术"品牌专业建设成果之一。

本书由江苏农林职业技术学院宗树斌、王永平担任主编,刘玉华、顾立新担任副主编,潘静霞、杨宝玲、陈少卿等参与编写,周兴元担任主审。

本书在编写过程中,参考了有关书籍、文献及网站资料,在此向相关的作者表示衷心的感谢,引用的部分网络资源未能标示的部分还敬请各位相关作者予以谅解。

由于编写人员水平有限,书中难免有错误和疏漏之处,敬请各位专家和读者批评指正。

编　者

2015年10月

目录

苏铁

Cycas revoluta Thunb.

俗称"铁树",又名凤尾蕉、避火蕉、凤尾松,苏铁科苏铁属。

形态特征

苏铁雌雄异株,花形各异,雄花椭圆形,黄褐色,挺立于青绿的羽叶之中;雌花扁圆形,浅黄色,紧贴于茎顶,花期6—8月。种子卵圆形,微扁,熟时红色。茎圆柱形如有明显螺旋状排列的菱形叶柄残痕。羽状叶从茎的顶部生出。

生态习性

苏铁喜暖热湿润的环境,喜光、喜铁元素,喜微酸性肥沃的土壤。稍耐半阴,也耐干旱,不耐寒冷,生长甚慢,寿命约200年。在中国南方热带及亚热带南部,树龄10年以上的几乎每年都开花结实,而长江流域及北方各地栽培的苏铁常终生不开花,或偶尔开花结实。

繁殖要点

(1)播种。种子于秋末采集,随采随播,也可沙藏,于翌年春季点播。因种皮厚而坚硬,生芽缓慢,温度要保证在15 ℃以上,覆土要深些,约3 cm,一般4~6个月后发芽;在30~33 ℃高温下,约2周即可发芽;幼苗生长较慢,种苗需2~4年方可移栽。

(2)分生。在树干上切取分蘖,栽种在沙壤土中,行距20~30 cm,株距10~15 cm,覆土6~8 cm,遮阴,在半阴条件下容易成活。

栽培管理

    苏铁养护时应保持土壤水分在 60%左右,浇水应遵循"见干见湿"的原则。春夏季叶片生长旺盛时期,特别是夏季高温干燥要多浇水,早晚各 1 次,并喷洒叶面,保持叶片清新翠绿。入秋后可 2~5 d 浇水 1 次。生长期间施肥,每月施 1 次 40%稀释腐熟豆饼肥加入 0.5%的硫酸亚铁,也可用生锈的铁钉、铁皮放于土壤,任铁质渐渐渗入土中,供苏铁吸收,使苏铁叶子翠绿。夏季要避免放在阳光处曝晒,冬季防冻保暖,0 ℃以上能安全越冬。对于基叶枯黄,要适当修去老叶,让它

再生新叶。

观赏应用

苏铁树形古雅,主干粗壮,坚硬如铁;羽叶洁滑光亮,四季常青,为珍贵观赏树种。南方多植于庭前阶旁及草坪内;北方宜作大型盆栽,布置庭院屋廊及厅室,殊为美观。

小知识

苏铁是裸子植物,只有根、茎、叶和种子,没有花这一生殖器官。所以,苏铁的种子就成了它的花。种子成熟期为10月份。

"铁树"一说是因其木质密度大,入水即沉,沉重如铁而得名;另一说因其生长需要大量铁元素,故而名之。

银杏

Ginkgo biloba L.

银杏,别名白果、公孙树、鸭脚树,银杏科银杏属落叶大乔木。是现存种子植物中最古老的孑遗植物,和它同纲的所有其他植物皆已灭绝,号称"活化石"。变种及品种有黄叶银杏、塔状银杏、裂银杏、垂枝银杏和斑叶银杏等 26 种。

形态特征

银杏胸径可达 4 m,幼年及壮年树冠圆锥形,老则广卵形;枝近轮生,斜上伸展(雌株的大枝常较雄株开展);一年生的长枝呈淡褐黄色,二年生以上变为灰色,并有细纵裂纹;短枝密被叶痕,黑灰色,短枝上亦可长出长枝;冬芽黄褐色,常为卵圆形,先端钝尖。叶互生,在长枝上辐射状散生,在短枝上 3~5 枚成簇生状,有细长的叶柄,扇形,两面淡绿色,无毛,有多数叉状并列细脉,秋季落叶前变为黄色。

雌雄异株,雄球花荑黄花序状,下垂,雄蕊排列疏松,具短梗,花药常 2 个,长椭圆形,药室纵裂,药隔不发;雌球花具长梗,梗端常分两叉,稀 3~5 叉或不分叉,每叉顶生一盘状珠座,胚珠着生其上,通常仅一个叉端的胚珠发育成种子。种皮肉质,被白粉,熟时黄色或橙黄色,有臭味。

生态习性

　　银杏为阳性树,喜湿润而排水良好的深厚壤土,适于生长在水热条件比较优越的亚热带季风区。在酸性土(pH 4.5)、石灰性土(pH 8.0)中均可生长良好,而以中性或微酸土最适宜,不耐积水之地,较能耐旱。初期生长较慢,萌蘖性强。雌株一般20年左右开始结实,500年生的大树仍能正常结实。一般3月下旬至4月上旬萌动展叶,4月上旬至中旬开花,9月下旬至10月上旬种子成熟,10月下旬至11月落叶。

繁殖要点

可采用扦插、分株、嫁接和播种方法繁殖。

（1）扦插。可分为硬枝扦插和嫩枝扦插，硬枝扦插一般是在春季 3—4 月，从成品苗圃采穗或在大树上选取 1~2 年生的优质枝条，剪截成 15~20 cm 长的插条，上剪口要剪得平滑呈圆形，下剪口剪成马耳形。剪好后，每 50 根扎成一捆，用清水冲洗干净后，再用 ABT 生根粉浸泡 1 h，扦插于细黄沙或疏松的苗床土壤中。扦插后浇足水，保持土壤湿润，约 40 d 后即可生根。成活后进行正常管理，第二年春季即可移植。嫩枝扦插是在 5 月下旬至 6 月中旬，剪取银杏根际周围或枝上抽穗后尚

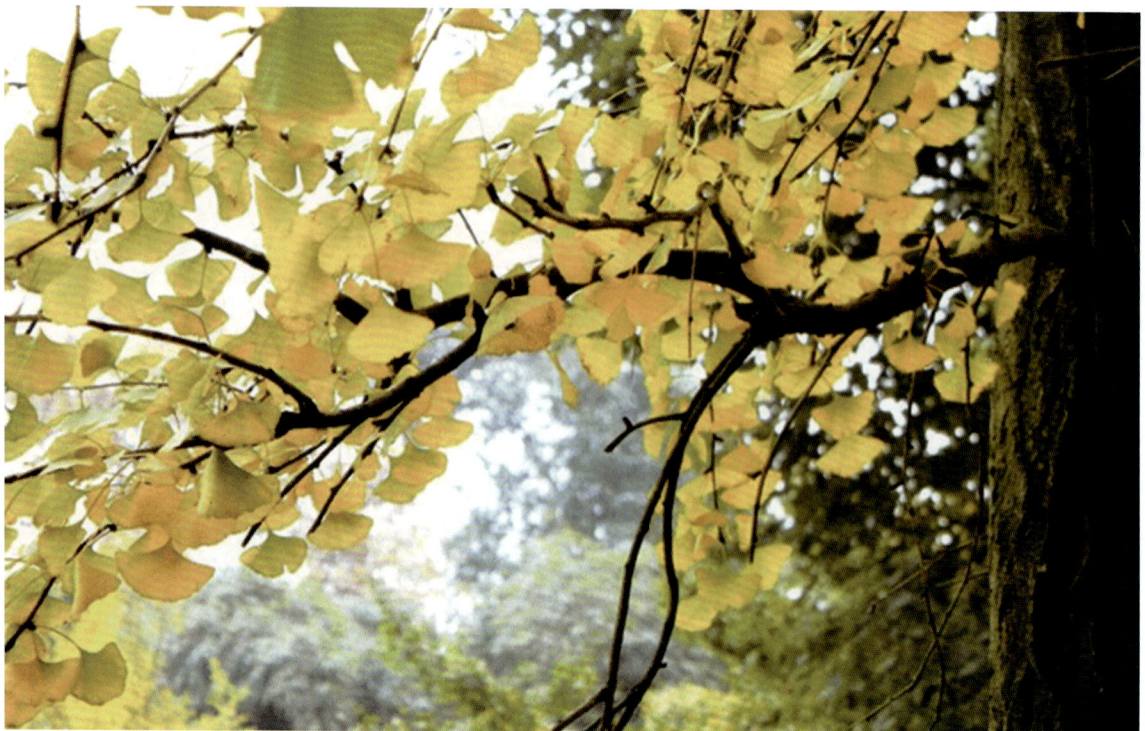

未木质化的插条(插条长约 2 cm,留 2 片叶),插入水培容器后置于散射光处,每 3 d 左右换一次水,直至长出愈伤组织,即可移植于黄沙或苗床土壤中,但在晴天的中午前后要遮阳,叶面要喷雾 2~3 次,待成活后进入正常管理。

(2) 分株。银杏容易发生萌蘖,尤以 10~20 年的树木萌蘖最多。剔除根际周围的土,用刀将带须根的蘖条从母株上切下,另行栽植培育。雌株的萌蘖可以提早结果年龄。

(3) 嫁接。从银杏良种母株上采集发育健壮的多年生枝条,剪掉叶片,仅留叶柄,每 2~3 个芽剪一段,将接穗下端浸入水中或包裹于湿布中,随采随接,从 2~3 年生的播种苗、扦插苗中选择砧木进行嫁接。

(4) 播种。秋季采收种子后,去掉外种皮,将带果皮的种子晒干,当年即可冬播或在次年春播。若春播,必须先进行混沙层积催芽。播种时,将种子胚芽横放在播种沟内,播后覆土 3~4 cm 压实,幼苗当年可长至 15~25 cm 高。

栽培管理

银杏属喜光树种,应选择坡度不大的阳坡为造林地。它对土壤要求不高,但以土层深厚、湿润肥沃、排水良好的中性或微酸性土为好。银杏以秋季带叶栽植及春季发叶前栽植为主,秋季栽植在 10—11 月进行,可使苗木根系有较长的恢复期,为第二年春季地上部分发芽做好准备。银杏是雌雄异株植物,应当合理配置授粉树,选择与雌株品种、花期相同的雄株,雌雄株比例一般是(25~50):1。

观赏应用

银杏树高大挺拔,树干通直,姿态优美,冠大荫浓,叶似扇形,叶形古雅,寿命绵长,被列为中国四大长寿观赏树种(松、柏、槐、银杏)。它适应性强,对气候、土壤要求都很宽泛,抗烟尘、抗火灾、抗有毒气体。银杏春夏翠绿,深秋金黄,是理想的园林绿化、行道树种。

小知识

银杏树又名白果树,生长较慢,寿命极长,自然条件下从栽种到结果要 20 多年,40 年后才能大量结果,因此别名"公孙树",有"公种而孙得食"的含义,是树中的老寿星,古称"白果"。银杏树具有欣赏、经济和药用价值。银杏树是第四纪冰川运动后遗留下来的最古老的裸子植物,是世界上十分珍贵的树种之一,因此被当作植物界中的"活化石"。

油杉

Keteleeria fortunei (Murr.) Carr.

油杉,松科油杉属常绿乔木,中国特有植物。

形态特征

油杉高达30 m,胸径达1 m;树皮粗糙,暗灰色,纵裂,较松软;枝条开展,树冠塔形;一年生枝有毛或无毛,干后橘红色或淡粉红色,二三年生时淡黄灰色或淡黄褐色,常不开裂。叶条形,在侧枝上排成两列,长1.2~3 cm,宽2~4 mm,先端圆或钝,基部渐窄,上面光绿色,无气孔线,下面淡绿色,沿中脉每边有气孔线12~17条;球果圆柱形,成熟前绿色或淡绿色,微有白粉,成熟时淡褐色或淡栗色。

生态习性

阳性树种,喜暖湿气候,喜光,不耐寒。在酸性红壤或黄壤中生长良好。分布区地处南亚热带至中亚热带边缘,主要位于东南沿海地区,向西分布于广西南部海拔较低的山区。

繁殖要点

　　通常用播种繁殖,当11月上中旬球果由浅绿色转变为栗褐色时,可采收播种,种子也可用湿沙层积贮藏至次年2月春播,20 d后即发芽出土。油杉苗期喜光,但在七八月间需短期遮阴。幼苗生长缓慢,经移植培育三四年可供造林用。油杉萌芽力极强,亦可用萌芽更新恢复成林。

栽培管理

油杉幼苗不甚耐阴,怕水涝。因此,圃地应选择地势较平坦或略有倾斜易于排灌的半阴、半阳或阴坡地;土壤应选择土层深厚、肥沃、呈酸性的沙壤土或轻粘壤土;宜选用水田或生荒地。不要选用前茬作物为蔬菜或育过针叶树苗的土地,以减少病虫害。一般来说,一年生苗高 20~35 cm,二年生苗高 40~80 cm,高 20 cm 以上的苗木方能出圃上山造林。

观赏应用

油杉树形优雅美观,可作庭院绿化树种。

小知识

油杉特产于我国,是古老的残遗树种,对研究我国南方植物区系有一定的价值,可选作亚热带地区海拔 500 m 以下沿海低山丘陵地的造林树种。目前,油杉还是渐危种。由于人为干扰,破坏严重,成片森林极少,多散生在阔叶林中。现存的成片油杉林,多在寺庙附近和风景区,如福州的涌泉寺、莆田的西岩寺,已实行封禁保护。其他各地零散的油杉应尽快给予保护,对古树要挂牌保护,同时要积极采种育苗,推广人工造林。油杉木材纹理直、结构细,为建筑、家具、船舱、面板等的良材。

铁坚杉

Keteleeria davidiana (Bertr.) Beissn.

铁坚杉(铁坚油杉),松科油杉属乔木,是油杉属中最耐寒的一种,为中国特有树种,湖北省省级珍贵植物。一般生长在海拔600~1 500 m的石灰岩山坡、砂岩山坡或针阔混交林中。

形态特征

铁坚杉高达 50 m,胸径达 2.5 m;树皮粗糙,暗深灰色,深纵裂,老枝粗,展或斜展,树冠广圆形。一年生枝有毛或无毛,淡黄色或淡灰色;二三年生枝呈灰色或淡褐色,常有裂纹或裂成薄片;冬芽卵圆形,先端微尖。叶条形,在侧枝上排列成两列。花期 4 月,种子 10 月成熟。

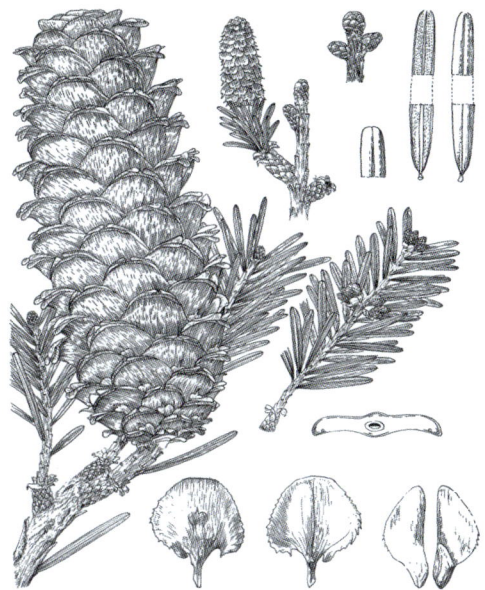

生态习性

铁坚杉喜温凉湿润的气候，要求深厚肥沃、排水良好的中性或酸性沙质壤土；喜光性强，能耐-20 ℃低温，但不耐干旱，也不适应盐碱地及长期积水地；枝条坚韧，抗风力强。

繁殖要点

（1）采种。铁坚杉10月中下旬球果成熟，当种鳞转为淡黄色即可采收。过迟，种鳞松散与种子同时脱落。

（2）育苗。铁坚杉为菌根性树种，宜用菌根土垫床盖种或打浆黏种，促使苗木根系及早感染菌根真菌。间苗移植时，可剪去一部分主根，以促进侧根生长，并尽量保持根部宿土。起苗时，宜多带宿土，保护菌根，随起随栽。若保持根系湿润，则造林成活率高，生长旺盛。

栽培管理

（1）栽植。用2~3年生苗木，于冬季、早春至第二年萌发前栽植。株行距1.7~2 m，每亩200~240株。初期生长比较缓慢，可结合间种套种，每年松土抚育二三次。抚育时，不宜打枝，一般三四年即可郁闭。郁闭后，每隔三四年进行砍杂、除蔓一次，12~15年后适当间伐，每亩保留120~160株；也可将计划间伐的幼树挖出，供"四旁"绿化之用。培养大径级用材，可在20~25年左右再间伐一次，每亩保

留 60~80 株,约 50 年为一轮伐期,最好与黄山松、杉木、木荷混交造林。

（2）整形修剪。铁坚杉树形好,主干突出、通直,分枝小,出材率高,不需要整形修剪。

（3）施肥。有条件的地方可以种植绿肥,结合抚育埋青。也可在春季抚育时施氮肥一次,每亩 50 kg 左右。

观赏应用

铁坚杉树形优美、树干纹理直、硬度适中,生长过程中不用修剪,特别适合观赏。树冠在少壮时呈塔形,到老年则呈半圆形,其枝条开展,叶色常青,树形美丽壮观,可作为山地风景林的营造树种以及公园、庭院的观赏树木。

小知识

铁坚杉的木质呈淡黄褐色,年轮清晰,十分细致,坚实而耐用,硬度适中,含有少量树脂,干后不开裂,耐水湿,抗腐蚀性较强,供建筑、桥梁、矿柱、家具用。种子可榨油,供制肥皂、油漆,以及作灯油等用。

雪松

Cedrus deodara (Roxb.) G. Don.

雪松(喜马拉雅雪松),松科雪松属常绿乔木。产于亚洲西部、喜马拉雅山西部和非洲、地中海沿岸。中国只有一种喜马拉雅雪松,分布于西藏南部,目前多地有引种栽培。

形态特征

雪松树冠尖塔形,大枝平展,小枝略下垂。叶针形,质硬,灰绿色或银灰色,在长枝上散生,短枝上簇生。10—11月开花,球果翌年成熟,椭圆状卵形,熟时赤褐色。

生态习性

要求温和凉润的气候和土层深厚而排水良好的土壤。喜阳光充足,也稍耐阴;喜年降水量600~1 000 mm的暖温带至中亚热带气候,在中国长江中下游一带生长良好。

繁殖要点

一般用播种和扦插繁殖。播种可于3月中下旬进行,播种前,用冷水浸种1~2 d,晾干后即可播种,3~5 d后开始萌动,可持续1个月左右,发芽率达90%。幼苗期需注意遮阴,并防治猝倒病和地老虎的危害。一年生苗可达30~40 cm高,翌年春季即可移植。

扦插繁殖在春、夏两季均可进行。春季宜在3月20日前,夏季以7月下旬为佳。春季,剪取幼

龄母树的一年生粗壮枝条，用生根粉或 500 mg/L 萘乙酸处理，能促进生根。然后将其插于透气良好的沙壤土中，充分浇水，搭双层荫棚遮阴。夏季宜选取当年生半木质化枝为插穗。在管理上除加强遮阴外，还要加盖塑料薄膜以保持湿度。插后 30~50 d，可形成愈伤组织，这时可以用 0.2% 尿素和 0.1% 磷酸二氢钾溶液，进行根外施肥。

栽培管理

雪松可用土质疏松、排水良好的微酸性沙质壤土进行栽培。栽种以春季 3—4 月为宜，秋后亦可。从地上挖取的雪松苗木需带宿土，以利于成活，并疏剪枯根，将须根舒展开来，覆以细土。

观赏应用

雪松是世界著名的庭院观赏树种之一。它具有较强的防尘、减噪与杀菌能力，也适宜作工矿企业绿化树种。雪松树体高大，树形优美，最适宜孤植于草坪中央、建筑前庭中心、广场中心或主要建筑物的两旁及园门的入口等处。其主干下部的大枝在近地面处平展，长年不枯，能形成繁茂雄伟的树冠，列植于道路的两旁，形成甬道，亦极为壮观。

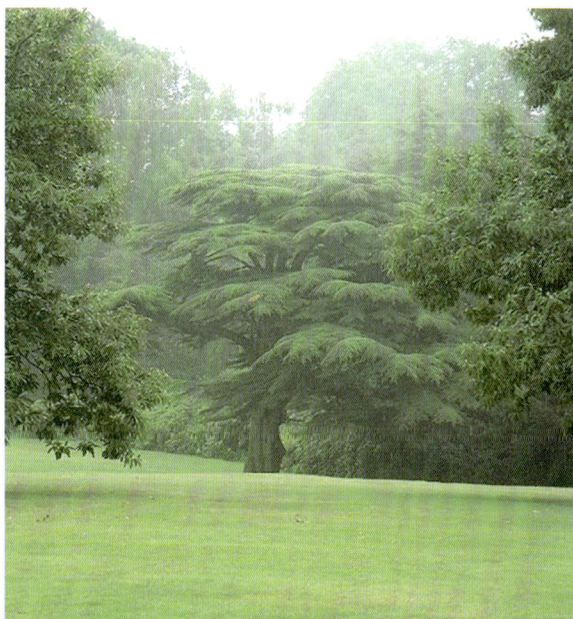

小知识

雪松是中国南京、青岛、三门峡、晋城、蚌埠和淮安等城市的市树。雪松木材轻软，具树脂，不易受潮，是一种重要的建筑用材。

黑松

Pinus thunbergii Parl.

黑松,又名日本黑松、白芽松,松科松属常绿乔木。原产日本及朝鲜南部沿海。

形态特征

黑松高达 30 m,胸径可达 2 m;幼树树皮暗灰色,老则灰黑色,粗厚,裂成块片脱落;枝条开展,树冠宽圆锥状或伞形;一年生枝淡褐黄色,无毛;冬芽银白色,圆柱状椭圆形,顶端尖。针叶 2 针一束,深绿色,有光泽,粗硬,边缘有细锯齿,球果成熟前绿色,熟时褐色,圆锥状卵圆形,有短梗,向下弯垂;中部种鳞卵状椭圆形,鳞盾微肥厚,横脊显著,鳞脐微凹,有短刺;种子倒卵状椭圆形,种翅灰褐色,有深色条纹;花期 4—5 月,种子第二年 10 月成熟。

生态习性

好光,喜温暖湿润的海洋性气候,抗风、抗海雾力强,耐干旱瘠薄,除涝洼、重盐碱土和钙质土

Dried (open)

外,在荒山、河滩、海岸均能适应。根系发达,移植成活率高,为海岸绿化树种之一,对二氧化硫抗性强,也不受氯气的影响,可在有污染的地区栽植。

繁殖要点

以有性繁殖为主,亦可用营养繁殖。枝插和针叶束插均可获得成功,但难度比较大,生产上仍以播种育苗为主。

栽培管理

黑松喜干燥而忌积水,浇水不可过量,见干才浇,浇则浇透。在生长期适当控水,可使枝干粗矮,针叶短小,增添观赏价值。夏季高温时,可经常喷叶面水,有利生长。黑松耐瘠薄,土壤缺肥也能正常生长,且促使其干矮、枝密、叶短。但在生长期适当施1~2次稀薄腐熟的饼肥水,有利于健壮生长,增加抗病虫害能力。

观赏应用

黑松一年四季常青,抗病虫能力强,是荒山绿化、行道绿化首选树种。黑松为著名的海岸绿化树种,可用作防风、防潮、防沙林带及海滨浴场附近的风景林、行道树或庭荫树。在国外亦有密植成行并修剪成整齐式的高篱,围绕于建筑或住宅周围,既能美化又有防护作用。

小知识

1914—1921年,黑松从日本引种至我国青岛栽培,现崂山、昆嵛山及沿海地区较多,蒙山、泰山和济南等地多有栽培。

黑松能分泌油脂,油脂可以粘住粉尘,随着风速的降低,空气中大颗粒的粉尘会迅速下降,经过黑松林的气流的含尘量会因此大大降低。

柳杉

Cryptomeria fortunei Hooibrenk
ex Otto et Diet.

    柳杉,又名长叶孔雀松,杉科柳杉属乔木。中国特有树种,产于长江以南,垂直分布在东部海拔 1 000~1 400 m 的区域,西部产地海拔达 2 400 m。其树姿优美,能吸收二氧化硫,是良好的造林和园林景观树种。

形态特征

    柳杉高达 40 m,胸径可达 2 m 多;树皮红棕色,纤维状,裂成长条片脱落;大枝近轮生,平展或斜展;小枝细长,常下垂,绿色,枝条中部的叶较长, 常向两端逐渐变短;叶钻形略向内弯曲,先端内曲,四边有气孔线,果枝的叶通常较短。花期 4 月,球果 10 月成熟。

生态习性

    柳杉幼龄能稍耐阴, 在温暖湿润的气候和

土壤酸性、肥厚而排水良好的山地,生长较快;在寒凉较干、土层瘠薄的地方生长不良。柳杉根系较浅,抗风力差。对二氧化硫、氯气、氟化氢等有较好的抗性。

繁殖要点

(1)播种。10月采收球果,阴干数天,待种子脱落,洗净后湿沙藏,种子切忌干燥。翌年春季苗床条播,播种前进行消毒和浸种催芽处理,播后20 d左右发芽。幼苗注意遮阴,当年苗高达30~40 cm。

(2)扦插。春季剪取半木质化枝条,长5~15 cm,插入沙床,遮阴保湿,插后2~3周生根,当根长2 cm时可移栽。

栽培管理

苗移栽在冬季至早春时进行,大苗要带土球。生长期保持土壤湿润,施肥 1~2 次。冬季适当修剪,剪除枯枝和密枝,保持优美株形。

观赏应用

常绿乔木,树姿秀丽,纤枝略垂,孤植、群植均极为美观,是一个良好的庭荫、公园或行道树种。

小知识

柳杉树木材纹理直,材质轻软,结构粗,可供建筑、桥梁、造船、造纸、家具、蒸笼器具等用,也是重要用材树种。枝叶和木材加工时的废料,可蒸馏芳香剂;树皮入药,治癣疮,也可提制栲胶。

落羽杉

Taxodium distichum (L.) Rich.

　　落羽杉,又名落羽松,杉科落羽杉属落叶大乔木。它是古老的"孑遗植物",耐低温、耐盐碱、耐水淹。

形态特征

　　落羽杉树高可达 25~50 m。在幼龄至中龄阶段(50 年生以下)树干圆满通直,圆锥形或伞状卵形树冠,50 年生以上有些植株会逐渐形成不规则宽大树冠。树干基部常膨大而有屈膝状呼吸根。树皮呈长条状剥落。枝条平展,小枝略下垂。叶条形,扁平,排成 2 列,形似羽毛,落叶时连同侧生短枝一起脱落。果卵球形,具短梗,熟时淡褐黄色,被白粉,球果 10 月成熟。

生态习性

　　阳性,喜温暖,耐水湿能生长于浅沼泽中,亦能生长于排水良好的陆地上。在湿地上生长的树

干基部可形成板状根,自水平根系上能向地面上伸出筒状的呼吸根,特别称为"膝根"。土壤以湿润而富含腐殖质者最佳。在原产地能形成大片森林,抗风性强。

繁殖要点

繁殖以播种为主,亦可扦插。

(1)播种。首先要进行种子处理。在12月至次年1月获得净种后,应立即将种子放在湿沙层里,置于5 ℃的冷库或冰箱中;或用湿沙与种子混合(沙和种子的比例约为8:1),装入塑料袋中,放入地窖或室外背阴处,并定期检查沙是否失水干燥。在翌年春季3月中下旬至4月初播种最为理想。

(2)扦插。夏、秋季采集长10~15 cm的当年生浅褐色、发育充实的半木质化枝条,用浓度为50 mg/L的萘乙酸液处理6 h,然后将其扦插于充分冲洗并消毒的细河沙中,以薄膜封闭和遮阴,加强水分管理。夏季扦插当年苗高可达50 cm左右;秋季扦插当年可生根,翌春移栽,继续培育。硬枝扦插可在春季用完全木质化的枝条,剪成长10~12 cm的插穗,用100~150 mg/L的萘乙酸处理24 h,插于壤土苗床中,每亩扦插3.5万~5万株,加强管理,当年秋季苗高达50~60 cm即可出圃栽植。

栽培管理

6—8月为苗木生长旺盛期。夏秋高温时要加强抗旱,及时浇水,促进苗木生长。庭院绿化可用2~3年生的移植苗。移植一般于3月进行,1~2 m高的苗可裸根移植,2 m以上的大苗宜带土球。苗木侧根较少,主根长,起苗时需深挖多留根,栽植时应深穴深栽植,这对提高幼树成活率和促进生长都有良好的效果。

观赏应用

落羽杉枝叶茂盛,秋季落叶较迟,冠形雄伟秀丽,是优美的庭院、道路绿化树种。 树形整齐美观,近羽毛状的叶丛极为秀丽。入秋,叶变成古铜色。落羽杉最适水旁配植又有防风护岸之效。在中国大部分地区都可作工业用林和生态保护林。

小知识

落羽杉属共有 3 个树种:落羽杉、池杉和墨西哥落羽杉。落羽杉属树种都是古老的"孑遗植物",在晚侏罗纪至早白垩纪就已繁盛。至第三纪中新世、上新世时期,2 000 万~3 000 万年前仍广泛分布于北美洲和欧亚大陆北部。美国、俄罗斯的西伯利亚及我国黑龙江、吉林、云南等地均发现过中生代落羽杉的枝叶、球果和种子的化石。第四纪冰川以后,它们在欧亚大陆全部灭绝,仅在北美洲和拉丁美洲部分地区保留下来,繁衍至今。

池杉

Taxodium ascendens Brongn.

池杉,亦称池柏、沼落羽松,杉科落羽杉属落叶乔木。原产于美国弗吉尼亚州,是中国许多城市尤其是长江流域重要的植树造林树种。

形态特征

池杉树冠狭圆锥形,树干基部膨大,通常有屈膝状的呼吸根。树皮粗厚,褐色,有沟,长条片状剥落。大枝斜上伸展,小枝直立,红褐色。叶为钻形,稍向内弯曲,长 0.5~1 cm,前伸,紧贴小枝,在小枝上螺旋状排列,有的幼枝或萌芽枝上的叶为线形。球果椭圆状,淡褐色,径 1.8~3 cm。种鳞盾形,木质,种子红褐色,三棱形,棱脊上厚翅。花期 4 月,球果 10 月成熟。

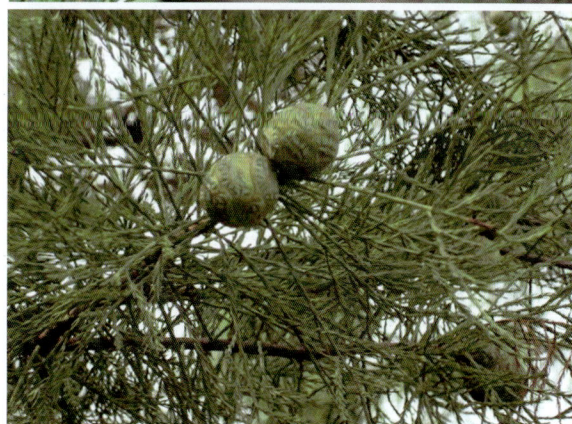

生态习性

强阳性树种,不耐阴。喜温暖、湿润环境,稍耐寒,能耐短暂-17 ℃低温。适生于深厚疏松的酸性或微酸性土壤，苗期在碱性土中种植时黄化严重，生长不良，但长大后抗碱能力增强。耐涝，也耐旱。生长迅速，抗风力强，萌芽力强。

繁殖要点

播种和扦插繁殖，以播种繁殖为主。最好选用优良母树，建立种子园和采穗圃。进行播种繁殖最好从人工辅助授粉开始，应在5~6 d盛花期间重复授粉3~4次，约在10月底起采收球果。冬季播种以12月为好，春季播种宜在2月中下旬进行。扦插繁殖时，为了扩大条源加速繁殖，除了硬枝扦插外，还可在夏、秋季节应用嫩枝扦插。

栽培管理

池杉对土壤pH值反应敏感，中性或微碱土育苗，常出现苗木黄化现象，生长不良。故宜选地下水位较高，pH值5~6.5，肥沃湿润的沙壤土播种育苗。移植要带土球，小苗黏泥。

观赏应用

树形婆娑，枝叶秀丽，秋叶棕褐色，是观赏价值很高的园林树种，适生于水滨湿地条件，特别适合水边湿地成片栽植、孤植或丛植为园景树；亦可列植作行道树。

小知识

池杉为速生树种，强阳性，耐寒性较强，极耐水淹，也相当耐干旱，喜深厚疏松湿润的酸性土壤，植于湖泊周围及河流两岸，常出现膝状根，抗风力强。

墨西哥落羽杉

Taxodium mucronatum Tenore.

墨西哥落羽杉,杉科落羽杉属半常绿或常绿乔木。生长迅速、树形美观、耐湿、耐盐碱、绿叶期长、抗风力强、病虫害少、适应性强,常于河边、宅旁栽植或作行道树,是江南地区理想的庭院、道路、河道绿化树种,也是海滩涂地、盐碱地的适宜树种。

形态特征

墨西哥落羽杉树干尖削度大,基部膨大;树皮裂成长条片脱落;枝条水平开展,形成宽圆锥形树冠,大树的小枝微下垂;生叶的侧生小枝螺旋状散生,不呈二列;叶条形,扁平,排列紧密,列成二列,呈羽状,通常在一个平面上,长约 1 cm,宽 1 mm,向上逐渐变短;球果卵圆形。

生态习性

喜光、喜温暖湿润气候,耐水湿、耐寒,

对盐碱土适应能力强,生长速度较快。落叶比落羽杉、池杉迟,一般要到第二年的1月中下旬才落叶,而春天发芽又比落羽杉、池杉早。可耐-17 ℃的低温,在-5 ℃以内能保持常绿,而且在pH值高达8.5、含盐量为4‰的碱性土壤中也能正常生长。原产于北美洲,20世纪六七十年代,上海、南京等地始有引种。

繁殖要点

可用播种及扦插法繁殖,种子坚硬,需经过冬季80 d以上的湿沙低温层积催芽,在3月或4月播种。扦插可用硬枝插或嫩枝插。硬枝扦插插穗可在落叶后剪取,剪成10 cm左右的插穗后捆成小捆沙藏,次春扦插。嫩枝扦插可在5—10月间进行,在雨季扦插时,经20~30 d即可生根。

观赏应用

墨西哥落羽杉落叶期短,生长快,树形高大挺拔,枝繁叶茂、落叶较迟,冠形雄伟秀丽,是优美的庭院、道路绿化树种,也是海滩涂地、盐碱地的适宜树种。其种子是鸟雀、松鼠等野生动物喜食的饲料,可起到维护森林自然保护区生物链的作用,还能起到防止水土流失,涵养水源的作用。

小知识

墨西哥落羽杉在原产地为秋季开花,翌年球果成熟。中国引种之后变为春季开花,但不能正常结实,至今未采收到有生命力的种子。另外,墨西哥落羽杉在原产地是半常绿树种,冬季仍保持绿色,至早春才落叶。中国引种后仍保持了这种习性,落叶期在1月中下旬至2月初(春节前后)。

水杉

Metasequoia glyptost-roboides
Hu&W.C.Cheng.

水杉,杉科水杉属乔木。仅一种,为中国特有树种,国家珍稀濒危保护植物。水杉枝叶交叉对生,珠鳞、种鳞交叉对生,是连接松科和柏科的重要属,在系统分类中有重要意义。

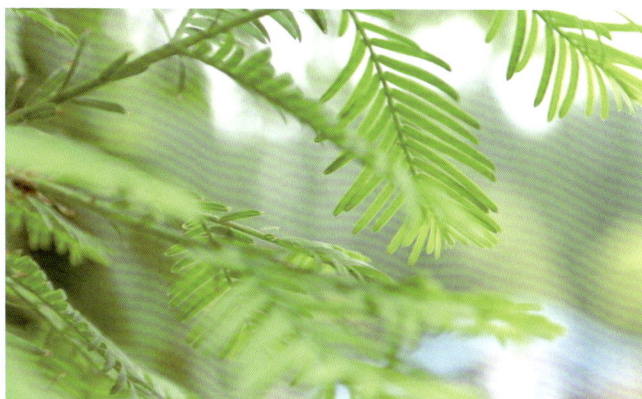

形态特征

水杉高达35 m,胸径达2.5 m;树干基部常膨大;树皮灰色、灰褐色或暗灰色,幼树裂成薄片脱落,大树裂成长条状脱落,内皮淡紫褐色;枝斜展,小枝下垂,幼树树冠尖塔形,老树树冠广圆形,枝叶稀疏;一年生枝光滑无毛,幼时绿色,后渐变成淡褐色,二三年生枝淡褐灰色或褐灰色;侧生小枝排成羽状,冬季凋落;主枝上的冬芽卵圆形或椭圆形,顶端钝,边缘薄而色浅,背面有纵脊。叶条形,上面淡绿色,下面色较淡,叶在侧生小枝上列成二列,羽状,冬季与枝一同脱落。球果下垂,近四棱状球形或矩圆状球形,成熟前绿色,熟时深褐色,其上有交互对生的条形叶;种子扁平,倒卵形,间或有圆形或矩圆形,周围有翅,先端有凹缺。花期2月下旬,球果11月成熟。

生态习性

喜气候温暖湿润,土壤为酸性山地黄壤、紫色土或冲积土,pH值4.5~5.5。多生于山谷或山麓附近地势平缓、土层深厚、湿润或稍有积水的地方,耐寒性强,耐水湿能力强,在轻盐碱地可以生长。为喜光性树种,根系发达,生长的快慢常受土壤水分的支配,在长期积水排水不良的地方生长缓慢,树干基部通常膨大,有纵棱。

繁殖要点

可播种繁殖或扦插繁殖。球果成熟后即采种,经过曝晒,筛出种子,干藏,春季3月播种。扦插繁殖采用硬枝和嫩枝均可。

栽培管理

水杉栽植季节从晚秋到初春均可,一般以冬末为好,切忌在土壤冻结的严寒时节和生长季节(夏季)栽植,否则成活率极低。苗木应随起随栽,避免过度失水。如经长途运输,到达目的地后应将苗根浸入水中浸泡。大苗移栽必须带土球,挖大穴,施足基肥,填入细土后踩实,栽后要浇透水。旺盛生长期要追肥,一般追1次,注意松土、锄草。

观赏应用

水杉被称为"活化石"树种,是秋叶观赏树种。在园林中最适于列植,也可丛植、片植,可用于堤岸、湖滨、池畔、庭院等绿化,也可盆栽,也可成片栽植营造风景林,并适配常绿地被植物,还可栽于建筑物前或用作行道树。水杉对二氧化硫有一定的抵抗能力,是工矿区绿化的优良树种。

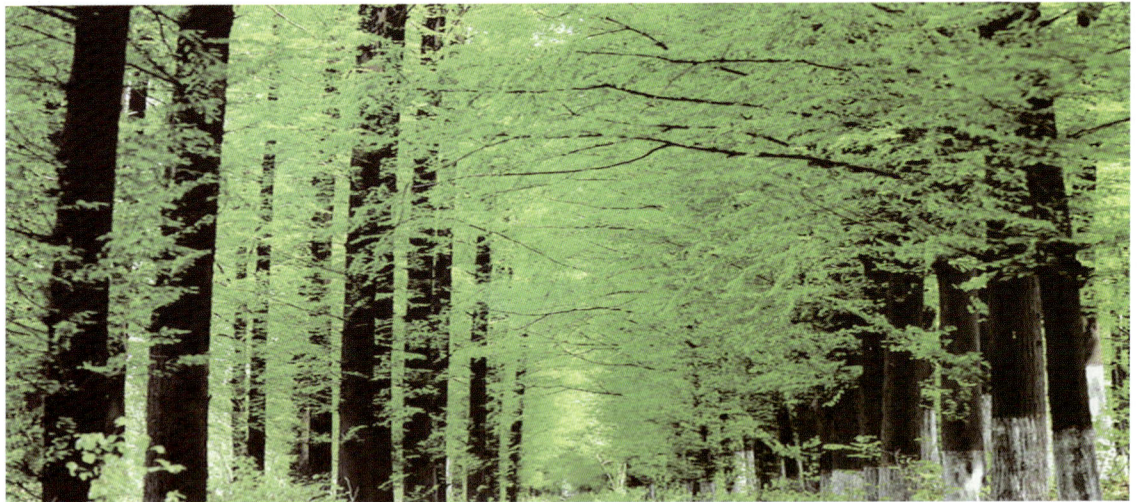

小知识

水杉是世界上珍稀的"孑遗植物"。远在中生代白垩纪,地球上已出现水杉类植物,并广泛分布于北半球。冰期以后,这类植物几乎全部绝迹。在欧洲、北美和东亚,从晚白垩纪至新世纪的地层中均发现过水杉化石。20世纪40年代中国的植物学家先在湖北、四川交界的谋道溪(磨刀溪)发现了幸存的水杉巨树,树龄400余年。后在湖北利川市水杉坝与小河发现了残存的水杉林,胸径在20 cm以上的有5 000多株,还在沟谷与农田里找到了数量较多的树干和伐兜。随后,又相继在四川石柱县冷水与湖南龙山县珞塔、塔泥湖发现了200~300年以上的大树。

侧柏

Platycladus orientalis（L. Franco）.

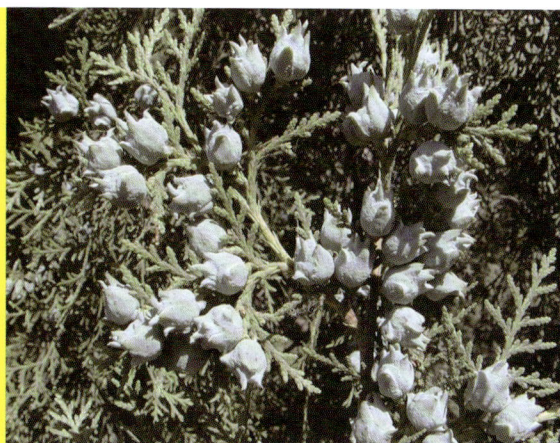

侧柏，又名扁桧、扁柏，柏科侧柏属常绿乔木。中国特产，除青海、新疆外，全国均有分布。

形态特征

侧柏高度超过 20 m，胸径 1 m；树皮薄，浅灰褐色，纵裂成条片；枝条向上伸展或斜展，幼树树冠卵状尖塔形，老树树冠则为广圆形；生鳞叶的小枝细，向上直展或斜展，扁平，排成一平面。叶鳞形，长 1~3 mm，先端微钝。球果近卵圆形，成熟前近肉质，蓝绿色，被白粉，成熟后木质，开裂，红褐色；种子卵圆形或近椭圆形，顶端微尖，灰褐色或紫褐色，长 6~8 mm，稍有棱脊，无翅或有极窄之翅。花期 3—4 月，球果 10 月成熟。

生态习性

喜光，幼时稍耐阴，适应性强，对土壤要求不高，在酸性、中性、石灰性和轻度盐碱土壤中均可生长。耐干旱瘠薄，耐寒力中等，耐强太阳光照射，耐高温，抗风能力较弱。浅根性，但侧根发达，萌芽性强。耐修剪，寿命长，抗烟尘、抗二氧化硫、氯化氢等有害气体，分布广，为中国应用最普遍的观赏树木之一。

繁殖要点

主要以种子繁育为主，也可扦插或嫁接。

栽培管理

要选择地势平坦、排水良好、较肥沃的沙壤土或轻壤土，不宜选过于黏重的土壤或低洼的积水地，也不要选在迎风口处。有时为了培养绿化大苗，尚需经过 2~3 次移植，培养成根系发达、冠形优雅的大苗后再出圃栽植，早春 3—4 月移植成活率较高。

观赏应用

侧柏栽于行道、庭院、大门两侧、绿地周围、路边花坛及墙垣内外，均很美观。小苗可作绿篱，隔离带围墙点缀。它的耐污染、耐寒、耐干旱的特点在北方绿化中得以很好的发挥，是绿化道路、绿化荒山的首选苗木之一。

侧柏木材可供建筑和家具等用；叶和枝入药，可收敛止血、利尿健胃、解毒散瘀；种子有安神、滋补、强壮之效。

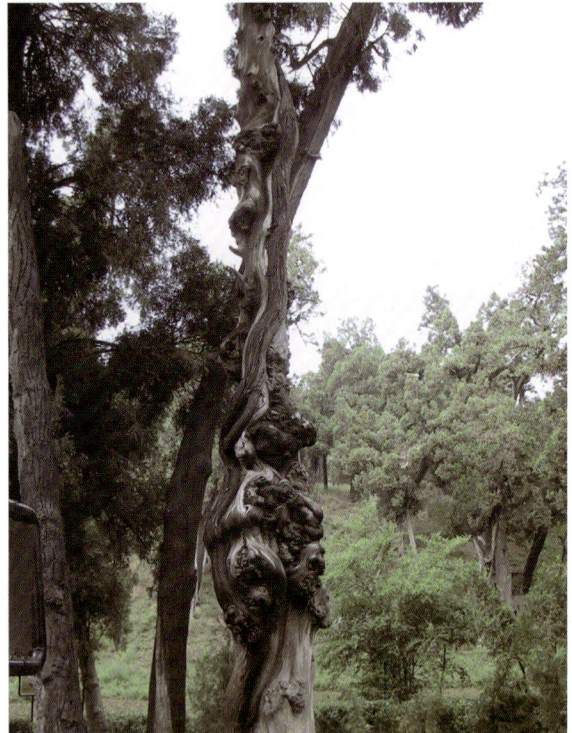

小知识

侧柏为中国植物图谱数据库收录的有毒植物，其毒性多在枝，叶有小毒。侧柏寿命长、树姿美，是中国应用最广泛的园林绿化树种之一，常栽植于寺庙、陵墓和庭院中。陕西黄陵县轩辕庙的"轩辕柏"为该地八景之一。

日本花柏

Chamaecyparis pisifera
(Sieb.et Zucc.)Endl.

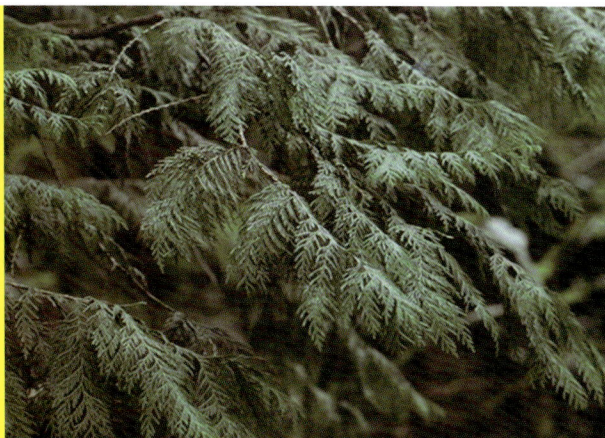

日本花柏,柏科扁柏属常绿大乔木。原产于日本,中国东部、中部及西南地区城市园林中有栽培。

形态特征

日本花柏树皮红褐色,裂成薄皮脱落;树冠尖塔形;生鳞叶小枝条扁平,排成一平面。鳞叶先端锐尖,侧面之叶较中间之叶稍长,小枝上面中央之叶深绿色,下面之叶有明显的白粉。球果圆球形,径约 6 mm,熟时暗褐色;种鳞 5~6 对,顶部中央稍凹,有凸起的小尖头,发育的种鳞各有 1~2 粒种子;种子三角状卵圆形,有棱脊,两侧有宽翅,径约 2~3 mm。

生态习性

中性树种,喜阳光,略耐阴。喜温凉湿润气候,可耐-10 ℃ 低温,不耐旱;喜肥沃湿润土壤,耐修剪,生长速度比日本扁柏快。

繁殖要点

(1) 播种。日本花柏播种宜于春季进行,播前需在低温下层积处理。当年苗高 10~15 cm。
(2) 扦插。嫩枝、硬枝均可。

（3）压条。有些品种可进行压条繁殖。

（4）嫁接。日本花柏嫁接可于晚秋或早春进行，多用侧柏作砧木。劈接、靠接、腹接均可。

栽培管理

栽植当年抚育 1 次，松土、除草应在 5—6 月进行。最好施肥 1 次，以农家肥为主。第 2 年抚育 1 次，第 3 年开始抚育 2 次。

观赏应用

日本花柏四季苍翠，枝叶茂密，宜列植或丛植，由于耐修剪，也可修剪成球形或作绿篱。日本花柏为优美的风景树，生长良好。长江流域以南城市宜庭院栽培作观赏树。

小知识

日本花柏与红桧为近缘种，常见的变种有绒柏。

绒柏

cv.Squarrosa.

绒柏,日本花柏品种,柏科扁柏属常绿小乔木。

形态特征

树冠紧密,侧枝斜展。幼树圆球形。树皮褐色、粗糙、纵裂。小枝羽状。叶条状刺形,针叶细、柔软、不扎手,长 5~6 mm,表面鲜绿色,背面有两条白色的气孔线。

生态习性

绒柏为喜光树种,但亦耐阴。喜温凉湿润气候,喜湿润土壤,不喜干燥土地。

繁殖要点

扦插和嫁接繁殖。嫁接用侧柏作砧木,如果做

造型,以桧柏作砧木为好。

栽培管理

绒柏移植较容易成活,但须带土团,以春季移植为宜。幼苗期表现较佳,生长期管理要精细。根据生长势,每年追肥 3~4 次,以复合肥、磷酸二铵为主,不能施尿素、碳铵。6—7 月喷药防治蚜虫。盆栽绒柏宜放在窗前有阳光的地方,保持通风透光,夏季早、晚各浇水 1 次,秋冬保持半墒即可。

观赏应用

绒柏树姿及枝叶柔和美观,为名贵的常绿观赏树。在庭院中可孤植、丛植或作绿篱用,可造型,也可作盆景。

小知识

绒柏可进行磐扎、造型,有狮子、龙、孔雀、亭子、花瓶和十二生肖造型等。这些造型姿态优美、精巧玲珑,可摆放在庭院、室内、案桌上观赏,深受人们的喜爱。

圆柏

Sabina chinensis (L.) Ant.

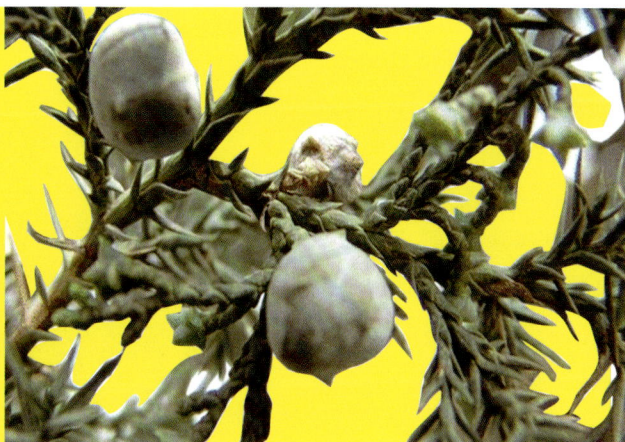

圆柏，又名桧柏、刺柏，柏科圆柏属常绿乔木。中国东北南部及华北等地，北至内蒙古及沈阳以南，南至两广北部，东至滨海省份，西至四川、云南均有分布。

形态特征

圆柏高达 20 m，胸径可达 3.5 m。幼树的枝条通常斜上伸展，形成尖塔形树冠；老龄树则下部大枝平展，形成广圆形的树冠。树皮灰褐色，纵裂，成不规则的薄片脱落。小枝通常直或稍成弧状弯曲，生鳞叶的小枝近圆柱形或近四棱形。叶二型，即刺叶及鳞叶，刺叶生于幼树之上，老龄树则全为鳞叶，壮龄树兼有刺叶与鳞叶。生于一年生小枝的一回分枝的鳞叶三叶轮生，直伸而紧密，近披针形，先端微渐尖，背面近中部有椭圆形微凹的腺体。刺叶三叶交互轮生，斜展、疏松、披针形，先端渐尖，上面微凹，有两条白粉带。有 1~4 粒种子，种子卵圆形、扁，顶端钝，有棱脊及少数树脂槽。

生态习性

喜光树种，较耐阴，喜温凉、温暖气候及湿润土壤。在华北及长江下游海拔 500 m 以下，长江中上游海拔 1 000 m 以下排水良好之山地可用于造林。忌积水，耐修剪，易整形。耐寒、耐热，对土壤要求不高，能生于酸性、中性及石灰质土壤中，对土壤的干旱及潮湿均有一定的抗性。但以在中性、深厚而排水良好处生长最佳。深根性,侧根也很发达。生长速度中等而较侧柏略慢,25 年生者高 8 m 左右,寿命极长。

繁殖要点

扦插法繁殖, 于秋末用 50 cm 长粗枝进行泥浆扦插, 成活率颇高。一些栽培变种大都可用扦插法繁殖,但初期生长极慢,因此,为提早成苗出圃,亦常用播种繁殖。播种前需沙藏。要避免在苹果、梨园等附近种植,以免发生梨锈病。

栽培管理

移栽时,先挖好种植穴,在种植穴底部撒上一层有机肥料作为底肥(基肥),厚度为 4~6 cm,再覆上一层土并放入苗木,以把肥料与根系分开,避免烧根。放入苗木后,回填土壤,把根系覆盖住,并把土壤踩实,浇一次透水。圆柏喜欢略微湿润至干爽的气候环境,且耐寒;喜阳光充足,略耐半阴;夏季高温期,不能忍受闷热,否则会进入半休眠状态,生长受到阻碍,最适宜的生长温度为 15~30 ℃。对于地栽的植株,春夏两季根据干旱情况,施 2~4 次肥水;先在根颈部以外 30~100 cm(植株越大,则离根颈部越远)开一圈小沟,沟宽、深都为 20 cm,沟内撒 12.5~25 kg 有机肥,然后浇上透水。入冬以后开春以前,照上述方法再施肥 1 次,但不用浇水。在冬季植株进入休眠或半休眠期后,要把瘦弱、有病虫、枯死和过密的枝条剪掉。

观赏应用

圆柏幼龄树树冠整齐呈圆锥形,树形优美,大树干枝扭曲,姿态奇特,可以独树成景,是中国传统的园林树种。圆柏在庭院中用途极广,耐修剪又有很强的耐阴性,故作绿篱比侧柏优良,下枝不易枯,冬季颜色不变,褐色或黄色,且可植于建筑之北侧阴处。中国古来多配植于庙宇陵墓作墓道树或柏林,古庭院、古寺庙等风景名胜区多有千年古柏,"清""奇""古""怪"各具幽趣。既可以群植草坪边缘作背景,也可以丛植片林、镶嵌树丛的边缘或建筑附近;既可作绿篱、行道树,又可以作桩景、盆景材料。

小知识

圆柏对多种有害气体有一定抗性,是针叶树中对氯气和氟化氢抗性较强的树种。对二氧化硫的抗性显著胜过油松。能吸收一定量的硫和汞,防尘和隔音效果良好。常见的病害有圆柏梨锈病、圆柏苹果锈病及圆柏石楠锈病等。这些病害以圆柏为越冬寄主,对圆柏本身虽伤害不太严重,但对梨、苹果、海棠、石楠等则危害颇巨,故应注意防治,最好避免在苹果、梨园等附近种植。

龙柏

Sabina chinensis (L.)
Ant. cv.*Kaizuca.*

龙柏,又名刺柏、红心柏、珍珠柏等,是圆柏(桧树)的栽培变种,柏科圆柏属乔木。龙柏长到一定高度, 枝条螺旋盘曲向上生长,
好像盘龙姿态,故名"龙柏"。

形态特征

树冠圆柱状或柱状塔形;枝条向上直展,常有扭转上升之势,小枝密,在枝端成几相等长之密簇;鳞叶排列紧密,幼嫩时淡黄绿色,后呈翠绿色;球果蓝色,微被白粉。

生态习性

喜阳,稍耐阴;喜温暖、湿润环境,抗寒、抗干旱、忌积水,排水不良时易产生落叶或生长不良;适生于干燥、肥沃、深厚的土壤;对土壤酸碱度适应性强,较耐盐碱;对氧化硫和氯抗性强,但对烟尘的抗性较差。

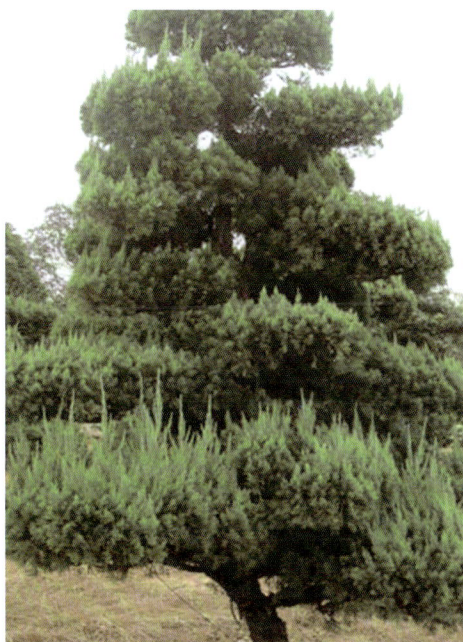

繁殖要点

(1) 嫁接。常用 2 年生(1 年生壮苗亦可)侧柏或圆柏作砧木,接穗选择牛长健壮的母树侧枝顶梢,长 10~15 cm。露地嫁接于 3 月上旬进行,室内嫁接可提前至 1—2 月。

(2) 扦插。春插于 2 月下旬至 3 月中旬进行;初冬插于 11 月中上旬进行。插后用薄膜覆盖,保温、保湿,可促进愈合和提早生根。半熟枝扦插在 8 月中旬至 9 月上旬进行。

栽培管理

龙柏喜欢大肥大水,栽植成活后,结合灌溉,第一年追肥 2~3 次,每次每亩追施尿素 15 kg,入秋后停止施肥。第二年早春,结合浇灌返青水,追施 1 次含氮量稍高的复合肥。因龙柏根系浅且水平根多,应随开沟随施肥随埋土,尽量避免伤根。注意修剪、摘心、扎枝,使苗木长得挺直、紧密,若培养龙柏球,可去顶摘心,一年进行 3~4 次,逐步养成,龙柏移植在 2 月中旬至 3 月下旬或 11 月上旬至 12 月上旬进行,带泥球移植。

观赏应用

龙柏树形优美,枝叶碧绿青翠,是公园篱笆绿化的首选苗木,多种植于庭院作美化之用,也用于公园、庭院、绿墙和高速公路中央隔离带。龙柏移栽成活率高,恢复速度快,是园林绿化中使用最多的灌木,其本身青翠油亮,生长健康旺盛,观赏价值高。

小知识

龙柏树形除自然生长成圆锥形外,可将其攀揉盘扎成龙、马、狮、象等动物形象,也可修剪成圆球形、鼓形、半球形,单植或列植、群植于庭院,更有的栽植成绿篱,经整形修剪成平直的圆脊形,可表现其低矮、丰满、细致、精细。龙柏侧枝扭曲螺旋状抱干而生,别具一格,观赏价值很高,我国各地广为栽培。龙柏是喜阳植物,四季常青,无病原虫害,耐修剪,特别适宜作园林色块,种植密度高,单个工程用量大。

罗汉松

Podocarpus macrophyllus.

罗汉松,别名土杉,罗汉松科罗汉松属常绿针叶乔木。分布于江苏、浙江、福建、安徽等地。

形态特征

罗汉松树冠广卵形,树皮灰色或灰褐色,浅纵裂,成薄片状脱落;枝开展或斜展,较密;叶螺旋状着生,条状披针形,微弯,长 7~12 cm,宽 7~10 mm,先端尖,基部楔形,上面深绿色,有光泽,中脉显著隆起,下面带白色、灰绿色或淡绿色,中脉微隆起;种子卵圆形,先端圆,熟时肉质假种皮紫黑色,有白粉,种托肉质圆柱形,红色或紫红色。花期 4—5 月,种子 8—9 月成熟。

生态习性

喜温暖湿润气候,耐寒性弱,耐阴性强,喜排水良好湿润之沙壤土,对土壤适应性强,盐碱土上亦能生存;对二氧化硫、硫化氢、氧化氮等多种污染气体抗性较强;抗病虫害能力强。

繁殖要点

常用播种和扦插繁殖。播种,8 月采种后即播,约 10 d 后发芽。扦插,春秋两季进行,春季选休眠枝,秋季选半木质化嫩枝,剪成 12~15 cm 长的穗条,插入沙、土各半的苗床,约 50~60 d 生根。

栽培管理

移植以春季 3—4 月最好,小苗需带土,大苗带土球,也可盆栽。栽后应浇透水,生长期保持土壤湿润,盛夏高温季节需放半阴处养护。2 个月施肥 1 次。冬季盆栽注意防寒,盆钵可埋入土内,并减少浇水。

观赏应用

罗汉松树形古雅，种子与种柄组合奇特，惹人喜爱，南方寺庙、宅院多有种植。可门前对植，中庭孤植，或于墙垣一隅与假山、湖石相配。斑叶罗汉松可作花台栽植，亦可布置花坛或盆栽陈于室内欣赏。小叶罗汉松还可作为庭院绿篱栽植。

罗汉松材质细致均匀，易加工，可作家具、器具、文具及农具等用。此外，还有药用价值。

小知识

罗汉松艺术造型的宗旨就是"因树造型""因材施艺"，运用高超的艺术表现手法从普通的树形里挖掘出最高的艺术境界，最大限度地提升观赏价值。

红豆杉

Taxus chinensis.

红豆杉,又名紫杉、赤柏松,红豆杉科红豆杉属,为常绿乔木或灌木。属浅根植物,其主根不明显,侧根发达,是世界上公认的濒临灭绝的天然珍稀抗癌植物。红豆杉果实成熟时红果满枝,艳丽多姿,因酷似南方的"相思豆"而得名。

形态特征

红豆杉小枝不规则互生。叶条形,螺旋状着生,基部多扭转排成 2 列或彼此重叠的不规则 2 列,直或镰状,上面中脉隆起,下面有两条灰绿色或淡黄色的气孔带,叶柄无树脂道。雌雄异株,球花单生于叶腋,有短柄;雄球花圆球形,基部覆瓦状排列的苞片,雄蕊 6~14 枚,盾状,花药 4~9 丝,辐射状排列;雌球花几乎无柄,基部有多数覆瓦状排列的苞片,胚珠直立,基部托以圆盘状的珠托,受精后珠托发育成肉质、杯状、红色的假种皮。种子坚果状,卵圆形或长圆形,顶端凸尖,生于杯状肉质的假种皮中。

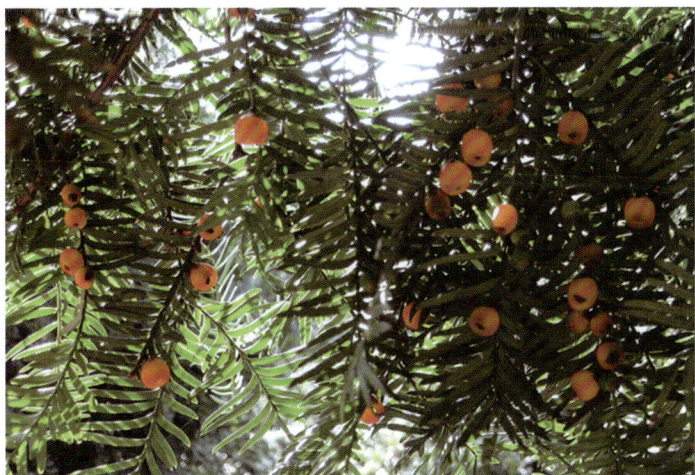

生态习性

耐阴树种,喜温暖湿润的气候,通常生长于山脚腹地较为潮湿处。要求肥力较高的黄壤、黄棕壤,在中性土、钙质土中也能生长。耐干旱瘠薄,不耐低洼积水。对气候适应力较强,年均温 11~16 ℃,最低极值可达−11 ℃。具有较强的萌芽能力,树干上多见萌芽小枝,但生长比较缓慢。很少有病虫害,寿命长。

繁殖要点

用种子繁殖,种子有休眠期,需经低温层积处理才能当年出苗,且苗期生长较缓慢。一般红豆杉种子,在自然条件下需要经过两冬一夏才能萌发,而种子萌发要经历生理后熟和形态后熟两个阶段。

栽培管理

种子出苗后,要经常拔除杂草。每年追肥 1~2 次,多雨季节要防积水,以防烂根。定植后,每年中耕除草 2 次,林地封闭后一般仅冬季中耕除草,培土 5 次。结合中耕除草进行追肥,肥源以农家肥为主,幼树期应剪除萌蘖,以保证主干挺直、快长。

观赏应用

红豆杉枝叶浓郁,树形优美,种子成熟时果实满枝,逗人喜爱。适合在庭院一角孤植点缀,亦可在建筑背阴面的门庭或路口对植,山坡、草坪边缘、池边、片林边缘丛植。宜在风景区作中、下层树种与各种针阔叶树种配置。

小知识

红豆杉系红豆杉科,全世界共有 11 种,中国有 5 种,即东北红豆杉、红豆杉、南方红豆杉、云南红豆杉、西藏红豆杉。东北红豆杉主要分布在吉林省长白山地区和黑龙江一带,辽宁东部山区也有少量分布;云南红豆杉主要分布在滇西 16 个县,总面积约 90 000 km²,其特色为分布广,生长分散,无纯林,多为林中生木;南方红豆杉主要分布在滇东、滇西南,多为林中散生木;西藏红豆杉主要分布在云南西北部、西藏南部和东南部。红豆杉是国家一级重点保护野生植物,为优良珍贵树种。

南方红豆杉

Taxus chinensis var. mairei

南方红豆杉,又名美丽红豆杉,红豆杉科红豆杉属常绿乔木。分布于长江流域以南各省区,以及河南和陕西。为国家一级重点保护野生植物。

形态特征

南方红豆杉高达 30 m,胸径达 60~100 cm;树皮灰褐色、红褐色或暗褐色,裂成条片脱落;大枝开展,一年生枝绿色或淡黄绿色,秋季变成绿黄色或淡红褐色,二三年生枝黄褐色、淡红褐色或灰褐色;冬芽黄褐色、淡褐色或红褐色,有光泽,芽鳞三角状卵形,背部无脊或有纵脊,脱落或少数宿存于小枝的基部。叶排列成 2 列,条形,微弯或较直,上部微渐窄,先端常微急尖、稀急尖或渐尖,上面深绿色,有光泽,下面淡黄绿色。

生态习性

南方红豆杉是中国亚热带至暖温带特有树种之一,在阔叶林中常有分布。属耐阴树种,喜温暖湿润的气候,通常生长于山脚腹地较为潮湿处。自然生长在海拔 1 000 m 或 1 500 m 以下的山谷、溪边、缓坡腐殖质丰富的酸性土壤中,要求肥力较高的黄壤、黄棕壤,中性土、钙质土也能生长。耐干旱瘠薄,不耐低洼积水。对气候适应力较强,年均温 11~16 ℃,最低极值可达−11 ℃,具有较强的萌芽能力,树干上多见萌芽小枝,但生长比较缓慢,很少有病虫害,寿命长。

繁殖要点

南方红豆杉一般采用种子繁殖和扦插繁殖,以播种育苗移栽为主。

种子在 10 月成熟,及时采收后放在水与细沙的混合液（水沙比 2:1）中浸泡。然后将种子在洗衣板上揉搓,除去种子外皮,磨损坚硬的肉种皮。选择背

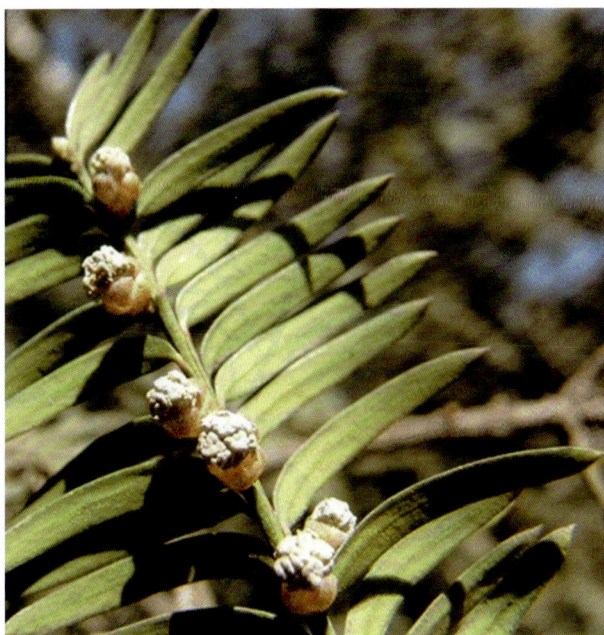

阴干燥不积水地块挖坑,与湿河沙按 1:2 的比例混合贮藏在坑内。次年 3 月取出净种,用 50°白酒和 40 ℃温水(1:1) 浸泡 20 min,捞出后用浓度为 0.05%"九二○"浸种 20~24 h,以打破休眠,提高出苗率。3 月底移入温室催芽,温度要求 20~25 ℃,待有种子"露白"时即可点播。

点播在盖有地膜的畦内,行距 20 cm、株距 10 cm。一般 20~30 d 即可出苗, 当幼苗长 3~4 片叶时,选阴天间苗移植,行距 20 cm、株距 10 cm。种植后浇水、中耕、除草促长。由于红豆杉生长缓慢,最怕强光,适当遮阴有利成长。一般当年生苗可达 10~15 cm,最高可达 20 cm,2 年生苗 50~90 cm,4 年生苗高 1.5~2 m。

栽培管理

(1) 幼苗遮阴。幼苗出土前,须将遮阴棚架好。三伏天,苗床要遮阴。

(2) 病虫害防治。幼苗出土后正值雨季,因雨水多、空气湿度大,幼苗易感染病菌而发生根腐和猝倒病,造成育苗失败。故重在预防,即在幼苗出土后 7 天向幼苗茎干和叶背、叶面喷施 800 倍托布津喷雾。

(3) 中耕除草、施肥。在苗木生长期间,注意除草松土,改善土壤通气条件。除草原则为除小、除早。苗木生长前期追肥,以氮、磷肥为主,用 10%的稀人粪尿加 0.2 kg 尿素配制,每隔半月施一次,9 月中旬停施。

(4) 幼苗移栽如因播种不匀,造成苗木过密过稀,在 5 月底至 6 月中旬,须进行苗木移植,间密补稀。移栽选择阴雨天或雨后进行,覆盖好苔藓后,用清水淋莞,移栽。

观赏应用

南方红豆杉枝叶浓郁,树形优美,种子成熟时果实满枝,逗人喜爱,适合在庭园一角孤植点缀,亦可在建筑背阴面的门庭或路口对植,山坡、草坪边缘、池边、片林边缘丛植,宜在风景区作中、下层树种与各种针阔叶树种配置。

小知识

南方红豆杉多为鸟类取食传播,故很分散、零星。由于材质好,色泽美观,所以人为破坏严重。当前首要的任务是停止对现有资源的破坏,同时加强繁育工作,引为庭园观赏树种,扩大栽培,达到保护物种的目的。

木兰

Magnolia liliflora.

木兰，又名紫玉兰、辛夷、木笔，木兰科木兰属落叶乔木。原产于湖北，现各地均有栽培。

形态特征

落叶乔木，高达 2~5 m，胸径 1 m，枝广展形成宽阔的树冠；树皮深灰色，粗糙开裂；小枝稍粗壮，灰褐色；冬芽及花梗密被淡灰黄色长绢毛。叶纸质，倒卵形、宽倒卵形或倒卵状椭圆形，基部徒长枝叶椭圆形，先端宽圆、平截或稍凹，具短突尖，中部以下渐狭成楔形，叶上深绿色，嫩时被柔毛，后仅中脉及侧脉留有柔毛，下面淡绿色，沿脉上被柔毛。花蕾卵圆形，花先叶开放，直立，芳香，外轮花被 3，披针形，其余的矩圆状卵形，外面紫红色或紫色区别于白玉兰，故名紫玉兰。种子心形，侧扁，高约 9 mm，宽约 10 mm，外种皮红色，内种皮黑色。花期 2—3 月（亦常于 7—9 月再开一次花），果期 8—9 月。

生态习性

喜光,较耐寒,但不耐旱。要求肥沃沙质土壤,不耐碱,怕水淹。

繁殖要点

雌蕊比雄蕊早熟,自然结实率低,而分蘖性强,多用压条、分株法繁殖,有时也用播种法。9月采种,冬季沙藏,翌年春播,播后 20~30 d 发芽。

栽培管理

栽培管理简单,注意防旱防涝,及时施肥。

移植可在秋季或早春开花前进行,小苗用泥浆黏渍,大苗必须带土球。花期前后各施肥 1 次,以磷钾肥为主。夏季高温和秋季干旱季节,保持土壤湿度。花后和萌芽新枝前,应剪去枯枝、密枝和短截徒长枝。

观赏应用

木兰是著名的早春观赏花木,早春开花时,满树紫红色花朵,幽姿淑态,别具风情,园林中孤植、丛栽都可,如有同花期的绣球花、笑靥花、雪铃花等白色花木作背景陪衬,则色彩更是鲜丽夺目;在池畔、阶前、栏旁或自然形花台、花径中配置,都无不适。

小知识

木兰材质优良、纹理直、结构细,供家具、图板、细木工等用;花蕾可入药;花含芳香油,可提取配制香精或制浸膏;花被片食用或用以熏茶;种子榨油供工业用。

玉兰

Magnolia denudata Desr.

玉兰,别名白玉兰、望春、玉兰花,木兰科木兰属落叶乔木。原产于中国中部各省,现北京及黄河流域以南均有栽培。玉兰是中国著名的花木,也是南方早春重要的观花树木,上海市市花。玉兰花外形极像莲花,盛开时,花瓣展向四方,使庭院青白片片,白光耀眼,具有很高的观赏价值,为美化庭院之理想花型。

形态特征

玉兰高达25 m,胸径1 m,枝广展形成宽阔的树冠;树皮深灰色,粗糙开裂;小枝稍粗壮,灰褐色;冬芽及花梗密被淡灰黄色长绢毛。叶纸质,倒卵形、宽倒卵形或倒卵状椭圆形,基部徒长枝叶椭圆形,先端宽圆、平截或稍凹,具短突尖,中部以下渐狭成楔形,叶上深绿色,嫩时被柔毛,后仅中脉及侧脉留有柔毛,下面淡绿色。花蕾卵圆形,花先叶开放,直立,芳香,花梗显著膨大,密被淡黄色长绢毛;花被9片,白色,基部常带粉红色,花瓣长圆状倒卵形;种子心形,侧扁,外种皮红色,内种皮黑色。花期2—3月(亦常于7—9月再开一次花),果期8—9月。

生态习性

玉兰喜光,幼树较耐阴,不耐强光和西晒,光照过强或西晒,容易使树木受到灼伤。玉兰可种植在侧方挡光的环境下,种植于大树下或背阴处则生长不良,树形瘦小,枝条稀疏,叶片小而发黄,无花或花小;玉兰较耐寒,能耐−20 ℃的短暂低温,但不宜种植在风口处,否则易发生抽条,在北京地区背风向阳处无须缠干等措施就可以在露地安全越冬;玉兰喜肥沃、湿润、排水良好的微酸性土壤,但也能在轻度盐碱土(pH值为8.2,含盐量0.2%)中正常生长;玉兰是肉质根,怕积水,种植地势要高,在低洼处种植容易烂根而导致死亡;玉兰栽种地的土壤通透性也要好,在黏土中种植则生长不良,在沙壤土和黄沙土中生长最好。

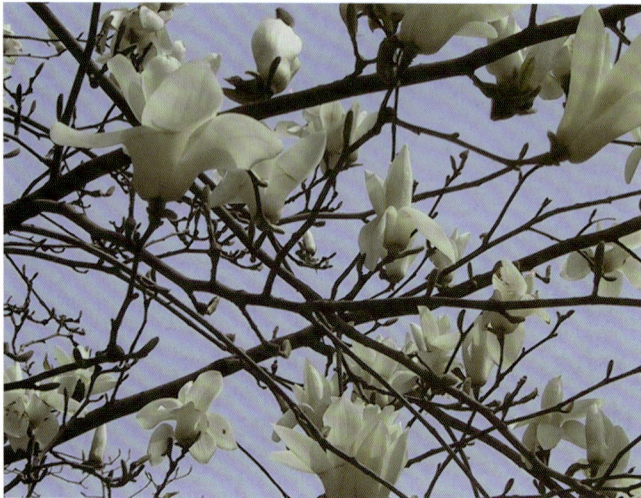

繁殖要点

雌蕊比雄蕊早熟,自然结实率低,而分蘖性强,多用压条、分株法繁殖,有时也用播种法。9月采种,冬季沙藏,翌年春播,播后20~30 d发芽。

栽培管理

玉兰不耐移植,一般在萌芽前10~15 d或花刚谢而未展叶时移栽较为理想。起苗前4~5 d要给苗浇透水,这样做不仅可以使植株吸收到充足的水分,利于栽种后成活,还利于挖苗时土壤成球。在挖掘时要尽量少伤根系,断根的伤口一定要平滑,以利于伤口愈合。

观赏应用

玉兰是庭园中名贵的观赏树木,古时多在亭、台、楼、阁前栽植。现多见于园林、厂矿中孤植、散植,或于道路两侧作行道树。北方也作桩景盆栽。

小知识

玉兰花对有害气体的抗性较强,如将此花栽在有二氧化硫和氯气污染的工厂中,具有一定的抗性和吸硫的作用。因此,玉兰是大气污染地区很好的防污染绿化树种。

木兰科植物大都株形优美,花朵色形俱佳、香气袭人,树叶、聚合果各具特色,整株植物雅而不俗,通常给人以赏心悦目的景观体验。早在唐代,它就以其秀雅的风姿被应用于寺庙庭院绿化,从而积淀了丰厚的文化底蕴。不仅如此,该科植物亦具有适应性广、抗污能力强等优点,十分适合于现代园林绿化及景观生态建设。长期以来,我国对该科植物的园林应用仅限于木兰属、含笑属、木莲属中的少部分种类。根据近年来各地的试验研究表明,拟单性木兰属、单性木兰属以及含笑属中的乐昌含笑、深山含笑、阔瓣含笑、紫花含笑、金叶含笑、峨眉含笑,木莲属中的红花木莲、大叶木莲等都具有优良的生物学特性和观赏特性,发展前景广阔。

二乔玉兰

Magnolia soulangeana Soul.-Bod.

> 二乔玉兰,又名朱砂玉兰,木兰科木兰属大灌木或乔木。

形态特征

二乔玉兰叶倒卵圆形至宽椭圆形,长 6~15 cm,宽 4~15 cm,叶先端宽圆,1/3 以下渐窄成楔形,表面绿色,具光泽,背面淡绿色,被柔毛;叶柄短,被柔毛;拟花蕾卵圆体形。花先叶开放,花被 9 片,外轮花被片长度为内轮花被片的 2/3,淡紫红色、玫瑰色或白色,具紫红色晕或条纹;雄蕊药室侧向纵裂;离生单雌蕊无毛或有毛;聚合蓇葖果长约 8 cm,卵形或倒卵形,熟时黑色,具白色皮孔;花期 3—4 月,果熟期9—10 月。

生态习性

二乔玉兰性喜阳光和温暖湿润的气候,对温度很敏感,南北花期可相差 4~5 个月,即使在同一地区,每年花期早晚变化也很大。对低温有一定的抵抗力,能在-21 ℃条件下安全越冬。

二乔玉兰具深根、肉质根系,多数有萌蘖特性,且不耐水淹,多为阳性或半阴性树种,幼龄生长喜侧方萌蔽,苗期需荫,后喜光性趋强,喜温暖或凉爽、湿润多雾、相对湿度大的山地气候,不耐干热。在我国,二乔玉兰多生长于年平均气温在 15~26 ℃的热带和亚热带地区,少数分布于温带或海拔1 520~2 800 m 的高海拔地区,其原产地的生态环境大多数是温凉湿润、雨量充沛、相对湿度在80%以上、土壤肥沃、排水良好的山坡或山谷。土壤多是由花岗岩、沙页岩、石灰岩等发育而成的砖红壤、赤红壤、红壤、山地黄壤及石灰土,无机养分和有机质含量丰富,绝大多数为酸性土壤,且土质疏松,较深厚、湿润,肥力较高。

繁殖要点

播种必须掌握种子的成熟期,当蓇葖转红绽裂时即采,早采不发芽,迟采易脱落。采下蓇葖后经薄摊处理,将带红色外种皮的果实放在冷水中浸泡搓洗,除净外种皮,取出种子晾干,层积沙藏,于翌年2—3月播种,一年生苗高可达30 cm左右。培育大苗者于次春移栽,适当截切主根,重施基肥,控制密度,3~5年即可培育出树冠完整、稀现花蕾、株高3 m以上的合格苗木。定植2~3年后,即可进入盛花期。此种苗木长势旺盛,适应力强,其效果不亚于嫁接繁殖的苗木。

嫁接通常用紫玉兰、山玉兰等木兰属植物作砧木,方法有切接、劈接、腹接、芽接等。劈接成活率高,生长迅速。晚秋嫁接较之早春嫁接成活率更有保障。

扦插是紫玉兰的主要繁殖方法。扦插时间对成活率的影响很大,一般在5—6月进行,插穗以幼龄树的当年生枝成活率最高。

二乔玉兰宜用压条繁殖,选生长良好的植株,取粗0.5 cm的1~2年生枝作压条,如有分枝,可压在分枝上。压条时间2—3月,压后当年生根,与母株相连时间越长,根系越发达,成活率越高。定植后2~3年即能开花。

栽培管理

二乔玉兰为肉质根,故不耐积水,低洼地与地下水位高的地区都不宜种植,根际积水易落叶,或根部窒息致死。肉根根系损伤后,愈合期较长,故移植时应尽量多带土球。最宜在酸性、富含腐殖质而排水良好的地域生长,微碱土也可。

二乔玉兰是阳性花卉,需要充足的阳光,生长期间要在日照长、光照强的向阳地上养护。二乔玉兰的花期长、开花多,要定期补足养分。

观赏应用

广泛用于公园、绿地和庭园等孤植观赏。

小知识

二乔玉兰是玉兰属中第一个由玉兰和紫玉兰通过人工杂交育成的杂交种,它是一种小乔木,在北京可开二次花。花被片大小、形状、颜色变化较大,由于栽培时间长,变异类型多,通过反复杂交,人们选育出很多园艺品种,如红元宝二乔玉兰。

广玉兰

Magnolia grandiflora L.

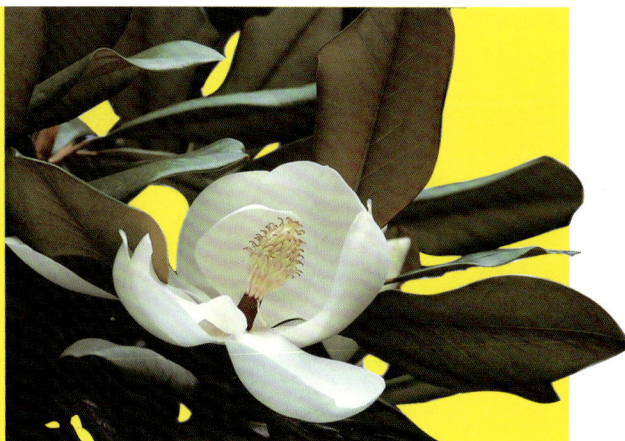

广玉兰,别名洋玉兰、荷花玉兰,木兰科木兰属常绿乔木。原产于南美洲,现中国长江流域以南各城市均有栽培。

形态特征

广玉兰在原产地高达 30 m;树皮淡褐色或灰色,薄鳞片状开裂;小枝粗壮,具横隔的髓心;小枝、芽、叶下面、叶柄均密被褐色或灰褐色短绒毛(幼树的叶下面无毛);叶厚革质,椭圆形、长圆状椭圆形或倒卵状椭圆形,先端钝或短钝尖,基部楔形,叶面深绿色,有光泽;无托叶痕,具深沟。花白色,有芳香,直径 15~20 cm;花被 9~12 片,厚肉质,倒卵形,种子近卵圆形或卵形,外种皮红色,除去外种皮的种子,顶端延长成短颈。花期 5—6 月,果期 9—10 月。

生态习性

广玉兰弱阳性,喜温暖湿润气候,抗污染,不耐碱土。幼苗期颇耐阴,较耐寒,能经受短期

的-19℃低温。在肥沃、深厚、湿润而排水良好的酸性或中性土壤中生长良好。根系深广,颇能抗风,病虫害少。生长速度中等,实生苗生长缓慢,10年后生长速度逐渐加快。

繁殖要点

(1) 播种。9月中旬采下果实,摊放在通风之处,待果实逐步开裂,取出种子,放水中稍泡,搓去种皮上附着的红色肉质膜,并用苏打水搓洗种皮上的油脂,然后以清水冲洗干净,摊通风处晾干,沙藏于木箱中,翌年2月中下旬播于露地。选地适宜,排水良好,幼苗一般不发生严重病虫害,苗期追施速效氮肥3~4次,一年生苗高30~40 cm,当年10月可以移栽。

(2) 压条。母树以幼龄树或苗圃的大苗为好,由于侧枝生长健壮,生命力强,发根容易。在不影响树形的原则下,选2~3年生充实粗壮、向上开展的侧枝,4月中旬至5月中旬于基部以上10~15 cm处行环状剥皮,伤口长3 cm,剥皮后以小棕绳等粗糙物勒剥木质部上残附的形成层,再以塑料薄膜盛培养土包裹伤处。培养土通常选保水力强、质地轻松、不带病虫的土壤为宜,一般取黄泥60%拌砻糠灰40%或用蛭石、膨胀珍珠岩,或用充分腐熟的棉籽屑、纺织屑、种蘑菇的床土等,含水要适宜,以手紧握时有水挤出为度。为使伤口愈合快、早发根,伤口的上方可涂万分之五的萘乙酸溶液,稍干后再裹培养土。4月压条,6月就开始生根,一

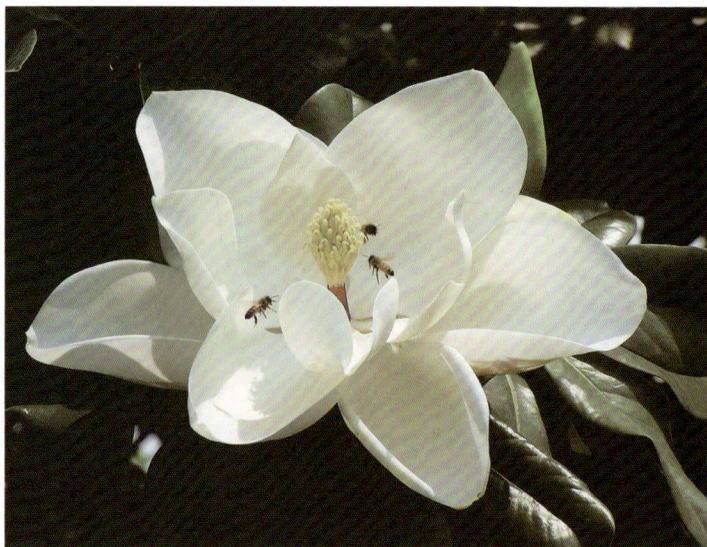

般要到9月下旬下树,7—8月应做检查,遇有培养土干燥的情况,可用注射器注水补充。

(3) 嫁接。以紫玉兰为砧木,早春发芽前实行切接。除早春切接外,也可用芽接繁殖,9月进行。

栽培管理

广玉兰最适宜土层深厚、排水良好、略带酸性的黄土或沙质壤土,在中南地区通常露地栽培。因其根系发达,易于移栽成活,但为确保工程质量,不论苗木大小,移栽时都需要带土球;更因其枝叶繁茂,叶片大,新栽树苗水分蒸腾量大,容易受风害,所以移栽时应随即疏剪叶片,如土球松散或球体太小,根系受损较重的,还应疏去部分小枝或赘枝。此树枝干最易为烈日灼伤,以致皮部爆裂

枯朽,形成严重损伤,不论大树小苗、新栽或成林树,凡夏季枝干有暴露于烈日之下的,应及早以草绳裹护或涂抹石灰乳剂,以免造成不可挽救的损失。广玉兰分枝匀称,树形端正,多任其自然生长,不多加整枝。

观赏应用

广玉兰可做园景、行道树、庭荫树。广玉兰树姿雄伟壮丽,叶大荫浓,花似荷花,芳香馥郁,为美丽的园林绿化观赏树种,宜孤植、丛植或成排种植。广玉兰还能耐烟抗风,对二氧化硫等有毒气体有较强的抗性,故又是净化空气、保护环境的优良树种。广玉兰木材黄白色,材质坚重,可作装饰用材。

小知识

广玉兰树姿优雅,四季常青,病虫害少,因而是优良的行道树种,不仅可以在夏日为行人提供必要的庇荫,还能很好地美化街景。广玉兰在庭园、公园、游乐园、墓地均可栽种。大树可孤植草坪中,或列植于通道两旁;中小型者,可群植于花台上。北京大觉寺、颐和园、碧云寺等处均配植于古建筑间。广玉兰与西式建筑尤为协调,故在西式庭园中也较为适用。

宝华玉兰

Magnolia zenii Cheng

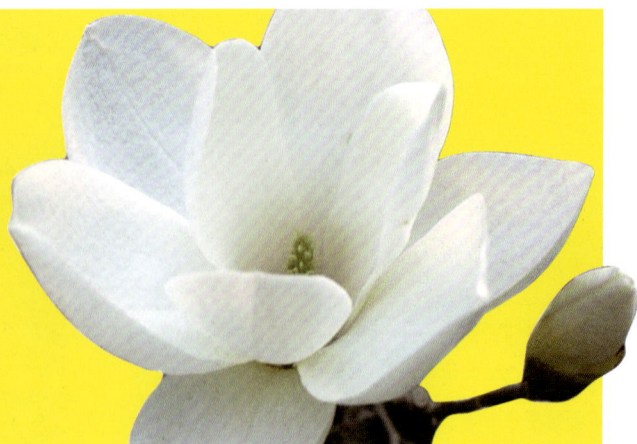

宝华玉兰为落叶乔木,中国的特有植物,分布于中国江苏等地,生长于海拔 220 m 的地区,多生长于丘陵地带。本种花直径 12 cm,芳香艳丽,为优美的庭院观赏树种。模式标本采自句容宝华山。

形态特征

宝华玉兰高达 11 m,胸径达 30 cm,树皮灰白色,平滑。嫩枝绿色,无毛,老枝紫色,疏生皮孔;芽狭卵形,顶端稍弯,被长绢毛。叶膜质,倒卵状长圆形或长圆形,先端宽圆具渐尖头,基部阔楔形或圆钝,上面绿色,无毛,下面淡绿色,中脉及侧脉有长弯曲毛,花被 9 片,近匙形,先端圆或稍尖,外面中部以下紫色等特征与近缘种白玉兰有明显区别。花期 3—4 月,果期 8—9 月。宝华玉兰早期生长较快,成年树生长缓慢。实生树 7—9 年开花,嫁接树当年开花。

生态习性

物种产地年平均温度 16 ℃,7 月平均最高温度 32 ℃,冬季低温通常 -6~-8 ℃,极端最低温约 -14 ℃,年降水量约 900 mm。土壤为沙壤土,呈酸性。宝华玉兰只长在宝华山北坡,海拔必须在 220 m 左右,离开这个环境就很难生存。

繁殖要点

宝华玉兰用种子繁殖。外种皮富含油质,采收后宜除去,种子用轻微湿润的河沙层积贮藏。春播后 30~40 d 发芽。也可用 2~3 年生白玉兰实生苗作砧木,于早春采集宝华玉兰的枝条嫁接育苗,愈合成活率可达 70%~80%。

栽培管理
同白玉兰的栽培管理要点。

观赏应用
宝华玉兰,树干呈灰色或淡灰色,手感平滑。花开放的时候非常香,能顺风飘出好远。花瓣有9 片,像汤匙,不同单株花色还有变化,花中部以下是紫红色,中部则是淡紫红色,而到了上部就是白色,花瓣长 7~8 cm。因为对土壤和气候非常挑剔,宝华玉兰种源仅分布在句容这一小块土地上,与和它有"血缘关系"的其他玉兰区别明显,对研究木兰属的分类有一定的意义。宝华玉兰树干挺拔,是非常珍贵的园林观赏树木。

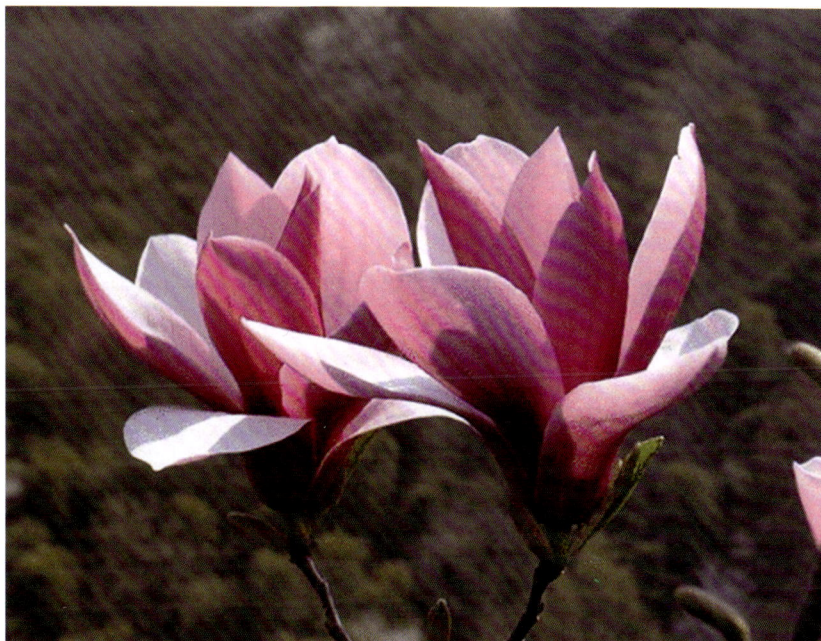

小知识
宝华玉兰产于江苏省镇江市句容宝华山,产地仅存 18 株,濒危之急已达到绝种的边缘。再加上本种花十分美丽,是园林观赏树种中之上品,对植物分类系统之研究亦具有一定的科学意义,因此,被定为国家一级保护植物。宝华山已被划分为自然保护区。南京、杭州及上海等地的植物园和园林单位已对其进行引种栽培。

木莲

Manglietia fordiana
(Hemsl.)Oliv.

木莲,别名黄心树、木莲果,木兰科木莲属常绿乔木。产长江流域至两广、云贵等省区,常生于海拔 1 200 m 以下地区。

形态特征

木莲高达 20 m。树干通直圆满,嫩枝及芽有红褐色短毛,后脱落无毛。叶革质,狭倒卵形、狭椭圆状倒卵形或倒披针形,树形美观,花朵艳丽而清香。先端短急尖,通常尖头钝,基部楔形,沿叶柄稍下延,边缘稍内卷,下面疏生红褐色短毛。花被片纯白色,每轮 3 片,外轮 3 片质较薄,近革质,凹入,长圆状椭圆形。种子红色。花期 5 月,果期 10 月。

生态习性

生于海拔 1 200 m 的花岗岩、沙质岩山地丘陵。幼年耐阴,成长后喜光,喜温暖湿润气候及深

厚肥沃、排水良好的酸性土。

繁殖要点

（1）播种。果熟时采收，阴干脱粒，搓去红色假种皮，洗净阴干，湿沙低温（5 ℃）贮藏，翌年春播。播后种子发芽期长，不整齐，幼苗在夏季高温时注意遮阴。冬季幼苗抗寒性差，应加以保护。

（2）扦插。春季花后或梅雨季节进行，剪取幼树的 1 年生嫩枝作插穗。插前用 0.3% 吲哚丁酸溶液处理插条基部，可提高生根率和成活率。

（3）嫁接。用白玉兰或紫玉兰作砧木，在春季芽苞萌动前进行切接，成活率高。

栽培管理

当幼苗长出 3~4 片真叶时，选阴天移入容器中，容器排成畦宽，空隙填土，经常淋水，保持湿润。当苗高 30~40 cm、地径 0.4~0.5 cm 时，可出圃造林。造林地选择海拔 800 m 以下山坡中下部或山谷，土层较深厚、疏松、湿润、肥沃的土壤。不宜在山脊、山顶、土壤瘠薄或有强风的地方种植。

观赏应用

木莲树冠浑圆，枝叶并茂，绿荫如盖，典雅清秀，初夏盛开玉色花朵，秀丽动人。于草坪、庭园或名胜古迹处孤植、群植，能起到绿荫庇夏，寒冬如春的功效。果及树皮入药，治便秘和干咳。

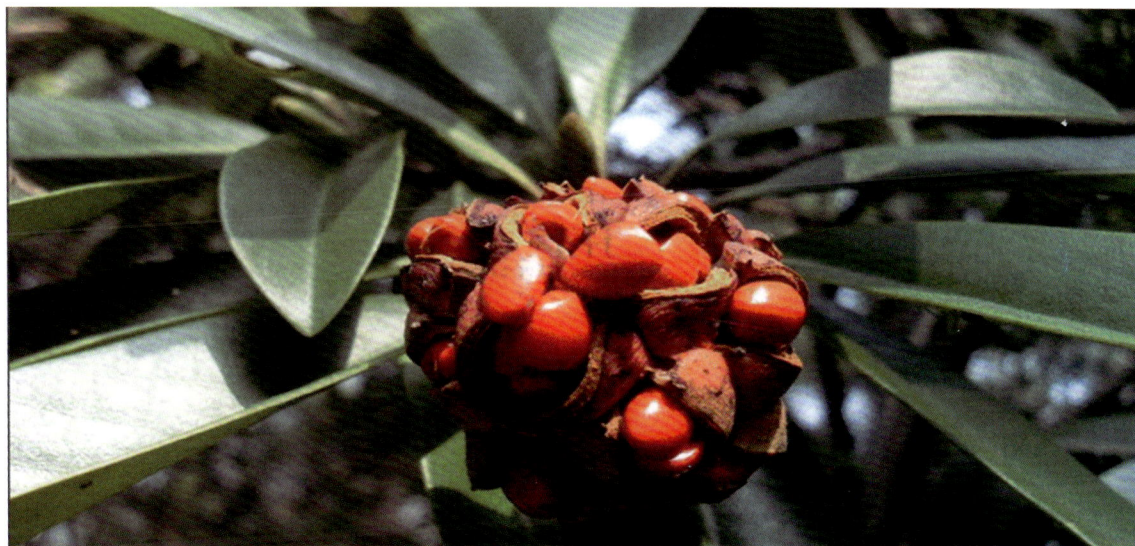

小知识

我国浙江、安徽、江西、福建、云南等地均有天然的木莲散布，混生于阔叶林中。如今，在安徽黄山仍保存两株珍贵的古木莲：一株在黄山松谷庵海拔 595 m 处，树龄有 400 余年，树高近 14 m，胸围 2.2 m，每当春末夏初时节，繁花怒放，不时飘散出阵阵清香；另一株古木莲在黄山干部疗养院大门前，树龄也有 400 多年了，其树高达 19 m，胸围 2.4 m，枝叶浓密，生长旺盛。它俩像一对孪生姐妹，成为黄山一道独特的风景。

深山含笑

Michelia maudiae Dunn.

深山含笑,别名光叶白兰、莫夫人玉兰,木兰科含笑属常绿乔木,中国特有物种。生长快、材质好、适应强,冬季不凋,早春白花满树,树形美观,有较高的观赏和经济价值。主要分布在浙江、福建、湖南、广东、广西和贵州等地。

形态特征

深山含笑高达 20 m,各部均无毛;树皮薄,浅灰色或灰褐色,平滑不裂;芽、嫩枝、叶下面、苞片均被白粉。叶互生,革质深绿色,叶背淡绿色,长圆状椭圆形,很少为卵状椭圆形,上面深绿色,有光泽,下面灰绿色,被白粉,侧脉每边 7~12 条,直或稍曲,至近叶缘开叉网结、网眼致密。叶柄长 1~3 cm,无托叶痕。花梗绿色具 3 环状苞片脱落痕,佛焰苞状苞片淡褐色,薄革质,长约 3 cm;花芳香,花被 9 片,纯白色,基部稍呈淡红色,外轮的倒卵形,长 5~7 cm,宽 3.5~4 cm,顶端具短急尖,基部具长约 1 cm 的爪,内两轮则渐狭小;近匙形,顶端尖;雄蕊长 1.5~2.2 cm,药隔伸出长 1~2 mm 的尖头,花丝宽扁,淡紫色,长约 4 mm;雌蕊群长 1.5~1.8 cm。雌蕊群柄长 5~8 mm。心皮绿色,狭卵圆形,连花柱长 5~6 mm。聚合果长 7~15 cm,蓇葖倒卵圆形、卵圆形、顶端圆钝或具短突尖头。种子红色,斜卵圆形,长约 1 cm,宽约 5 mm,稍扁。花期 2—3 月,果期 9—10 月。

生态习性

深山含笑适生于温暖湿润的气候,喜半阴,在弱光(稍阴)下生长良好,故常作庭院树栽培。它

喜光,但夏季怕阳光直射和干燥,在强光曝晒和干燥条件下,叶色易变黄。它具有一定的抗寒能力,地栽只要用稻草稍加掩盖保护,即可露地越冬;若遇严寒,即使叶片全部落掉,根干也不会冻死。此树要求在肥沃深厚的酸性土壤中生长,在石灰质土或碱性土中栽植,叶易发黄,生长不良。

繁殖要点

(1) 扦插。时间以春、夏季为宜。春插在3月下旬进行,选1~2年生枝梢,长10~15 cm,剪去下部叶片,插入以黄土拌河沙(6:4)作基质的苗床内,插后要求遮阴(透光率30%左右),经常保持床面湿润,待生根后上盆定植。夏插选当年生半木质化枝条,长8 cm左右,方法同春插。

(2) 压条。在含笑生长期的任何时候都可进行压条,但以4月份最为合适。选取大小适当、发育良好、组织充实健壮的2年生枝条,长15~20 cm,在选好的包土发根部位,做宽度为0.5~1 cm的环状剥皮,深达木质部,并涂以浓度为40 mg/L左右的萘乙酸,然后在环剥处套上大小适宜的塑料袋,下端扎实,在袋内填实苔藓和培养土或吸足水分的蛭石,上端留孔,以利灌水和通气。

(3) 嫁接。常以紫玉兰、天目木兰为砧木进行枝接,易成活。春接宜在3月下旬至4月上旬含笑萌发前;秋接,宜在9月下旬至10月上旬。嫁接成活率一般可达85%。

(4) 播种。可随采随播,也可经沙藏,到次年2月下旬至3月上旬播种。苗床宜用排水良好的沙质壤土。播后,用焦炭泥土覆盖,置放阴处,约经1个月时间即可出苗。出苗后平时可按一般播种苗管理,第二年春季带土移栽。

栽培管理

栽植宜春季进行,带土球,并做适当修剪。大树移植要疏枝和摘除1/3~1/2的叶片,防止水分失去平衡而死亡。主要病虫害有根腐病、介壳虫、凤蝶和地老虎等,要及时防治。深山含笑属亚热带树种,在暖温带乃至温带地区可以少量引种栽培,若大面积推广应用,则需持慎重态度。

观赏应用

深山含笑树形端正,枝叶茂盛,四季常青,花洁白如玉,入秋蓇葖果微裂后,露出鲜红色的假种皮,艳丽夺目,是园林和四旁绿化的优良观赏花木,不论孤植、列植还是群植均宜。

小知识
其枝叶茂密,冬季翠绿不凋。深山含笑不仅具观赏、经济价值,其花还具有药用价值。

乐昌含笑

Michelia chapensis Dandy.

乐昌含笑,木兰科含笑属常绿乔木。

形态特征

乐昌含笑高 1.5~3.0 m, 胸径 0.5 m, 树皮灰色至深褐色;小枝无毛或嫩时节上被灰色微柔毛。

叶薄革质,倒卵形、狭倒卵形或长圆状倒卵形,长 6.5~15 cm,宽 3.5~6.5 cm,先端骤狭短渐尖,或短渐尖、尖头钝,基部楔形或阔楔形,上面深绿色,有光泽,侧脉每边 9~12 条, 网脉稀疏;叶柄长 1.5~2.5 cm,有明显托叶痕,上面具张开的沟,嫩时被微柔毛,后脱落无毛。

花梗长 4~10 mm,被平伏灰色微柔毛,具 2~5 苞片脱落痕;花被片淡黄色, 6 片,芳香,2 轮,外轮倒卵状椭圆形,长约 3 cm,宽约 1.5 cm,内轮较狭;雄蕊长 1.7~2 cm,花药长 1.1~1.5 cm,药隔伸长成 1 mm 的尖头;雌蕊群狭圆柱形,长约 1.5 cm,雌蕊群柄长约 7 mm,密被银灰色平伏微柔毛;心皮卵圆形,长约 2 mm,花柱长约 1.5 mm;胚珠约 6 枚。

聚合果长约 10 cm,果梗长约 2 cm;蓇葖长圆体形或卵圆形,长 1~1.5 cm,宽约 1 cm,顶端具短细弯尖头,基部宽;种子红色,卵形或长圆状卵圆形,长约 1 cm,宽约 6 mm。

花期 3—4 月,果期 8—9 月。

生态习性

乐昌含笑自然生长在海拔 500~1 500 m 的常绿阔叶林中。喜温暖、湿润的气候,生长适宜温度为 15~32 ℃,能抗 41 ℃的高温,亦能耐寒。喜光,但苗期喜偏阴;喜土壤深厚、疏松、肥沃、排水良好的酸性至微碱性土壤。能耐地下水位较高的环境,在过于干燥的土壤中生长不良。一般在山坡中下部及山谷两侧生长较好,而山脊、山坡上部生长较差。

繁殖要点

（1）扦插：一般采用秋梢春插的效果较好。乐昌含笑扦插后生根较迟，一般60 d左右才能生根，扦插生根能力低于马褂木、乳源木莲等其他木兰科树种。夏季或秋季嫩枝扦插，宜用2年生母树枝条，成活率可达84.2%，用ABT 2号生根剂处理，可明显缩短扦插生根时间。

（2）播种。种子育苗可采用4种播种方式，其中以密播芽苗移植为最佳，这一播种方式是指种子先在大棚内密播，出土后进行芽苗移植。其次点播与条播较好，但条播便于管理，有利生产应用；撒播虽产苗量高但苗木质量较差，生产上一般不宜采用。

栽培管理

乐昌含笑多在3月上中旬芽未萌动，且根系尚待萌动前，带土球移栽。主要病害有猝倒病，发生在幼苗出土两个月内，或幼苗期移植后半个月内。防治时，可用0.5%波尔多液喷射苗木茎叶，喷后用清水洗苗。地老虎即夜蛾类或蝼蛄类的幼虫，白天潜伏土中，夜间出土活动，可用90%敌百虫1 000倍液或20%乐果乳油300倍液喷雾杀虫。

观赏应用

乐昌含笑树干挺拔，树荫浓郁，花香醉人，是优良的庭园和道路绿化苗木，孤植、丛植、群植或列植均适宜，与木莲、木荷、玉兰等配植更佳。

小知识

乐昌含笑是1929年英国植物学家恩第在乐昌市两江镇上茶坪村发现的，并因此而得名。乐昌含笑是少有的以地方名称命名的一种植物。

鹅掌楸

Liriodendron chinense
(Hemsl.)Sargent.

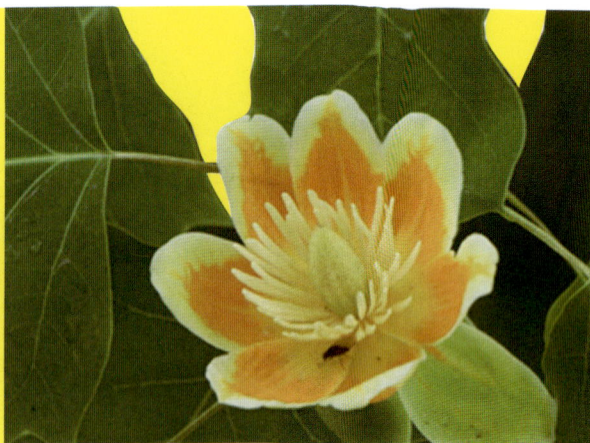

鹅掌楸,别名马褂木、双飘树,木兰科鹅掌楸属,落叶大乔木。中国特有的珍稀植物。品种及变种有鹅掌楸、北美鹅掌楸、杂交鹅掌楸等。

形态特征

鹅掌楸高达 40 m,胸径 1 m 以上,小枝灰色或灰褐色。叶马褂状,长 4~12 cm,近基部每边具 1 侧裂片,先端具 2 浅裂,下面苍白色,叶柄长 4~8 cm。花杯状,花被 9 片,外轮 3 片绿色,萼片状,向外弯垂,内两轮 6 片,直立,花瓣倒卵形,长 3~4 cm,绿色,具黄色纵条纹,花药长 10~16 mm,花丝长 5~6 mm,花期时雌蕊群超出花被之上,心皮黄绿色。聚合果长 7~9 cm,具翅的小坚果长约 6 mm,顶端钝或钝尖,具种子 1~2 颗。花期 5 月,果期 9—10 月。

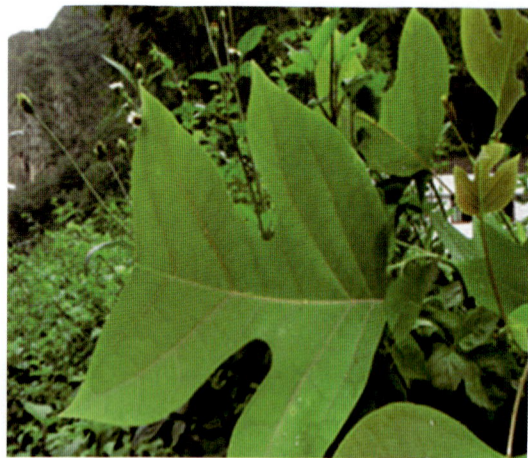

生态习性

鹅掌楸喜光及温和湿润气候,有一定的耐寒性,喜深厚肥沃、适湿而排水良好的酸性或微酸性土壤(pH 值 4.5~6.5),在干旱土地上生长不良,也忌低湿水涝。通常生于海拔 900~1 000 m 的山地林中或林缘,呈星散分布,也有组成小片纯林的。它生长快,耐旱,对病虫害抗性极强。

繁殖要点

采用扦插和播种繁殖。

（1）扦插。在落叶后翌年2月下旬，选择健壮母树，剪取一年生5 mm以上粗枝条作为插穗，穗长15 cm左右，每穗应具有2~3个饱满的芽，下端切口平剪，按株行距20 cm×30 cm插入土中3/4，扦插前可用生根药剂浸30 min左右。插条应随采随插，插好后要有遮阴设施，勤喷水。

（2）播种。秋季采种精选后在湿沙中层积过冬，于次年春季播种育苗。第三年苗高1 m以上即可出圃定植。造林地和园林绿化地必须选择深厚、肥沃、排水良好的地方。移植时应带土球，注意保护根部。

栽培管理

鹅掌楸性喜光及温和湿润气候，有一定的耐寒性，可经受−15 ℃低温而完全不受伤害，在北京地区小气候良好的条件下可露地过冬。喜深厚肥沃、适湿而排水良好的酸性或微酸性土壤(pH值4.5~6.5)；在干旱土地上生长不良，也忌低湿水涝。

观赏应用

鹅掌楸树形端正雄伟，叶形奇特古雅，花大而美丽，为世界珍贵树种之一。17世纪从北美引种到英国，其黄色花朵形似杯状的郁金香，故欧洲人称之为"郁金香树"，是城市中极佳的行道树、庭荫树种，无论丛植、列植还是片植于草坪、公园入口处，均有独特的景观效果，因其对有害气体的抵抗性较强，所以也是工矿区绿化的优良树种之一。

小知识

鹅掌楸叶形如马褂——叶片的顶部平截，犹如马褂的下摆，叶片的两侧平滑或略微弯曲，好像马褂的两腰，叶片的两侧端向外突出，仿佛是马褂伸出的两只袖子，故鹅掌楸又叫马褂木。花单生枝顶，花被片9枚，外轮3片萼状、绿色，内2轮花瓣状黄绿色，基部有黄色条纹，形似郁金香。因此，它的英文名称是"Chinese Tulip Tree"，意思就是"中国的郁金香树"。

北美鹅掌楸

Liriodendron tulipifera L.

北美鹅掌楸,木兰科鹅掌楸属落叶乔木。欧洲人称之为"郁金香树",世界四大行道树之一。

形态特征

北美鹅掌楸树皮深纵裂,小枝褐色或紫褐色,常带白粉。叶片长 7~12 cm,近基部每边具 2 侧裂片,先端 2 浅裂,幼叶背被白色细毛,后脱落无毛,叶柄长 5~10 cm。花杯状,花被 9 片,外轮 3 片绿色,萼片状,向外弯垂,内两轮 6 片,灰绿色,直立,花瓣状,卵形,长 4~6 cm,近基部有一不规则的黄色带;花药长 15~25 mm,花丝长 10~15 mm,雌蕊群黄绿色,花期时不超出花被片之上。具翅的小坚果淡褐色,长约 5 mm,顶端急尖,下

部的小坚果常宿存过冬。花期 5 月,果期 9—10 月。

生态习性

北美鹅掌楸原产北美,性喜光及温和湿润的气候,有一定的耐寒性,可经受-15 ℃低温而完全不受伤害。在肥沃、深厚、排水良好的微酸性土壤中生长良好,忌水涝。

繁殖要点

北美鹅掌楸采用播种、扦插繁殖。

栽培管理

北美鹅掌楸抗逆性与生长特性均明显优于鹅掌楸。喜阳,有一定的耐阴性;喜温暖湿润气候,能耐-15 ℃的低温;耐干旱,喜深厚肥沃和排水良好之沙质壤土。主根较深,在低湿地生长不良。生长迅速,病虫害少。

观赏应用

同鹅掌楸。

小知识

木兰科鹅掌楸属共2种,中国产1种,美国南部产1种。新生代时期有10余种,日本、意大利、法国等国白垩纪地层中均发现它的化石。两品种杂交后的鹅掌楸,生长迅速,为优良的行道树。

金边鹅掌楸习性:喜光、耐寒、喜湿润排水良好营养丰富的沙壤土,抗城市环境污染。特点:强壮伟岸的大乔木,高25~35 m,冠圆锥形,六月花呈非常漂亮的郁金香形,浅黄色花瓣有橙黄色的底座,金色的花边叶,独特的三瓣马褂形,九月呈金黄或黄棕色。

蜡梅

Chimonanthus praecox(Linn.)Link.

蜡梅,别名金梅、腊梅、蜡花、黄梅花,蜡梅科蜡梅属落叶大灌木。花期早,腊月开花,所以俗称"腊梅"。"蜡梅"花色金黄、香气浓烈,月余不尽,是中国人喜爱的传统名花。

形态特征

蜡梅幼枝四方形,老枝近圆柱形,灰褐色,无毛或被疏微毛,有皮孔;鳞芽通常着生于第二年生的枝条叶腋内,芽鳞片近圆形,覆瓦状排列,外面被短柔毛。叶纸质至近革质,卵圆形、椭圆形、宽椭圆形至卵状椭圆形,有时长圆状披针形,顶端急尖至渐尖,有时具尾尖,基部急尖至圆形,除

叶背脉上被疏微毛外无毛。花着生于第二年生枝条叶腋内，先花后叶，芳香，直径 2~4 cm；花被片圆形、长圆形、倒卵形、椭圆形或匙形，长 5~20 mm，宽 5~15 mm，无毛，内部花被片比外部花被片短，基部有爪；雄蕊长 4 mm，花丝比花药长或等长，花药向内弯，无毛，药隔顶端短尖，退化雄蕊长 3 mm；心皮基部被疏硬毛，花柱长达子房的 3 倍，基部被毛。果托近木质化，坛状或倒卵状椭圆形，长 2~5 cm，直径 1~2.5 cm，口部收缩，并具有钻状披针形的被毛附生物。花期 11 月至翌年 3 月，果期 4—11 月。

生态习性

蜡梅性喜阳光，耐阴、耐寒、耐旱、忌渍水。蜡梅花在霜雪寒天傲然开放，花黄似腊，浓香扑鼻，是冬季主要观赏花木。怕风，在不低于-15 ℃时能安全越冬。北京以南地区可露地栽培，花期如遇-10 ℃低温，花朵将受冻害。好生于土层深厚、肥沃、疏松、排水良好的微酸性沙质壤土上，在盐碱地上生长不良。耐旱性较强，怕涝，故不宜在低洼地栽培。树体生长势强，分枝旺盛，根茎部易萌蘖。耐修剪，易整形。先花后叶，花期 11 月—翌年 3 月，果实 7—8 月成熟。

繁殖要点

蜡梅繁殖一般以嫁接为主，分株、播种、扦插、压条也可。

（1）嫁接。一般以狗蝇蜡梅作砧木，素心蜡梅、馨口蜡梅等优良品种作接穗。嫁接以切接为主，也可采用靠接和芽接。切接多在 3—4 月进行，当叶芽萌动有麦粒大小时嫁接最易成活。如芽发得过大，接后很难成活。

（2）分株。叶芽刚萌动时进行。先于前一年底在离地面 20~30 cm 处，将准备分株的蜡梅枝条全部截顶。分株时在母株四周将土掏出，用刀按每丛 2~3 根茎秆劈开，移出另栽，原处留 2~3 根粗大壮实的茎秆不动，分栽的蜡梅苗采用 60 cm × 50 cm 株行距进行栽植，培养 2~3 年后出圃或再进行分株繁殖。

（3）播种。7—8月采收变黄的果实，取出种子干藏，翌春播种，播种前用60 ℃温水浸泡 12~24 h，播种时先整好苗圃地，点播，或开沟条播，覆土厚度 4~5 cm。注意浇水、除草，每隔20~30 d 施清淡薄肥一次；苗期注意排水防涝。播种苗经过 3~4 年培养，作为砧木使用。

栽培管理

当嫁接成活的接穗长出 6 片叶左右时及时摘心，促其增粗、萌发侧枝，形成树冠和开花枝。培育具有较高主干的植株时，等到第二年砧木与接穗生长牢固后，利用其新萌发的枝芽培育主干。春季切接成活的植株，在初夏"松绑"，将绑缚用的塑料薄膜松开，但不可完全去掉；夏季腹接成活的植株，在翌年初夏"松绑"，用锋利的小刀在塑料膜上轻轻纵向划一刀，使塑料膜松动即可。

观赏应用

蜡梅多自然种植于庭院中、山石旁、建筑物两侧，或道路、草坪、房前屋后等。中国江南的园林和寺庙园林中多植蜡梅，以示高雅而不从俗。蜡梅也是很好的切花和瓶插花材。

小知识

蜡梅属系中国原产，该属的全部种类均产在中国，其自然分布区主要为陕西、河南、四川、湖北、湖南及贵州等地区。蜡梅在中国的栽培已有 1 000 多年的历史，在宋代栽培较为普遍。

樟树

Cinnamomum camphora L. Presl.

樟树,别名香樟、樟木、乌樟、臭樟,樟科樟树属常绿乔木。树姿优美,春季换叶时嫩叶鲜红,为庭园和道路绿化树种。

形态特征

樟树高可达 30 m,直径可达 3 m,树冠广卵形,枝、叶及木材均有樟脑香气。树皮黄褐色,有不规则的纵裂。顶芽广卵形或圆球形,鳞片宽卵形或近圆形,外面略被绢状毛。枝条圆柱形,淡褐色,无毛。叶互生,卵状椭圆形,长 6~12 cm,宽 2.5~5.5 cm,先端急尖,基部宽楔形至近圆形,全缘,软骨质,有时呈微波状,上面绿色或黄绿色,有光泽,下面黄绿色或灰绿色,晦暗,两面无毛或下面幼时略被微柔毛,具离基三出脉,有时过渡到基部具不显的 5 脉,中脉两面明显,上部每边有侧脉 3~5 条。基生侧脉向叶缘一侧有少数支脉,侧脉及支脉脉腋上面明显隆起,下面有明显腺窝,窝内常被柔毛,叶柄纤细,长 2~3 cm,腹凹背凸,无毛。圆锥花序腋生,长 3.5~7 cm,具梗,总梗长 2.5~4.5 cm,与各级序轴均无毛或被灰白至黄褐色微柔毛,被毛时往往在节上尤为明显。花绿白或带黄色,长约 3 mm;花梗长 1~2 mm,无毛。花被外面无毛或被微柔毛,内面密被短柔毛,花被筒倒锥形,长约 1 mm,花被裂片椭圆形,长约 2 mm。能育雄蕊 9,长约 2 mm,花丝被短柔毛;退化雄蕊 3,位于最内轮,箭头形,长约 1 mm,被短柔毛。子房球形,长约 1 mm,无毛,花柱长约 1 mm。果卵球形或近球形,紫黑色;果托杯状,长约 5 mm,顶端截平,宽达 4 mm,基部宽约 1 mm,具纵向沟纹。花期4—5 月,果期 8—11 月。

生态习性

樟树多喜光,稍耐阴;喜温暖湿润气候,耐寒性不强,对土壤要求不高,较耐水湿,但移植时要注意保持土壤湿度,水涝容易导致烂根缺氧而死,不耐干旱、瘠薄和盐碱土。主根发达,深根性,能抗风;萌芽力强,耐修剪。生长速度中等,树形巨大如伞,能遮阴避凉。存活期长,可以生长为成百上千年的参天古木,有很强的吸烟滞尘、涵养水源、固土防沙和美化环境的能力。

繁殖要点

在 11 月中下旬,香樟浆果呈紫黑色时,从生长健壮无病虫害的母树上采集果实。采回的浆果应及时处理,以防变质。即将果实放入容器内或堆积加水堆沤,使果肉软化,用清水洗净取出种子。将种子薄摊于阴凉通风处晾干后进行精选,使种子纯度达到 95% 以上。香樟秋播、春播均可,以春播为好。秋播可随播,在秋末土壤封冻前进行。春播宜在早春土壤解冻后进行。播种前需用 0.1% 的新洁尔溶液浸泡种子 3~4 h 杀菌、消毒,并用 50 ℃的温水泡种催芽,保持水温,重复浸种 3~4 次,可使种子提前发芽 10~15 d。香樟可采用条播,条距为 25~30 cm,条沟深 2 cm 左右,宽 5~6 cm,每米播种沟撒种子 40~50 粒,每亩播种 15 kg 左右。

栽培管理

香樟树苗栽好后要立即灌水,对于带土球的樟树苗还需边灌水边用铁棒或木棒对树穴周边土壤进行搅动,以便通过水的作用使树穴周边填满土壤。灌水时要注意不要损坏土围堰,土围堰中要灌满水,让水慢慢渗透到种植穴内。

移栽过程中,为了保持大香樟树干的湿度,减少从树皮蒸腾的水分,要对树干进行浸湿草绳缠绕包裹直至主干顶部,如果分枝较大也要进行缠绕。,可经常用喷雾器为树干喷水保湿。在大香樟掘起后,还要对断根、破根和枯根进行修剪,剪后再用黏土泥浆浸裹树根。

观赏应用

香樟枝叶茂密,冠大荫浓,树姿雄伟,能吸烟滞尘、涵养水源、固土防沙和美化环境,是城市绿化的优良树种,广泛作为庭荫树、行道树、防护林及风景林,常用于园林观赏及小区、学校、事业单位、工厂等的绿化,配植于池畔、水边、山坡等。在草地中丛植、群植、孤植或作为背景树,甚为雄伟壮观。又因其对多种有毒气体抗性较强,有较强的吸滞粉尘的能力,常被用于城市及工矿区。

> **小知识**
>
> 因为樟树木材上有许多纹路,像是"大有文章"的意思,所以就在"章"字旁加一个木字作为树名,称为"樟树",又因有香味,故称为"香樟树"。
>
> 香樟广布于中国长江以南各地,以台湾最多。植物全体均有樟脑香气,可提制樟脑和提取樟油。其木材坚硬美观,宜制家具。香樟树对氯气、二氧化硫、臭氧及氟气等有害气体具有抗性,能驱蚊蝇,能耐短期水淹。

山胡椒

Lindera glauca.

　　山胡椒,别名牛筋树、假死柴、野胡椒、香叶子、油金条,樟科山胡椒属落叶灌木或小乔木。中国南部及山东、陕西各省均有分布。

形态特征

　　山胡椒树皮平滑,灰色或灰白色;幼枝条白黄色,初有褐色毛,后脱落成无毛;叶互生,宽椭圆形、椭圆形、倒卵形到狭倒卵形,上面深绿色,下面淡绿色,被白色柔毛,纸质,羽状脉,叶枯后不落,翌年新叶发出时落下;伞形花序腋生,总梗短或不明显,长一般不超过 3 mm,生于混合芽中的总苞片绿色膜质,每总苞有 3~8 朵花,花梗长 3~6 mm;果熟时黑褐色,果梗长 1~1.5 cm;花期 3—4 月,果期 7—8 月。

生态习性

　　山胡椒为阳性树种,喜光照,也稍耐阴湿,抗寒力强;耐干旱瘠薄,对土壤适应性广,以湿润肥沃的微酸性沙质土壤生长最为良好。深根性,生于山野

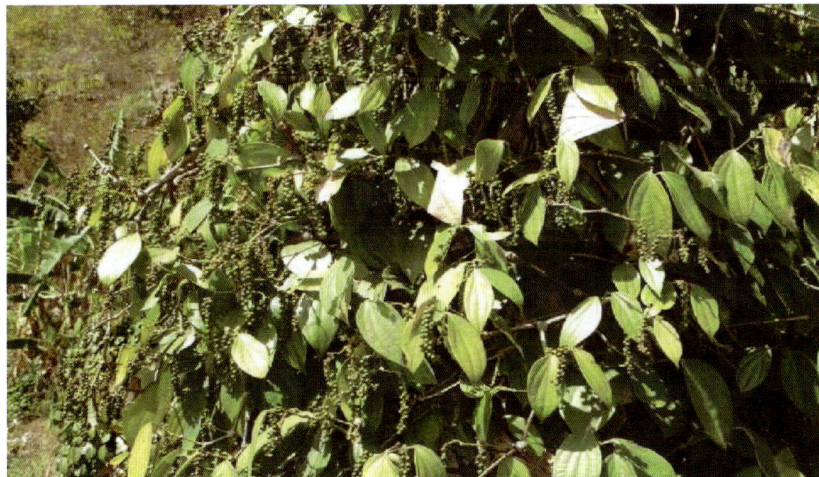

荒坡上。

繁殖要点

山胡椒种子繁殖较易，栽培管理
简单。

观赏应用

山胡椒利用其直立性及叶面深
绿，秋季变红，冬季枯叶不落的习性，
在园林中可作绿篱、林缘或墙垣的装
饰。其根、枝、叶、果均可药用，叶可温
中散寒、破气化滞、祛风消肿；根治劳伤脱力、水湿浮肿、四肢酸麻、风湿性关节炎、跌打损伤；果治
胃痛。

小知识

山胡椒同属中常见栽培观赏的种有：

香叶树，高达 13 m，叶革质，椭圆形或卵形，长 3~13 cm，花期 3—4 月，果实 9—10 月，
成熟时深红色。产中国陕西、甘肃、湖南、湖北、江西、浙江、福建、台湾、广东、广西、贵州、云
南、四川等地，越南也有分布。

狭叶山胡椒，高达 8 m，叶椭圆状披针形，长 6~14 cm，花期 3—4 月，9—10 月果熟。产中
国山东、河南、陕西、江苏、浙江、安徽、湖北、四川、江西、广东、广西、福建等地，朝鲜半岛也有
分布。

三桠乌药，高可达 10 m，树皮棕黑色，小枝黄绿色；叶卵圆形或扁圆形，三裂或全缘，3(5)出
脉；花期 3—4 月，8—9 月果实成熟时暗红色或紫黑色。是该属中较耐寒的种，产中国辽宁、山
东、河南、陕西、甘肃、浙江、江西、安徽、湖南、湖北、四川、西藏等地，朝鲜半岛、日本也有分布。

笑靥花

Spiraea prunifolia Sieb.et Zucc.

笑靥花,别名李叶绣线菊,为蔷薇科绣线菊属灌木。枝条蔓而柔软,纤长伸展,弯曲成拱形,繁花点点,衬上绿叶翠枝,赏心悦目。

形态特征

笑靥花小枝外皮暗红色,有时成剥落状。叶片卵形或长圆状披针形,边缘有细尖的单锯齿。伞形花序,无总花梗,花白色,重瓣。花期4—5月,果期7月。

生态习性

笑靥花喜阳光充足,稍耐阴;忌湿涝,较耐旱;对土壤要求不高,可在瘠薄地生长,土壤肥沃、湿润则生长更旺盛。

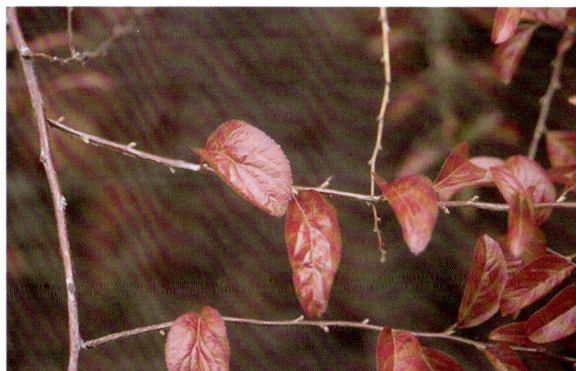

繁殖要点

扦插、分株和播种繁殖均可。

栽培管理

花后需进行修剪,适时施肥。移植在落叶后进行。

观赏应用

笑靥花晚春翠叶、白花繁密似雪；秋叶橙黄，亦粲然可观。可丛植于池畔、山坡、路旁、崖边，一般多作基础种植用，或在草坪角隅应用。

小知识

笑靥花生于土层较薄、土质贫瘠的杂木丛、山坡及山谷中，长在山坡岩石或石砾间，甚至石头缝里亦可生长，是耐寒、耐旱及耐瘠薄的生长力很强的灌木，可以代替女贞、黄杨用作绿篱，起到阻隔作用；又可观花。由于其花期长，又可以用作花境，形成美丽的花带；因其花色娇艳夺目还可用做切花生产。

粉花绣线菊

Spiraea japonica Linn.f.

粉花绣线菊,别名蚂蟥梢、火烧尖、日本绣线菊,蔷薇科绣线菊属。

形态特征

粉花绣线菊为直立灌木,枝开展,小枝光滑或幼时有细毛。单叶互生,卵状披针形至披针形,边缘具缺刻状重锯齿,叶面散生细毛,叶背略带白粉。花期 5 月,复伞房花序,生于当年生枝端,花粉红色;果期 8 月,蓇葖果,卵状椭圆形。

生态习性

粉花绣线菊喜光,阳光充足则开花量大,耐半阴;耐寒性强,能耐-10 ℃低温;喜四季分明的温带气候,在无明显四季交替的亚热带、热带地区生长不良;耐瘠薄、不耐湿,在湿润、肥沃富含有机质的土壤中生长茂盛;生长季节需水分较多,但不耐积水,也有一定的耐干旱能力。

繁殖要点

(1)扦插。理论上粉花绣线菊的嫩枝和硬枝都可以扦插,但嫩枝的扦插效果要明显优于硬枝,所以大多情况下,选取嫩枝扦插。

(2)分株。一般,2—3 月结合移植,从母株上分离萌蘖条,适当修剪后分栽,也可以在分株前培肥土,促使母株多发萌蘖,第 2 年再掘起分栽。

(3)播种。秋天种子成熟后采摘、晒干、脱粒、贮藏,翌年春天将种子取出进行播盆,因其种子细小,播种繁殖需细心照顾。

栽培管理

为提高栽植成活率,起苗时要保留一小段根系,若在夏季栽植地径 1.5 m 以上的苗,要带土球

栽植,球径20~30 cm,移植后剪去部分枝条。通过疏枝、短截,减少树体水分蒸发量,促进成活。

观赏应用

粉花绣线菊花色妖艳,甚为醒目,且花期正值少花的春末夏初,应大力推广应用。可成片配置于草坪、路边、花坛、花径,或丛植庭园一隅,亦可作绿篱,盛开时宛若锦带。

小知识

粉花绣线菊变异性强,产于中国的还有6个变种,分别是:

渐尖叶粉花绣线菊、急尖叶粉花绣线菊、光叶粉花绣线菊(红花绣线菊)、无毛粉花绣线菊、裂叶粉花绣线菊和椭圆叶粉花绣线菊。

白鹃梅

Exochorda racemosa (Lindl.) Rehd.

白鹃梅,又称茧子花、金瓜果,蔷薇科白鹃梅属落叶灌木。原产中国浙江、江苏、江西、湖北等地。同属中还有红柄白鹃梅。

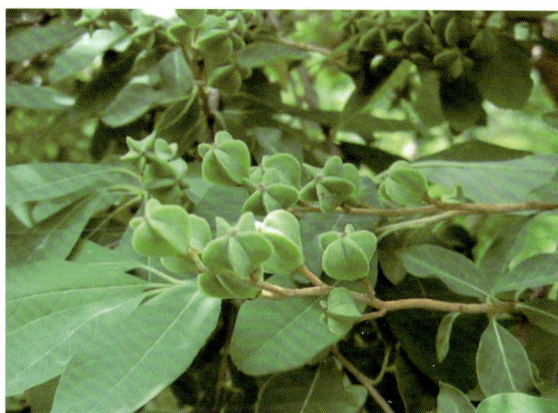

形态特征

白鹃梅高达 3~5 m,枝条细弱开展;小枝圆柱形,微有棱角,无毛,幼时红褐色,老时褐色;冬芽三角卵形,先端钝,平滑无毛,暗紫红色。叶片椭圆形、长椭圆形至长圆倒卵形,长 3.5~6.5 cm,宽 1.5~3.5 cm,先端圆钝或急尖稀有突尖,基部楔形或宽楔形,全缘,稀中部以上有钝锯齿,上下两面均无毛;叶柄短,长 5~15 mm,或近于无柄;不具托叶。顶生总状花序,有花 6~10 朵,无毛;苞片小,宽披针形;花直径 2.5~3.5 cm;萼筒浅钟状,无毛;萼片宽三角形,长约 2 mm,先端急尖或钝,边缘有尖锐细锯齿,无毛,黄绿色;花瓣 5,倒卵形,长约 1.5 cm,宽约 1 cm,先端钝,基部有短爪,白色;雄蕊 15~20,3~4 枚一束着生在花盘边缘,与花瓣对生;心皮 5,花柱分离。蒴果具 5 棱脊,果梗长 3~8 mm,种子有翅。花期 5 月,果期6—8 月。

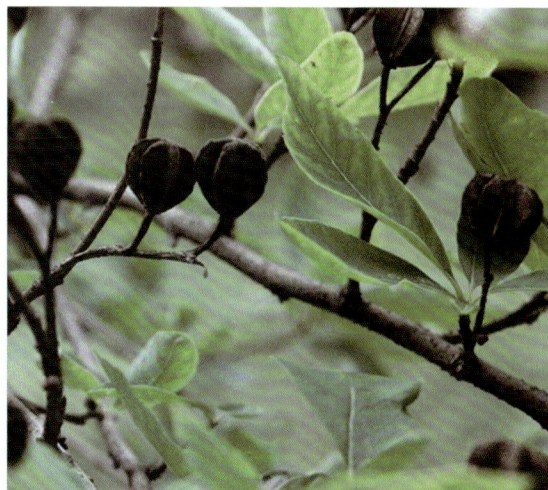

生态习性

耐寒亦耐旱,在北京可以露地越冬,半阴亦可生长,肥沃壤土生长更佳,栽培容易。

繁殖要点

播种法易繁殖,软材扦插及压条、分株均可。

栽培管理

白鹃梅喜光线充足,耐旱,稍耐阴,在酸性土壤、中性土壤中都能生长,在排水良好、肥沃而湿润的土壤中长势旺盛;萌芽力强,抗寒力亦强。

观赏应用

白鹃梅树姿秀美,花大朵多,洁白如雪,清丽动人,枝叶秀丽,春日开花洁白,是美丽的观赏树种。适于草坪、林缘、路边及假山、岩石旁配植,老树古桩又是制作树桩盆景的材料。

小知识

　　白鹃梅的花和嫩叶还是极其丰富的优质食物原料,据《中国野菜图谱》等文献报道,其所含多种维生素和钙、铁、锌等营养成分,是许多常见蔬菜所不及的。民间一般于4—5月间采摘其嫩叶和花蕾,既可鲜食,也可焯水后晒干,供不时之需。其嫩叶和花蕾可炒食,可做汤,亦可调味凉拌。作配料则可烹制多种荤素菜肴,清香味美,别有风味。

椤木石楠

Photinia davidsoniae
Rehd.et Wils.

椤木石楠,别名贵州石楠、刺凿、山官木,蔷薇科石楠属常绿乔木。

形态特征

椤木石楠高 6~15 m;幼枝棕色,贴生短柔毛,后紫褐色,老时灰色,无毛;树干、枝条有刺。叶片革质,长圆形或倒卵状披针形,边缘稍反卷,有带腺的细锯齿,幼时表面沿中脉贴生短柔毛,后脱落;叶柄长 0.8~1.5 cm(较石楠短)。复伞形花序花多而密;花序梗、花柄贴生短柔毛,无皮孔;花白色,梨果黄红色,球形或卵形。花期 5 月,果期 9—10 月。

生态习性

椤木石楠喜光、稍耐阴,喜温暖气候,耐短期-15 ℃的低温,耐干旱瘠薄,在酸性土和钙质土上均能生长,栽培土质以深厚、肥沃和排水良好的沙质壤土为宜。

繁殖要点

常用播种、扦插和压条繁殖。

栽培管理

栽植前施足基肥,栽后及时浇水。生长期注意浇水,特别是6-8月高温季节,宜半月浇1次水。春夏季节可追施一定量的复合肥和有机肥。新栽植的椤木石楠要注意防寒2~3年,在地面上覆盖一层稻草或其他覆盖物,以防根部受冻。

修剪时,对枝条多而细的植株应强剪,疏除部分枝条;对枝少而粗的植株轻剪,促进多萌发花枝。树冠较小者,短截一年生枝,扩大树冠;树冠较大者,回缩主枝,以侧代主,缓和树势。对于用作造型的树种一年要修剪1~2次,如用作绿篱,更应该经常修剪,以保持良好形态。

观赏应用

椤木石楠枝繁叶茂,树冠圆球形,早春嫩叶绛红,初夏白花点点,秋末赤实累累,艳丽夺目。石楠在一年中色彩变化较大,叶、花、果均可观赏,是中国长江流域及南方最适宜的园林树种。

石楠树冠整齐,耐修剪,可根据需要进行造型,是园林和小庭园中很好的骨干树种;因其耐大气污染,适于工矿区配植。

小知识

椤木石楠常栽培于庭园及墓地附近,冬季叶片常绿并缀有黄红色果实,颇为美观。木材可作农具。

石楠

Photinia serrulata Lindl.

石楠,别名红树叶、石岩树叶、水红树、山官木、细齿石楠、凿木、猪林子、千年红、扇骨木,蔷薇科石楠属常绿灌木或小乔木。主产长江流域及秦岭以南地区,华北地区有少量栽培。

形态特征

石楠(原变种)高 3~6 m,有时可达 12 m;枝褐灰色,全体无毛;冬芽卵形,鳞片褐色,无毛。叶片革质,长椭圆形、长倒卵形或倒卵状椭圆形,长 9~22 cm,宽 3~6.5 cm,先端尾尖,基部圆形或宽楔形,边缘有疏生具腺细锯齿,近基部全缘,上面光亮,幼时中脉有绒毛,成熟后两面皆无毛,中脉显著,侧脉 25~30 对;叶柄粗壮,长 2~4 cm,幼时有绒毛,以后无毛。花期 6—7 月,果实 10—11 月成熟,果实球形,直径 5~6 mm,红色,后成褐紫色。有 1 粒种子,种子卵形,长 2 mm,棕色,平滑。

生态习性

石楠喜光稍耐阴,喜温暖、湿润气候,深根性,对土壤要求不高,但以肥沃、湿润、土层深厚、排水良好、微酸性的沙质土壤最为适宜;能耐短期−15 ℃的低温,在焦作、西安及山东等地能露地越冬;萌芽力强,耐修剪,对烟尘和有毒气体有一定的抗性,生于杂木林中,海拔 1 000~2 500 m。

繁殖方法

(1)播种。在果实成熟期采种,将果实捣烂漂洗取籽晾干,层积沙藏(种子与沙的比例为 1:3)至翌年春播。选择土壤肥沃、深厚、松软(混入 1/3 河沙)的地块作为苗床进行露地播种。2 月上旬开沟条播,行距 20 cm,覆土 2~3 cm 厚,略微镇压一下,浇透水后覆草以保持土壤湿润,有利于种子出土。播种量为 15~18 kg/亩。

(2)扦插。选择排水良好、地下水位低、交通方便和水源充足的地块做苗圃地。插床宽 100 cm、长

20~30 m，四周装挡板，挡板高度为 12 cm。床面用高锰酸钾 200 倍液喷洒消毒，然后铺设基质，基质中黄心土占 70%~80%、细沙占 20%~30%，厚 10 cm 左右，将床面整平，24 h 后可进行扦插。

扦插在雨季进行，选当年半木质化的嫩枝剪成 10~12 cm 长的段，带 1 叶 1 芽，剪去 1/3 叶片。插条采用平切口，切口要平滑，以防止其表皮和木质部撕裂而形成新的创口。取金宝贝生根剂 6 g，加酒精 30 mL 溶化，再加入 50% 温水 60 mL、清水 1.4 kg、黄心土 5 kg 等搅成糊糊状，将插条捆成小捆蘸生根剂泥浆。扦插株行距为 4 cm×6 cm，深度为插条的 2/3。应随剪随进行药剂处理随扦插，扦插完毕后立即浇透水，对叶面喷洒 1 000 倍的多菌灵和福·福锌混合液，立即搭好小拱棚，用塑料薄膜覆盖，四周密封，紧贴薄膜再覆盖透光率 50% 的遮阴网。

也可在早春，采一年生成熟枝条扦插。

栽培管理

播种后待树苗基本出齐时(约经过 30 d)，小心地揭去覆草。树苗密度过大应及时间苗，密度过小应及时移栽或补种。将间下的苗按 20 cm×20 cm 的株行距栽植，随栽随浇水。每半个月施 1 次尿素或三元复合肥，每亩用量约为 4 kg。天旱时及时灌溉，涝时及时排水。苗床期常见的病虫害有立枯病、猝倒病和蛴螬、地老虎等，应及时防治，还要防止鸟兽危害树苗。

观赏应用

石楠枝繁叶茂，枝条能自然发展成圆形树冠，终年常绿。其叶片翠绿色，具光泽，早春幼枝嫩。叶为紫红色，枝叶浓密，老叶经过秋季后部分出现赤红色，夏季密生白色花朵，秋后鲜红果实缀满枝头，鲜艳夺目，是观赏价值极高的常绿阔叶乔木，作为庭荫树或进行绿篱栽植效果更佳。

小知识

根据园林绿化布局需要，石楠可修剪成球形或圆锥形等不同的造型。在园林中孤植或基础栽植均可，丛栽使其形成低矮的灌木丛，可与金叶女贞、红叶小檗、扶芳藤、俏黄芦等组成美丽的图案，获得赏心悦目的效果。

贴梗海棠

Chaenomeles speciosa
(Sweet) Nakai.

贴梗海棠,又名皱皮木瓜、汤木瓜和宣木瓜等,蔷薇科木瓜属落叶灌木。果实可入药,有舒筋活络与和胃化湿的功能。《中华药典》记载的长阳"资丘皱皮木瓜"是一种野生药性木瓜,具有独特的药用和保健价值,有"百益之果"之美誉。皱皮木瓜也是一种独特的孤植观赏树。

形态特征

贴梗海棠高达 2 m,枝条直立开展,有刺;小枝圆柱形,微屈曲,无毛,紫褐色或黑褐色, 有疏生浅褐色皮孔;冬芽三角卵形,先端急尖,近于无毛或在鳞片边缘具短柔毛,紫褐色。叶片卵形至椭圆形,稀长椭圆形,先端急尖稀圆钝, 基部楔形至宽楔形,边缘具有尖锐锯齿,齿尖开展,无毛或在萌蘖上沿下面叶脉有短柔毛;托叶大形,革质、肾形或半圆形,稀卵形,边缘有尖锐重锯齿,无毛。

花先叶开放,3~5 朵簇生于二年生老枝上;花梗短粗,长约 3 mm 或近于无柄;花萼筒钟状,外面无毛;萼片直立,半圆形稀卵形,长约萼筒之半,先端圆钝,全缘或有波状齿,及黄褐色睫毛;花瓣倒卵形或近圆形,基部延伸成短爪,猩红色,稀淡红色或白色,无毛或稍有毛;柱头头状,有不显明分裂,约与雄蕊等长。

果实球形或卵球形,黄色或带黄绿色,有稀疏不显明斑点,味芳香;萼

片脱落，果梗短或近于无梗。花期3—5月，果期9—10月。

生态习性

贴梗海棠为温带树种，适应性强，喜光，也耐半阴、耐寒、耐旱；对土壤要求不严，在肥沃、排水良好的黏土、壤土中均可正常生长，忌低洼和盐碱地。

繁殖要点

采用扦插、压条和播种繁殖。

（1）扦插。可采发育较好的1~2年生的枝条，将其剪为2~3 cm长的插条，并在每条上留2~3个节，一般在春季发芽前或秋季落叶后扦插，在春季可大面积扦插。按行距30 cm在整好的苗床上开深2~3 cm的沟，以株距10 cm于沟内斜插后进行填土压实，然后实施浇水和盖草，确保土壤湿润，等到枝条生长出新叶和新根，即可除盖草。还应对苗期植物松土、除草、浇水等，移植大田可待其生长1年后进行。

（2）压条。一般在春、秋两季于老树周围挖穴，再把生长于其根部的枝条弯曲下来，在土里埋下中间部分，在穴外留住枝梢。为了促其生根发芽，用刀在靠近老树的枝条基部把皮割开一个缺口，等其生根后就切断枝条，带着根进行移栽。移栽的时候，要选好地块再挖树穴，要让栽树的深浅基本与苗木原生根痕保持一致，以便根系能够在穴内舒展，等栽好再把定根水浇足。一般春、秋季为最佳移栽时间。

（3）播种。一般在10月下旬开始秋播，选取成熟的鲜贴梗海棠果实种子，把外皮稍晾干后播种，播后不能在当年出苗而在翌年春季。也可以把春季作为播种时间，采收种子后以湿沙储藏到下一年的2—3月再进行播种，播种之前应将事先选好的地深翻3 cm，将杂物、杂草抖净后，开沟作宽1.5 m（含0.3 m宽的沟）的厢，依地形定厢长，一般应有7~10 m的田块厢长，再开出横沟，以利排水和田间管理。把畦整好后，再在其内开掘深3 cm的沟，按行距2 cm、株距1 cm进行播种，播完种后，接着覆土、搂平并压实。一般用种量为6 kg/亩。播后地温达10 ℃左右之时出苗，松土、除草、浇水等工作应在出苗后进行。

栽培管理

贴梗海棠的适应性特强，且性喜阳光，能耐干旱、瘠薄和高温，坡地、山冈、沟谷、梯田以及屋前院后均适宜种植。尤其在pH值为6.5~7.5的沙壤土中，因为土层深厚、质地疏松且有机质含量丰富、排水良好,所以树木生长旺盛,产量高;在坎边栽培为最优,采收果实方便。由于贴梗海棠前期的树冠比较小,而株行距空间比较大,可间作人参、田七、西洋参、竹节人参、头顶一棵株、江边一碗水、七叶一枝花、八角莲等其他药材或矮秆农作物,提高土地的利用率。

贴梗海棠树周围松土要在4—5月份进行,并进行第1次锄草;第2次锄草在7—8月,应在杂草易生时对成龄树进行锄草松土。每年使用化学除草剂不能超过2次,在生长季节可在树盘覆盖秸秆和杂草。

贴梗海棠施肥以施磷、钾肥为主,要与松土锄草结合进行,春季按10 kg/株施堆肥,秋季施肥按15 kg/株施水粪土或草木灰,在树周围70 cm处要挖10 cm深的沟,施肥后立即盖土,为了防冻,冬季应培土壅根。施肥的基本原则是大树多施,小树少施,一般每年施肥2~3次。

枯枝、密枝和老枝应在冬季枝叶枯萎时和春季发芽前进行修剪,让树成内空外圆的冠状形,要在修剪后施1次肥。

在水分方面,贴梗海棠的要求并不高,它有很强的抗旱能力。通常情况下,可在花芽萌动前后和果实膨大期各进行1次透水灌溉。而雨季,必须及时疏沟排水,有效地防治根部腐烂。在入冬前要结合施基肥灌1次防冻水。

观赏应用

公园、庭院、校园、广场及道路两侧均可栽植贴梗海棠树。该树亭亭玉立,花果繁茂,灿若云锦,清香四溢,观赏效果甚佳。贴梗海棠既可作为独特孤植观赏树,也可三五成丛地点缀于园林绿地中,春季观花夏秋赏果,淡雅俊秀,多姿多彩,使人百看不厌,取悦其中。

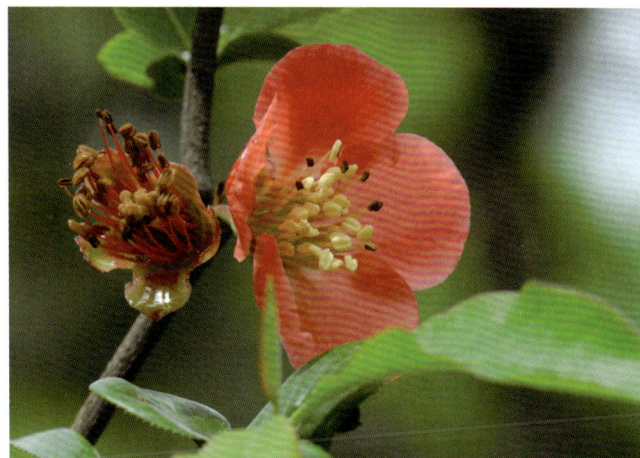

小知识

贴梗海棠可制作多种造型的盆景,被称为盆景中的十八学士之一。贴梗海棠盆景可置于厅堂、花台、门廊、角隅和休闲场地,与建筑合理搭配,使庭园胜景倍添风采,更显幽雅清秀。

木瓜

Chaenomeles sinensis
(Thouin) Koehne.

木瓜,蔷薇科木瓜属落叶灌木或小乔木。原产中国,山东、湖北、浙江、安徽栽培较多,现以菏泽为盛产区。

形态特征

木瓜树高达 5~10 m,树皮成片状脱落;小枝无刺,圆柱形,幼时被柔毛,不久即脱落,紫红色,二年生枝无毛,紫褐色;冬芽半圆形,先端圆钝,无毛,紫褐色。叶片椭圆卵形或椭圆长圆形,稀倒卵形,先端急尖,基部宽楔形或圆形,边缘有刺芒状尖锐锯齿,齿尖有腺,幼时下面密被黄白色绒毛,不久即脱落无毛;微被柔毛,有腺齿;托叶膜质,卵状披针形,先端渐尖,边缘具腺齿,长约 7 mm。花单生于叶腋,花梗短粗,无毛;花萼筒钟状外面无毛;萼片三角披针形,先端渐尖,边缘有腺齿,外面无毛,内面密被浅褐色绒毛,反折;花瓣倒卵形,淡粉红色。果实长椭圆形,暗黄色,木质,味芳香,果梗短。花期 4 月,果期 9—10 月。

生态习性

木瓜树对土质要求不高,但在土层深厚、疏松肥沃、排水良好的沙质土壤中生长较好,低洼积水处不宜种植;喜半干半湿,在花期前后略干,土壤过湿,则花期短;见果后喜湿,若土干,果呈干瘪状,很容易落果。果接近成熟期,土略干,果熟期土壤过湿则落果。不耐阴,栽植地可选择避风向阳处;喜温暖环境,在江淮流域可露地越冬。

繁殖要点

当果实变为暗黄色成熟后采摘,风干贮藏,翌年的 3—4 月剖开果实,取出种子,随即播下;也可在果实成熟后,随采随取随播,或将种子沙藏过冬,翌年春播。播种方法可用盆播、苗床播种,播后覆土 1 cm,覆盖塑料膜保温保湿,20 d 左右出苗。

还可以取二三年木瓜实生苗做砧木,取优良品种的 1 年结果枝做接穗,在春季进行枝接。

栽培管理

木瓜系浅根性树种,中老龄树干皮秀丽,多直伸枝条,萌芽抽枝能力较强。因此,种植过程中,一要防伤皮,树干及主枝尽量用草绳缠绕严密,1~2 年内不要解开,任其自然烂掉;二要防伤干,切忌重截和不注重保护枝干的现象,以免影响景观效果;三要防伤根,起挖木瓜时,要尽量放大开挖直径,最大限度地保证每一个侧根的完整性,防止随意断根行为,从根本上为树木的成活提供保证。

观赏应用

(1) 木瓜可作行道树。在公园、庭院、校园、广场等道路两侧栽植木瓜树,亭亭玉立,花果繁茂,灿若云锦,清香四溢,效果甚佳。

(2) 造型与点缀。木瓜可作为独特孤植观赏树或三五成丛的点缀于园林绿地中,也可培育成独干或多干的乔灌木作片林或庭院点缀。春季观花夏秋赏果,淡雅俊秀,多姿多彩,使人百看不厌,取悦其中。

(3) 制作盆景。木瓜可制作多种造型的盆景,被称为盆景中的十八学士之一。木瓜盆景可置于厅堂、花台、门廊、角隅、休闲场地。木瓜盆景与建筑合理搭配,可使庭园胜景倍添风采,更显幽雅清秀。

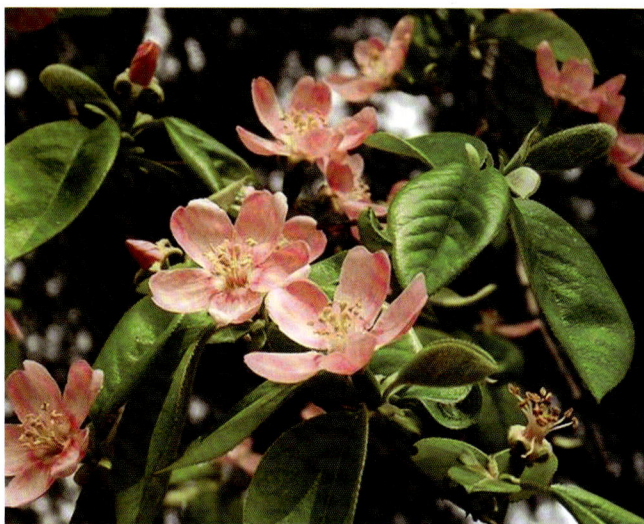

小知识

木瓜果香味独特、持久,既可浸酒,又是疗效显著的药材。木瓜树现已成为国内许多高品位的别墅区与私家花园的首选景观树种;也可用作城市、公园、道路两旁及学校绿化树木。在我国古代,木瓜树是庭院避邪之树,又称"降龙木"。木瓜树的园林用途广泛,绿化效果上佳,常规木瓜树可以作为行道树栽植,大型木瓜树非常适合景观使用。

西府海棠

Malus micromalus Makino.

西府海棠，蔷薇科苹果属植物小乔木，为中国特有植物。西府海棠在北方干燥地带生长良好，是绿化工程中较受欢迎的产品。

形态特征

西府海棠高达 2.5~5 m，树枝直立性强；小枝细弱圆柱形，嫩时被短柔毛，老时脱落，紫红色或暗褐色，具稀疏皮孔；冬芽卵形，先端急尖，无毛或仅边缘有绒毛，暗紫色。叶片长椭圆形或椭圆形，先端急尖或渐尖，基部楔形稀近圆形，边缘有尖锐锯齿，嫩叶被短柔毛，下面较密，老时脱落；托叶膜质，线状披针形，先端渐尖，边缘有疏生腺齿，近于无毛，早落。果实近球形，红色，萼洼梗洼均下陷，萼片多数脱落，少数宿存。花期4—5月，果期8—9月。

生长习性

西府海棠喜光，耐寒，忌水涝，忌空气过湿，较耐干旱。

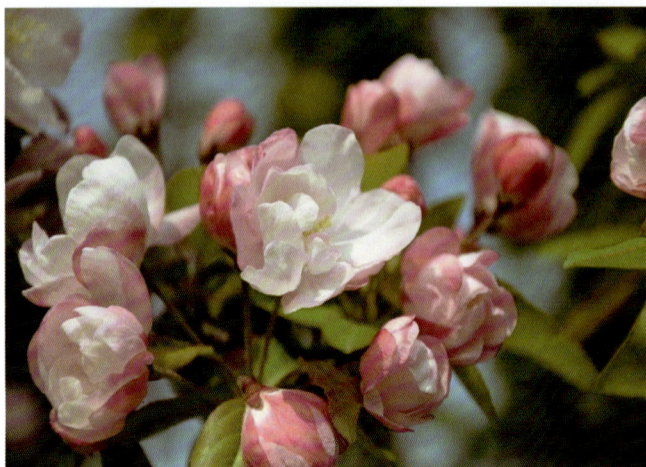

繁殖方法

西府海棠通常以嫁接或分株繁殖，亦可用播种、压条及根插等方法繁殖。用嫁接所得苗木，开花可以提早，而且能保持原有的优良特性。

（1）播种法。实生苗虽生长较慢，但常产生变异，故为获得大量砧木或杂交育种时，仍采用播种法。中国北方常用的砧木种类有山荆子、西府海棠、裂叶海棠果等；南方则用湖北海棠。海棠种子在播种前，必须经过30~100 d低温层积处理。充分层积的种子，出苗快、整齐，而且出苗率高；不层积的种子不能发芽，或极少发芽。也可在秋季采果、去肉，稍晾后即播种在沙床上，让种子自然后熟。覆土深度约1 cm，上覆塑料膜保墒，出苗后掀去塑料膜，及时撒施一层疏松肥土，苗期加强肥水管理，当年晚秋便可移栽。

（2）嫁接法。以播种繁殖的实生苗为砧木，进行枝接或芽接。春季树液流动发芽进行枝接，秋季（7—9月间）可以芽接。枝接可用切接、劈接等法。接穗选取发育充实的一年生枝条，取其中段（有2个以上饱满的芽），芽接多用"T"字接法，接后10 d左右，凡芽新鲜，叶柄一触即落者为接活之证明，数日后即可去除扎缚物。

（3）分株法。于早春萌芽前或秋冬落叶后挖取从根际萌生的蘖条，分切成若干单株，或将2~3条带根的萌条为一簇，进行移栽。分栽后要及时浇透水，注意保墒，必要时予以遮阴。

栽培管理

西府海棠一般多地栽培，时期以早春萌芽前或初冬落叶后为宜。出圃时保持苗木完整的根系是成活的关键。一般大苗要带土球，小苗要根据情况留宿土。苗木栽植后要加强抚育管理，保持疏松肥沃。在落叶后至早春萌芽前进行一次修剪，把枯弱枝、病虫枝剪除，以保持树冠疏散，通风透光。为促进植株开花旺盛，须将徒长枝进行短截，以减少发芽的养分消耗。在生长期间，如能及时进行摘心，早期限制营养生长，则效果更为显著。

桩景盆栽，取材于野生苍老的树桩，在春季萌芽前采掘，带好宿土，护根保湿。经过1~2年的养护，待树桩初步成型后，可在清明前上盆。初栽时根部要多壅一些泥土，以后再逐步提根，配以拳石，便成具有山林野趣的海棠桩景。新上盆的桩景，要遮阴一个时期后，才可转入正常管理。为使桩景花繁果多，水肥管理应该加强。花前要追施1~2次磷氮混合肥，后每隔半个月追施1次稀薄磷钾肥。还可在隆冬采用加温催花的方法，将盆栽海棠桩景移入温室向阳处，浇水、加施液肥，以后每天在植株枝干上适当喷水，保

持室温在 20~25 ℃,经过 30~40 d 后,即可开花供元旦或春节摆设观赏。

观赏应用

西府海棠在海棠花类中树态峭立,似亭亭少女。花红、叶绿、果美,不论孤植、列植、丛植均极美观。由于花色艳丽,一般多栽培于庭园供绿化用。

郭积海棠诗中"朱栏明媚照黄塘,芳树交加枕短墙"就是生动形象的写照。新式庭园中,以浓绿针叶树为背景,植海棠于前列,则其色彩尤觉夺目,若列植为花篱,则鲜花怒放,蔚为壮观。

海棠花开娇艳动人,但一般的海棠花无香味,只有西府海棠既香且艳,是海棠中的上品。其花未开时,花蕾红艳,似胭脂点点,开后则渐变粉红,有如晓天明霞。

北京故宫御花园和颐和园中就植有西府海棠,每到春夏之交,迎风峭立,花姿明媚动人,楚楚有致,与玉兰、牡丹、桂花相伴,形成"玉棠富贵"之意。

小知识

在中国植物名称中,海棠的品种极为复杂,尚待研究统一。在植物分类中,暂以西府海棠一名概括之,不再分列为多种,以免引起混乱。海棠的主要栽培品种有河北怀来的"八棱海棠"昌黎的"平顶热花红""冷花红",陕西的"果红""果黄",云南的"海棠""青刺海棠"。

垂丝海棠

Malus halliana Koehne.

垂丝海棠,蔷薇科苹果属落叶小乔木。生于山坡丛林中或山溪边,海拔 50~1 200 m,分布于中国江苏、浙江、安徽、陕西、四川和云南。

形态特征

垂丝海棠高达 5 m,树冠疏散,枝开展。小枝细弱,微弯曲,圆柱形,最初有毛,不久脱落,紫色或紫褐色。冬芽卵形先端渐尖,无毛或仅在鳞片边缘具柔毛,紫色。叶片卵形或椭圆形至长椭卵形,先端长渐尖,基部楔形至近圆形,锯齿细钝或近全缘,质较厚实,表面有光泽。中脉有时具短柔毛,其余部分均无毛,上面深绿色,有光泽并常带紫晕。幼时被稀疏柔毛,老时近于无毛;托叶小,膜质,披针形,内面有毛,早落。果梗长 2~5 cm。花期 3—4 月,果期 9—10 月。

生长习性

垂丝海棠性喜阳光,不耐阴,也不甚耐寒,爱温暖湿润环境,适生于阳光充足、背风之处。它对土壤要求不高,微酸或微碱性土壤均可生长,但以土层深厚、疏松、肥沃、排水良好略带黏质的更好。此花生性强健,栽培容易,不需要特殊技术管理,唯不耐水涝,盆栽须防止水渍,以免烂根。

繁殖要点

垂丝海棠的繁殖可采用扦插、分株、

压条等方法。

（1）扦插。以春插为多，方法是惊蛰时在室中进行，先在盆内装入疏松的沙质土壤，再从母株丛基部取 12~16 cm 长的侧枝，插入盆土中，插入的深度约为侧枝的 1/3~1/2，然后将土稍加压实，浇一次透水，放置于遮阴处，此后注意经常保持土壤湿润，约经 3 个月可以生根。清明后移出温室，置背风向阳处。立夏以后视生根情况，若植株长至超过 25 cm 时，须进行摘心，10 d 后即施第一次追肥(熟透稀粪液)；夏至过后换一次盆；立冬时移入室内。若盆土干燥须浇些水，但勿过多。次年清明移出温室，不久即可绽蕾开花。

夏插一般在入伏后进行。先选准母株株丛中的中等枝条（基部已开始木质化），剪取带 2~3 个叶的枝梢，插入盆土(如上法养护)，4~5 周即可生根。此时开始逐渐增加阳光，并注意保持盆土湿润。立冬时移入低温室(不可高温)，来年即可开花。

（2）分株。分株方法简单，只需在春季 3 月间将母株根际旁边萌发出的小苗轻轻分离开来，尽量注意保留分出枝干的须根，剪去干梢，另植在预先准备好的盆中，注意保持盆土湿润。冬入室、夏遮阴，适当按时浇施肥液，2 年即可开花。

（3）压条。压条在立夏至伏天之间进行，最为相宜。压条时，选取母株周围 1~2 个小株的枝条拧弯，压埋土中，深约 12~16 cm，使枝梢大部分仍向上露出地面。待来年清明后切离母株，栽入另一新盆中。

栽培管理

（1）栽培用土。培养土可用园土 4 份、腐叶土 4 份、河沙 1 份、有机肥 1 份混合配制。生长季节，应每月松土一次，以利于其根系吸收养分。

（2）常规管理。垂丝海棠宜生长在光照充足、空气流通的环境，适温为 15~28 ℃。地栽植株冬季能耐-15 ℃的低温，盆栽能耐-5 ℃的低温。夏季盆栽要适当遮阳，同时喷水增湿降温。冬季一般不需放进室内，将盆埋于土中即可。生长季节要有充足的水分供应，以不积水为准。春、夏应多浇水，夏季高温时早晚各浇一次水；梅雨季节及遇到久雨不晴天气要注意排水，防止盆内积水烂根；秋季减少浇水量，抑制生长，有利于越冬。

垂丝海棠盆栽在生长季节应每月追施 2~3 次速效磷肥，如 0.2%的磷酸二氢钾加 0.1%的尿素混合液，用以促进花芽分化的完成；秋季落叶后至春季萌动前，应停止追肥。修剪宜在花后或休眠期进行，剪短过长枝条，促生侧枝，增加花芽的形成，促进植株形成良好的株形。另外，宜在早春、深秋翻盆，可结合翻盆整理根系、修剪枝条，在盆底放置腐熟的饼肥或厩肥作为基肥。盆栽可通过冬季加温的措施,使其提前开花。

观赏应用

海棠种类繁多,树形多样,叶茂花繁,丰盈娇艳,可地栽装点园林,也可在门庭两侧对植,或在亭台周围、丛林边缘、水滨布置。若在观花树丛中作主体树种,其下配植春花灌木,其后以常绿树为背景,则尤绰约多姿,显得漂亮。若在草坪边缘、水边湖畔成片群植,或在公园游步道旁两侧列植或丛植,亦具特色。海棠不仅花色艳丽,其果实亦可观。至秋季果实成熟,红黄相映高悬枝间。每当冬末春初,庭园中有几株挂满红色小果的海棠,不仅为园林冬景增色,同时也为冬季招引小鸟提供了上好的饲料。海棠对二氧化硫有较强的抗性,故适用于城市街道绿地和厂矿区绿化。海棠是制作盆景的好材料。若是挖取古老树桩盆栽,通过艺术加工,可形成苍老古雅的桩景珍品。水养花枝可供瓶插及其他装饰之用。垂丝海棠花色艳丽,花姿优美,花朵簇生于顶端,花瓣呈玫瑰红色,朵朵弯曲下垂,如遇微风飘飘荡荡,娇柔红艳,远望犹如彤云密布,美不胜收,是深受人们喜爱的庭院木本花卉。

小知识

明代《群芳谱》记载:海棠有四品,皆木本。这四品指的是:西府海棠、垂丝海棠、木瓜海棠和贴梗海棠。垂丝海棠柔蔓迎风,垂英凫凫,如秀发遮面的淑女,脉脉深情,风姿怜人。宋代杨万里诗中:"垂丝别得一风光,谁道全输蜀海棠。风搅玉皇红世界,日烘青帝紫衣裳。懒无气力仍春醉,睡起精神欲晓妆。举似老夫新句子,看渠桃杏敢承当。"形容妖艳的垂丝海棠鲜红的花瓣把蓝天、天界都搅红了,闪烁着紫色的花萼如紫袍,柔软下垂的红色花朵如喝了酒的少妇,玉肌泛红,娇弱乏力。其姿色、妖态更胜桃、李、杏、寿。

梅

Prunus mume.

梅,蔷薇科梅亚属杏属落叶乔木,有时也指其果(梅子)或花(梅花)。梅花原产于中国,后来引种到韩国与日本。

形态特征

梅为小乔木,稀灌木,高 4~10 m;树皮浅灰色或带绿色,平滑;小枝绿色,光滑无毛。叶片卵形或椭圆形,先端尾尖,基部宽楔形至圆形,叶边常具小锐锯齿,灰绿色,幼嫩时两面被短柔毛,成长时逐渐脱落,或仅下面脉腋间具短柔毛,常有腺体。花单生或有时 2 朵同生于 1 芽内,香味浓,先于叶开放;花期冬春季,果期 5—6 月(在华北果期延至 7—8 月)。

生长习性

梅喜温暖气候,耐寒性不强,较耐干旱,不耐涝,寿命长,可达千年;花期对气候变化特别敏感,喜空气湿度较大,但花期忌暴雨。

繁殖要点

梅花是中国的传统花卉。梅花的繁殖以嫁接为主,偶尔用扦插法和压条法,播种应用少。播种繁殖多作培育砧木或选育新品种。

(1)播种。梅花果实 6 月或稍后变色时采收,通过后熟阶段,立秋之后再除去果皮和果肉,洗净晾干备用。在年内(秋季)播种为好,可在 9 月下旬进行。播种时,应将土地深翻细耙,整平作畦,按 40 cm 的行距开沟,沟深 3~5 cm,将种子按 5~7 cm 的间隔,一粒接

一粒地放在土沟里,浇足水分,用细土或砂子覆盖。翌年春季,待幼苗长10~15 cm时,便可进行移植。如果春季播种繁殖,那么应该在种子洗净晾干后用湿砂层积沙藏,早春取出条播。

(2)嫁接。梅花的很多品种,如金钱绿萼梅、送春梅、凝香梅等,只能采取嫁接的方法繁殖。嫁接有枝接与芽接两种。砧木除用梅的实生苗外,也用桃(包括毛桃、山桃)、李、杏,以梅最好,亲和力强、成活率高、长势好、寿命亦长。枝接在2月中旬至3月上旬或10月中旬至11月进行。接穗选择健壮枝条的中段,长5~6 cm,带有2~3芽,采用切接或劈接。芽接在立秋前后(8月上旬)进行成活率高,多采用T字形芽接法。接活后的当年初冬,在接芽以上5 cm处截去砧木,并修剪侧枝。翌年春接芽抽梢,待长大再将残存的砧木剪除,并随时抹去砧芽。以桃为砧,种子易得,嫁接易活,且接后生长快,开花多,故目前在生产上普遍应用。但是接后梅树易遭虫害,寿命缩短。为了解决这一矛盾,嫁接操作时,可将砧木距离地面2 cm处剪除地上部分,接穗选择当年生长健壮枝条,接时应注意形成层必须密切结合,再用塑料条扎紧封土直到看不见接合处为止。一个月后检查是否成活,并剪除根部萌芽,保持封土不垮。成活后也不要急于一下子去土,要逐渐助芽出土,以免新芽吹干,并随苗株的长高,加土培实,使接穗生根,这样可以弥补桃砧木寿命短的缺点,大致经过2~3年接穗也能长出很多的新根,类似扦插的效果。

(3)扦插。扦插繁殖梅花操作简便,技术也不复杂,同时能够完全保持原品种的优良特性。梅花扦插成活率因品种不同而有差别,在常规条件下,素白台阁梅成活率最高,一般可达80%以上;小绿萼梅、宫粉梅等成活率达60%;朱砂梅、龙游梅、大羽梅、送春梅等品种则不易成活。用吲哚丁酸500 mg/L或萘乙酸1 000 mg/L水剂快浸处理插条,成活率有所提高,对难以生根品种也能促进生根。梅花的扦插以11月份为好,因此时落叶,枝条贮有充足的养料,容易生根成活。选一年生10~12 cm长的粗壮枝条作插穗,扦插时将大部分枝条埋入土中,土面仅留2~3 cm,并且留一芽在外。要求扦插地土质疏松,排水良好。扦插后浇一次透水,加盖塑料薄膜,这样能保持小范围的温度和湿度,提高扦插成活率,以后视需要补充水分。扦插后土壤的含水量不能过大,否则影响插条愈合生根。翌年成活后,逐渐给以通风使之适应环境,最后揭去薄膜。第二年春季便可进行定株移栽。若春插,则越夏期间须搭荫棚。

南方可地栽，在黄河流域耐寒品种也可地栽，但在北方寒冷地区则应盆栽室内越冬。在落叶后至春季萌芽前均可栽植。为提高成活率，应带土团移栽，避免损伤根系。地栽应选在背风向阳的地方。盆栽选用腐叶土3份、园土3份、河沙2份、腐熟的厩肥2份均匀混合后制成的培养土，栽后浇1次透水，放庇荫处养护，待恢复生长后移至阳光下正常管理。

梅花喜温暖和充足的光照。除杏梅系品种能耐−25 ℃低温外，一般耐−10 ℃低温。梅花耐高温，在40 ℃条件下也能生长，但在年平均气温16~23 ℃地区生长发育最好。梅花对温度非常敏感，在早春平均气温达−5~7 ℃时开花。

浇水与施肥。生长期应注意浇水，经常保持盆土湿润偏干状态，既不能积水，也不能过湿过干，浇水掌握"见干见湿"的原则。一般天阴、温度低时少浇水，否则多浇水。夏季每天可浇2次，春秋季每天浇1次，冬季则干透浇透。施肥也应合理，栽植前施好基肥，同时掺入少量磷酸二氢钾，花前再施1次磷酸二氢钾，花后施1次腐熟的饼肥，补充营养。6月还可施1次复合肥，以促进花芽分化。秋季落叶后，施1次有机肥，如腐熟的粪肥等。

整形修剪地栽梅花。整形修剪时间可于花后20 d内进行，以自然树形为主，剪去交叉枝、直立枝、干枯枝、过密枝等，对侧枝进行短截，以促进其花繁叶茂。盆栽梅花上盆后要进行重剪，为制作盆景打基础。通常以梅桩作景，嫁接各种姿态的梅花。冬季保持一定的温度，春节可见梅花盛开。若想"五一"开花，则需将温度保持在0~5 ℃，并保持环境湿润，4月上旬移出室外，置于阳光充足、通风良好的地方养护，即可"五一"前后见花。

花期控制。盆栽梅花一般为家庭观赏。冬季落叶后置于室内，温度保持在0~5 ℃，元旦后逐渐加温至5~10 ℃，并充分接受光照，经常向枝条喷水，水温应与室温接近。

观赏应用

梅花最宜植于庭院、草坪、低山丘陵，可孤植、丛植、群植，又可盆栽观赏或加以整剪做成各式桩景，或作切花瓶插供室内装饰用。

小知识

赏梅"四贵四不贵"：贵疏不贵繁，贵合不贵开，贵瘦不贵肥，贵老不贵新。梅的枝干以苍劲嶙峋为美，形若游龙，遒劲倔强的枝干，缀以数朵凌寒傲放的淡梅，兼覆一层薄雪，"古梅一树雪精神"，俨然天成一幅水墨大写意。

桃

Amygdalus persica L.

桃,蔷薇科桃属落叶小乔木。桃有多种品种,果肉有白色和黄色的;一般果皮有毛,"油桃"的果皮光滑,"蟠桃"果实是扁盘状,"碧桃"是观赏桃树,有多种形式的花瓣。桃原产中国,现世界各地均有栽植。

形态特征

桃树高 3~8 m,树冠宽广而平展;树皮暗红褐色,老时粗糙呈鳞片状;小枝细长,无毛,有光泽,绿色,向阳处转变成红色,具大量小皮孔;冬芽圆锥形,顶端钝,外被短柔毛,常 2~3 个簇生,中间为叶芽,两侧为花芽。

叶片长圆披针形、椭圆披针形或倒卵状披针形,先端渐尖,基部宽楔形,上面无毛,下面在脉腋间具少数短柔毛或无毛,叶边具细锯齿或粗锯齿,齿端具腺体或无腺体。

花单生,先于叶开放,花梗极短或几无梗;萼筒钟形,被短柔毛,稀几无毛,绿色而具红色斑点;萼片卵形至长圆形,顶端圆钝,外被短柔毛;花瓣长圆状椭圆形至宽倒卵形,粉红色,罕为白色;花药绯红色;花柱几与雄蕊等长或稍短;子房被短柔毛。

果实形状和大小均有变异,卵形、宽椭圆形或扁圆形,长几与宽相等,色泽变化由淡绿白色至橙黄色,常在向阳面具红晕,外面密被短柔毛,稀无毛,腹缝明显,果梗短而深入果洼;果肉白色、浅绿白色、黄色、橙黄色或红色,多汁有香味,甜或酸甜;核大,离核或粘核,椭

圆形或近圆形，两侧扁平，顶端渐尖，表面具纵、横沟纹和孔穴；种仁味苦，稀味甜。花期3—4月，果实成熟期因品种而异，通常为8—9月。

生长习性

桃性喜光，要求通风良好；喜排水良好土壤，耐旱；畏涝，如受涝3~5日，轻则落叶，重则死亡；耐寒，华东、华北一般可露地越冬。桃花宜轻壤土，水分以保持半墒为好；不耐碱土，亦不喜土质过于黏重；不择肥料，其余生态习性大致与梅类似，生长势与发枝力皆较梅为强，但不能持久，约自20龄起即始趋衰退。一般树龄可维持20~40年。桃树进入花、果的年龄皆早，通常嫁接苗定植后1~3年即开花结果，4~6年进入花果盛期。桃树生长迅速，一年能抽发2~4次副梢。根系发达，须根尤多，移栽易于成活。花芽每节1~3朵，几无柄，花与叶大致同时抽发，而叶在花后长成全形。多数桃花品种以长果枝为开花、结果之主要部位，但"寿星桃"等少数品种则多在短果枝、中果枝上开花、结果。华东、华中一带多于3月中下旬开花，6—9月果熟。

繁殖要点

桃树繁殖以嫁接为主，也可用播种、扦插和压条法。

（1）扦插。春季用硬枝扦插，梅雨季节用嫩枝扦插。扦插枝条必须生长健壮，充实。硬枝扦插时间以春季为主，插条按20 cm左右斜剪，为防止病害侵染和促进生根，插条下端最好蘸杀菌剂50%多菌灵600～1 200倍液、吲哚丁酸750～4 500 mg/L进行扦插，株行距4 cm×30 cm，扦插深度以插条长度的2/3为宜。

（2）嫁接。繁殖砧木多用山桃或桃的实生苗(本砧)，枝接、芽接的成活率均较高。

枝接在3月份芽已开始萌动时进行，常用切接，砧木用一二年生实生苗为好。

芽接在7—8月进行，多用"T"形接，砧木以一年生充实的实生苗为好。

（3）播种。桃的花期为3—4月，果熟期为6—8月。采收成熟的果实，堆积捣烂，除去果肉，晾干收集纯净苗木种子即可秋播。播种前，浸种5~7 d。秋播者翌年发芽早，出苗率高，生长迅速且强健。翌春播种，苗木种子需湿沙贮藏120 d以上采用条播，条幅10 cm，深1~2 cm，播后覆土6 cm。每亩播种25~30 kg。幼苗3 cm高时间苗、定苗，株距20~25 cm。

栽培管理

桃花移栽、定植多在早春或秋冬落叶后进行，种在排水顺畅，阳光充足的地方，种植穴内应施基肥(人粪尿、堆肥、饼肥、骨粉等),促使花芽分化。幼龄苗木可行裸根移植;大苗及大树,尤其是较名贵的品种,最好带土团移植,或至少根部浸蘸泥浆,然后移栽,以保证成活。整形以自然开心形为主,修剪可较梅略重,既行疏剪,又加短截,对树冠内的纤细枝、交叉枝和病虫枝,都加以剪除,多于花前进行,盆栽者则可延至花后进行。一般每年冬季施基肥一次,花前和6月前后各追肥一次,以促开花和花芽形成。此外,平时应适当中耕、除草。病虫害主要有桃蚜、桃粉蚜、桃浮尘子、梨小食心虫、桃缩叶病、桃褐腐病等,当及时防治。

观赏应用

桃树是重要的经济水果树种,主要有蟠桃、油桃、寿星桃、碧桃等几个变种,其中寿星桃和碧桃是主要的观赏变种。桃树在园林中的应用主要有成片栽植形成"桃花园"的景观,或是在小岛上栽植形成"桃花岛"景观;寿星桃多与山石搭配栽植在庭院,有长寿和辟邪的寓意;另外,桃花常在提岸与柳树搭配种植,形成"桃红柳绿"的园林景观。

小知识

在中国传统文化中,桃是一个多义的象征体系。在人们的文化观念中,桃蕴含着图腾崇拜、生殖崇拜的原始信仰,有着生育、吉祥、长寿的民俗象征意义。这些象征意义以各种不同的形式潜存于民族心理之中并通过民俗活动得以引申、发展、整合、变异。桃花象征着春天、爱情、美颜与理想世界;枝木用于驱邪求吉,在民间巫术信仰中源自于万物有灵观念;桃果融入中国的神话之中,隐含着长寿、健康、生育的寓意。桃树的花叶、枝木、子果都烛照着民俗文化的光芒,其中表现的生命意识,致密地渗透在中国桃文化的纹理中。

寿星桃

Var.densa Makino.

寿星桃,蔷薇科梅属落叶小乔木,普通桃的变种。

形态特征

寿星桃植株矮小,节间短,花芽密集。4月起为盛花期,花期半月左右。9月果实成熟。花重瓣或单瓣,蔷薇型,花蕾有深红色、粉红色、白色,花丝有粉白色、白色,花丝数37,花药黄色,花色鲜艳。

生态习性

寿星桃性喜阳及排水性好的土壤,耐旱,较耐寒,越冬在1℃以上。寿星桃生性强健,注意施肥和疏花两个环节即可。

繁殖要点

以播种、嫁接繁殖为主,常作桃树嫁接的矮化砧木。

栽培管理

寿星桃耐干旱,不耐水湿,更怕渍涝,盆土不干不浇水,浇必浇透,使之见干见湿。雨季要移至淋不着雨,光线又充足的地方,否则易落果。

寿星桃是阳性花木,宜置于日照充足的庭院、屋顶花园、南向或西向阳台,日照时间越长越旺盛。夏季是生长高峰,一方面果实在膨大,另一方面花芽在分化,此时如光照不足,不仅果小,且翌年花少。

寿星桃耐寒,可在室外安全越冬。

寿星桃的树形,可根据植株生长的特点和个人喜爱决定,一般是在主干的不同方向和部位选留3个余生的主枝,每一主枝上适当选留几个侧枝,使之成自然开心形,通风透光,以利于花芽形成,并在花后生长期采取抹芽、摘心、扭梢、拉吊、疏剪等手法整形。花后第一、三周2次疏果,根据植株的大小每枝先留3~4个小桃,最后每枝留1~2个观赏即可。

加强光照和通风可预防和减少病虫害的发生。如患流胶病，可用刀刮净，并涂抹硫黄粉等，10天后再涂抹一次。如有芽虫、红蜘蛛，可用大蒜一个捣烂泡水24 h，取其澄清液加水喷杀，或用40%的乐果乳剂的2 000倍溶液喷杀。

观赏运用

寿星桃是桃中最适宜盆栽的品种之一，如将几种嫁接在一起，开花时五彩缤纷，十分艳丽。花后结果，八九月成熟时有一纵向裂口，是春观花，夏秋赏果的优良观赏花木。

小知识

寿星桃的根系浅，较发达，宜用通透性较好，直径30 cm左右的土陶盆种植，用腐叶土与菜园土等量混合后再加少量砂和微量铁粉，制成疏松肥沃的培养土，忌用重黏土。上盆或翻盆换土时宜带土球，忌深栽，换土时间以冬季落叶后或早春为好，盆底垫一层碎塑料泡沫或碎砖，以利透气排水，防止烂根。

樱桃

Cerasus pseudocerasus
（Lind）G.Don.

樱桃,蔷薇科李属,包括樱桃亚属、酸樱桃亚属、桂樱亚属等,乔木。世界上樱桃主要分布在美国、加拿大、智利、澳洲和欧洲等地,中国主要产地有山东、安徽、江苏、浙江、河南、甘肃、陕西等。

形态特征

樱桃树高 2~6 m,树皮灰白色,小枝灰褐色,嫩枝绿色,无毛或被疏柔毛。冬芽卵形,无毛。叶片卵形或长圆状卵形,先端渐尖或尾状渐尖,基部圆形,边有尖锐重锯齿,齿端有小腺体,上面暗绿色,近无毛,下面淡绿色,沿脉或脉间有稀疏柔毛,叶柄被疏柔毛,先端有 1 或 2 个大腺体;托叶早落,披针形,有羽裂腺齿。核果近球形,红色。花期 3—4 月,果期 5—6 月。

生态习性

樱桃生于山坡阳处或沟边,是喜光、喜温、喜湿、喜肥的果树,适合在年均气温 10~12 ℃、年降水量 600~700 mm、年日照时数 2 600~2 800 h 的气候条件下生长。日平均气温高于 10 ℃的时间在 150~200 d,冬季极端最低温度不低于−20 ℃的地方都能生长良好,正常结果。若当地有霜害,樱桃园地可选择在春季温度上升缓慢、空气流通的西北坡。考虑到樱桃根系分布浅易风倒,园地以在不受风害地段为宜,土壤以土质疏松、土层深厚的沙壤土为佳。

繁殖要点

（1）实生法。樱桃采收后,将果皮果肉划破取出果核,并以清水洗除附着在果核外的果肉,而后将它们放在阴凉处晾干 1~2 d 即可播种。播种时将果核直接播在浅盆中,播后 10~30 d 发芽。樱桃种子发芽容易,但其发芽并不整齐，发芽率常低于 30%。实生苗结果年龄较迟，苗株间品质变异大。

（2）扦插法。于春夏生长期间，选取半成熟的健壮枝条，每段长 15~500 cm，附生 4~6 片叶，插于河沙、蛭石或泥炭土或数种混合物中。苗床介质扦插需保持湿润并遮阴。扦插后 1.5~2 个月发根，待根群生长旺盛后再移植。扦插法简单，若管理得当，将有 60%~90% 的成活率。

（3）高空压条法。选两年以上的枝条，在其下部靠近节的部位环状剥皮（破坏该部位的韧皮部，促使该处上方的形成层发根），然后把湿润的茸草放进透明胶袋内把整个伤口包好，上下两端扎起来。当生根后，便在压条部位以下剪断，盆栽成为新株。高空压条法通常在樱桃的旺盛生长期(春末夏初)使用，容易使之生根，但品种间差异大。

（4）嫁接法。樱桃嫁接以樱桃的实生苗、山樱、樱花等为砧木，以良好的樱桃品种为接穗，选择在春季未发芽前进行，选择的砧木最好与接穗的粗细相同或相近，劈接、靠接皆可。用劈接法进行嫁接时，选定在砧木嫁接的位置上部用利剪剪去多余的枝条，在剩下的"桩"上用刀劈开，开口深 2~3 cm，接穗长 10 cm 左右为宜，将接穗两面迅速地削成"楔形"后插入劈口中。对齐形成层后用塑料薄膜条绑扎结实，不能有透风口，先置于阴凉通风处，并在地面上喷洒水以保持环境的高湿，或用塑料袋套住保湿，以后根据温度的变化及时通风，不要让袋内的温度过高，待有新芽长出时，去除塑料袋，并将植株移至阳光充足处。浇水以"见干见湿"为宜。

栽培管理

樱桃的修剪原则上主要在生长季进行，但由于有时生长季修剪工作不到位，就需要通过春季萌芽前修剪来调整。萌芽前修剪应尽量不动大枝，减少伤口以防止流胶，并以疏除过密枝、竞争枝为主，少短截。修剪一般要求在 3 月 10 号前结束。栽培管理是一项提高樱桃果实品质的必要技术，具体到实际，不仅涉及花期及采果前期的管理，也涉及修剪措施、肥水调控等诸多环节。采用起垄覆盖，即行间挖宽40 cm、深 10 cm 左右的灌水沟并将土培在树干基部，沿行形成中间高、两边低 1 m 左右宽的土垄，保湿防涝。

观赏应用

樱桃树枝秀丽，花期早，春天开花时一团团雪白、粉红的花朵竞相绽放，美不胜收。樱桃果实外表色泽鲜艳、晶莹美丽、红如玛瑙、黄如凝脂，作为水果食用，富含糖、蛋白质、维生素及钙、铁、磷、钾等多种元素。

> **小知识**
>
> 樱桃代表很多美好的事物，可以代表有活力的女孩子，可以代表很鲜活的爱情。它不仅象征着爱情、幸福和甜蜜，更蕴含着"珍惜"这层含义。樱桃英文名 cherry，意思就是珍惜。樱桃在古今中外的艺术创作中经常被名家大师作为表现的对象，已故国画大师齐白石、后当代艺术大师马艺星在绘画中对樱桃的表现都十分精妙。

日本晚樱

Cerasus serrulata var.

日本晚樱,蔷薇科樱属落叶乔木,少数为常绿灌木,是著名的观赏植物。

形态特征

日本晚樱高 3~8 m,树皮灰褐色或灰黑色,有唇形皮孔。小枝灰白色或淡褐色,无毛。冬芽卵圆形,无毛。叶片卵状椭圆形或倒卵椭圆形,先端渐尖,基部圆形,边有渐尖单锯齿及重锯齿,齿尖有小腺体,上面深绿色,无毛,下面淡绿色,无毛,叶柄无毛,先端有 1~3 圆形腺体;托叶线形,边有腺齿,早落。核果球形或卵球形,紫黑色。花期 4—5 月,果期 6—7 月。

生态习性

樱花属浅根性树种,喜阳光,喜深厚肥沃而排水良好的土壤,有一定的耐寒能力。

繁殖要点

日本晚樱花大、重瓣、颜色鲜艳、气味芳香、花期长,是樱花中的优良品种。其嫁接繁殖成苗慢,操作烦琐,硬枝扦插又很难生根。以蛭石为基质,用带嫩梢的一年生枝条在盛花期扦插,成活率很高。

栽培管理

当插条根系长到 6~8 cm 时及时移栽。过晚移栽,插条根系会变黑腐烂,叶片也逐渐变黄。这是因为蛭石只能保温、保湿、通气,起催根作用,但没有营养物质供插条继续生长。另外,对于根少或只生愈伤组织未生根的插条应保留在苗床中,待根长好后再移栽。

创造一个适于扦插苗继续生长的环境是保证移栽成活的关键。应选择肥沃不积水的地块,做长 8 m、宽 0.3 m 的南北向畦,掺入沙壤土深翻 30 cm,再覆上 2 cm 厚的沙壤土。整平畦面,每畦栽一行,株距 30 cm。将插条的根系连同周围蛭石一并放入定植穴中,用沙土盖满穴。不要用力按压,以防折断嫩根。随即用水灌透畦面,并在上面搭 1.2 m 高的遮阴棚。每天喷雾 2~3 次,保持叶面湿润,地面经常浇水,见干见湿。这样移栽的苗子不缓苗,成活率高,生长正常。

观赏应用

日本晚樱在庭园中作景观时,最好用不同数量的植株成组的配植,而且应有背景树。适合配植于大的自然风景区内,尤其在山区,可依不同海拔高度、小气候环境行集团式配植,这样还可延长观花期,丰富景物的趣味。

小知识

樱花的生命很短暂,在日本有一民谚说:"樱花七日",就是一朵樱花从开放到凋谢大约为 7 天,整棵樱树从开花到全谢大约 16 天,形成樱花边开边落的特点。樱花之所以有这么大的魅力,被尊为日本国花,不仅是因为它的妩媚娇艳,更重要的是它具有经历短暂的灿烂后随即凋谢的"壮烈"的特点。

紫荆

Cercis chinensis Bunge.

紫荆,又名满条红,豆科紫荆属落叶乔木或灌木,原产于中国。紫荆是家庭和美、骨肉情深的象征。

形态特征

紫荆丛生或单生灌木,高 2~5 m;树皮和小枝灰白色。叶纸质,近圆形或三角状圆形,长 5~10 cm,宽与长相若或略短于长,先端急尖,基部浅至深心形,两面通常无毛,嫩叶绿色,仅叶柄略带紫色,叶缘膜质透明,新鲜时明显可见。花紫红色或粉红色,2~10 余朵成束,簇生于老枝和主干上,尤以主干上花束较多,越到上部幼嫩枝条花越少,通常先于叶开放,但嫩枝或幼株上的花则与叶同时开放。花期 3—4 月,果期 8—10 月。

生态习性

紫荆为暖带树种,较耐寒;喜光,稍耐阴;喜肥沃、排水良好的土壤,不耐湿;萌芽力强,耐修剪。

繁殖要点

紫荆采用播种、分株、压条、扦插、嫁接法均可繁殖。

(1)播种。9—10 月收集成熟荚果,取出种子,埋于干沙中置阴凉处越冬。次年 3 月下旬到 4 月上旬播种,播前进行种子处理,这样才能保证苗齐苗壮。用 60 ℃温水浸泡种子,水凉后继续泡 3~5 d。每天需要换凉水一次,种子吸水膨胀后,放在 15 ℃环境中催芽,每天用温水淋浇 1~2 次,待露白后播于苗床,2 周可齐苗,出苗后适当间苗。4 片真叶时可移植苗圃中,畦地以疏松肥沃的壤土为好。为便于管理,栽植实行宽窄行,宽行 60 cm,窄行 40 cm,株距 30~40 cm。幼苗期不耐寒,冬季需用塑料拱棚保护越冬。

(2)分株。紫荆根部易产生根蘖。秋季 10 月份或春季发芽前用利刀断蘖苗和母株连接的侧根另植,容易成活。秋季分株的应假植保护越冬,春季 3 月定植,一般第二年可开花。

（3）压条。生长季节都可进行，春季3~4月最好。空中压条法可选1~2年生枝条，用利刀刻伤并环剥树皮1.5 cm左右，露出木质部，将生根粉液（按说明稀释）涂在刻伤部位上方3 cm左右，待干后用筒状塑料袋套在刻伤处，装满疏松园土，浇水后两头扎紧即可。一月后检查，如土过干可补水保湿，生根后剪下另植。灌丛型树可选外围较细软、1~2年生枝条将基部刻伤，涂以生根粉液，急弯后埋入土中，上压砖石固定，顶梢可用棍支撑扶正。一般第二年3月分割另植。有些枝条当年不生根，继续埋压，第二年可生根。

（4）扦插。在夏季的生长季节进行，剪去当年生的嫩枝作插穗，插于沙土中也可成活，但生产中不常用。

（5）嫁接。可用长势强健的普通紫荆、巨紫荆作砧木，但由于巨紫荆的耐寒性不强，故北方地区不宜使用。以加拿大红叶紫荆等优良品种的芽或枝作接穗，接穗要求品种纯正、长势旺盛，选择无病虫害或少病虫害的植株向阳面外围的充实枝条，接穗采集后剪除叶片，及时嫁接。可在4—5月和8—9月用枝接的方法，7月用芽接的方法进行嫁接。如果天气干旱，嫁接前1~2 d应灌一次透水，以提高嫁接成活率。

栽培管理

紫荆喜湿润环境，种植后应立即浇头水，第三天浇二水，第六天后浇三水，三水过后视天气情况浇水，以保持土壤湿润不积水为宜。有人认为紫荆耐旱、怕淹，其实紫荆是喜湿润环境的，只不过不能在积水状态下生长。

紫荆喜肥，肥足则枝繁叶茂，花多色艳，缺肥则枝稀叶疏，花少色淡。应在定植时施足底肥，每年花后施一次氮肥，促长势旺盛，初秋施一次磷钾复合肥，利于花芽分化和新生枝条木质化后安全越冬。紫荆在园林中常作为灌丛使用，故从幼苗抚育开始就应加强修剪，以利形成良好株形。

观赏应用

紫荆宜栽庭院、草坪、岩石及建筑物前，用于小区的园林绿化，具有较好的观赏效果。其皮果木花皆可入药，种子有毒。

小知识

南朝吴钧的《续齐谐记》有这么一个典故：传说南朝时，田真与兄弟田庆、田广3人分家，当别的财产都已分置妥当时，最后才发现院子里还有一株枝叶扶疏、花团锦簇的紫荆花树不好处理。当晚，兄弟3人商量将这株紫荆花树截为3段，每人分一段。第二天清早，兄弟3人前去砍树时发现，这株紫荆花树枝叶已全部枯萎，花朵也全部凋落。田真见此状不禁对两个兄弟感叹道："人不如木也"。后来，兄弟3人又把家合起来，并和睦相处。那株紫荆花树好像颇通人性，也随之又恢复了生机，且生长得花繁叶茂。

合欢

Albizzia julibrissn Durazz.

合欢,又名夜合欢,别名绒花树、马缨花、芙蓉树,豆科合欢属落叶乔木。

形态特征

合欢高可达 16 m,树冠开展;树干浅灰褐色,树皮轻度纵裂。枝粗而疏生,幼枝带棱角,嫩枝、花序和叶轴被绒毛或短柔毛。托叶线状披针形,较小叶小,早落。二回羽状复叶,镰刀状圆形,昼开夜合。总叶柄近基部及最顶一对羽片着生处各有 1 枚腺体。头状花序于枝顶排成圆锥花序,花粉红色,花萼管状。荚果带状,长 9~15 cm,宽 1.5~2.5 cm,嫩荚有柔毛,老荚无毛。花期 6—7 月,果期 8—10 月。

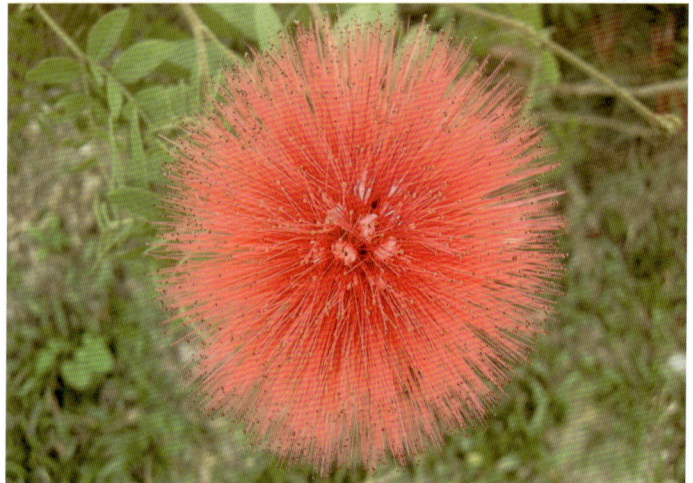

生态习性

10 月采种,翌年春季播种。合欢树喜光,不耐阴,对土壤要求不高,耐干旱、贫瘠,不耐严寒,不耐涝。如果有条件,宜选用土层深厚的微酸性壤土种植合欢,pH 值 6 左右较适宜;遇碱性过强土壤会自下而上,逐渐叶黄枯萎,甚至死亡。合欢在瘠薄的土壤中也能较好地生长。它具有根瘤菌,有改良土壤的功效。合欢树为浅根性植物,萌芽力不强,不耐修剪。

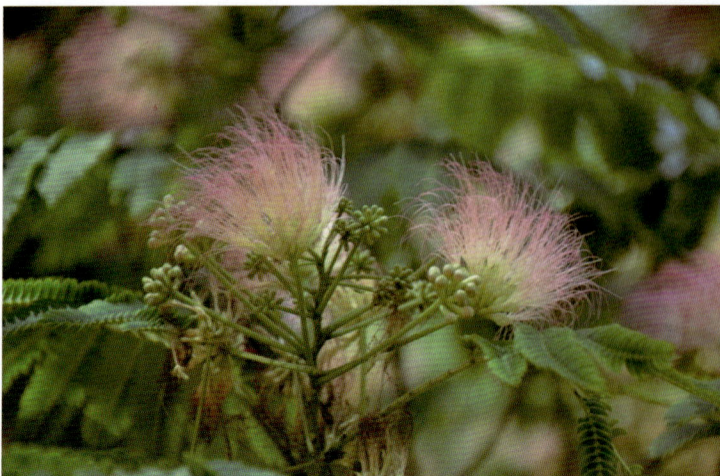

繁殖要点

合欢采用播种繁殖,10 月

采种,翌年春季播种。3~4 年后幼树主干高达 2 m 以上时,可进行定干修剪、移植。

栽培管理

合欢可选上下错落的 3 个侧枝作为主枝,用它来扩大树冠。冬季对 3 个主枝短截,在各主枝上培养几个侧枝,各占一定空间。当树冠扩展过远,下部出现光秃现象时,要及时回缩换头,剪除枯死枝。定植操作最好在傍晚进行。定植后可结合浇水施淡薄有机肥,或给叶面喷施 0.2%~0.3% 的尿素和磷酸二氢钾混合液。

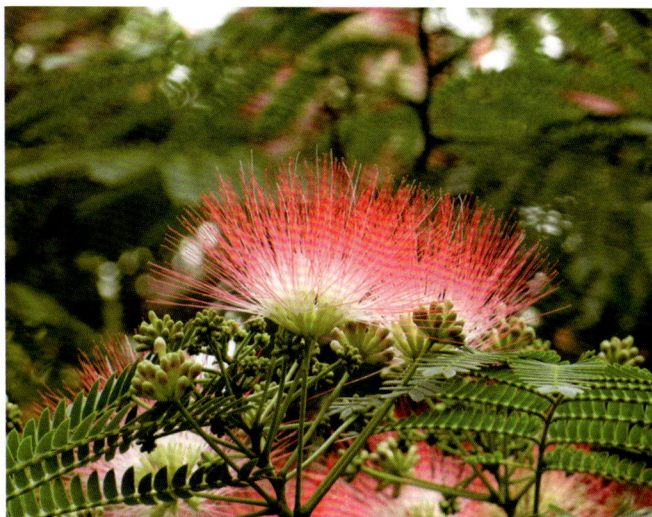

观赏应用

合欢生长迅速,能耐沙质土及干燥气候,开花如绒簇,十分可爱,常作为城市行道树、观赏树。合欢对氯化氢、二氧化氮抗性强,对二氧化硫、氯气有一定的抗性。其树皮及花可供药用,有安神解郁、活血止痛、开胃理气之功效,提取的浸膏外用治骨折、痈疽、肿痛等症。

小知识

关于合欢树,有一个凄美的传说。这合欢树最早叫苦情树,也不开花。相传,有个秀才寒窗苦读十年,准备进京赶考。临行时,妻子粉扇指着窗前的那棵苦情树对他说:"夫君此去,必能高中。只是京城乱花迷眼,切莫忘了回家的路!"秀才应诺而去,却从此杳无音信。粉扇在家里盼了又盼,等了又等,青丝变白发,也没等回丈夫的身影。在生命尽头即将到来的时候,粉扇拖着病弱的身体,挣扎着来到那棵印证她和丈夫誓言的苦情树前,用生命发下重誓:"如果丈夫变心,从今往后,让这苦情树开花,夫为叶,我为花,花不老,叶不落,一生不同心,世世夜欢合!"说罢,气绝身亡。第二年,所有的苦情树果真都开了花,粉柔柔的,像一把把小小的扇子挂满了枝头,还带着一股淡淡的香气,只是花期很短,只有一天。而且,从那时开始,所有的叶子居然也是随着花开花谢而晨展暮合。人们为了纪念粉扇的痴情,也就把苦情树改名为合欢树了。

黄檀

Dalbergia hupeana Hance.

黄檀,别名不知春、望水檀、檀树、檀木、白檀,豆科黄檀属乔木。广泛分布于中国各地。

形态特征

黄檀高 10~20 m,树皮暗灰色,呈薄片状剥落。幼枝淡绿色,无毛。羽状复叶长 15~25 cm;小叶 3~5 对,近革质,椭圆形至长圆状椭圆形,圆锥花序顶生或生于最上部的叶腋间,花冠淡紫色或白色,荚果长圆形或阔舌状,长 4~7 cm,宽 13~15 mm,顶端急尖,基部渐狭成果颈,果瓣薄革质,对种子部分有网纹,荚果长圆形或阔舌状。花果期

5—10 月。

生态习性

本树种为阳性树种,喜光,耐干旱瘠薄,不择土壤,但在深厚、湿润、排水良好的土壤中生长较好,忌盐碱地;深根性,萌芽力强。黄檀对立地条件要求不高,在陡坡、山脊、岩石裸露、干旱瘠瘠的地区均能适生。

繁殖要点

种子繁殖。选择壮年黄檀树作为采种母树,采种时间9月下旬至 10 月上旬,切忌掠青早摘。白檀种子的强迫性休眠可用酸蚀处理,一般用比重为 1.84 的浓硫酸酸蚀 5.5 h 后置流水中冲洗 18 h,减少种壳对种胚的约束,增加种皮的透气性;用赤霉素(GA_3)处理可调控、解除种

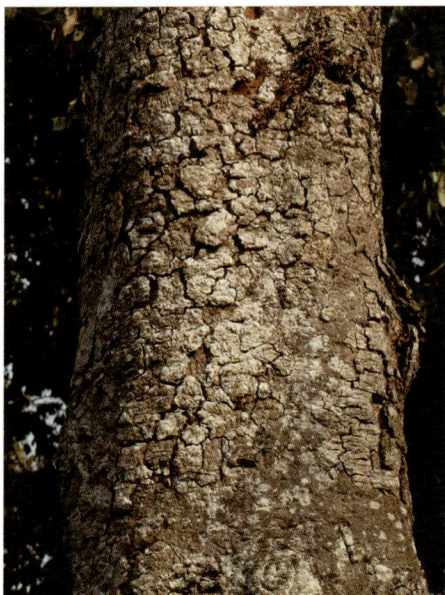

子的生理休眠。春天播种时间为 4 月中下旬，播种方法为人工撒播或条播，每平方米可播种 12~24 g，覆土宜浅。条播行距 20 cm，播种沟深 8 cm，先在沟底施已腐熟的基肥，基肥上盖 6 cm 厚的园土，然后播种。若进行芽苗移栽可加大播种密度，播种量为 75~100 kg/亩。播种后覆土厚 1.5 cm，最好用稻草覆盖，可起到保湿、抑制杂草的作用，盖草厚度以能保证苗床不过干过湿为度。

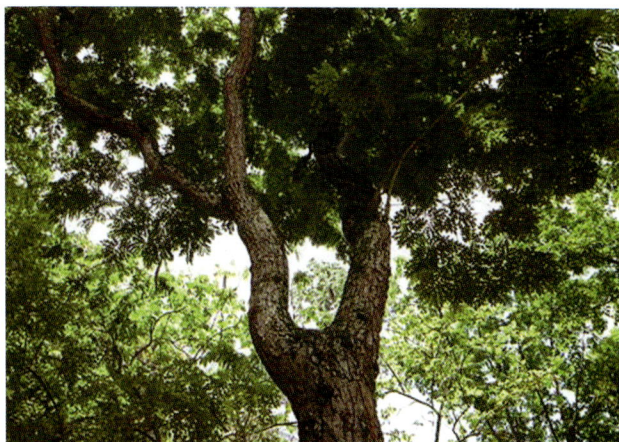

栽培管理

选择避风阴凉、地势平坦不积水、排灌方便的圃地，土壤深翻 20~30 cm。黄檀是雌雄异株植物，应当合理配置授粉树。雨季苗床四周应挖深沟，利于排水，以防雨天积水伤根。7—8 月，肥水中应增施钾肥，以促进苗木木质化，增强其抗性。9 月以后不再施肥。

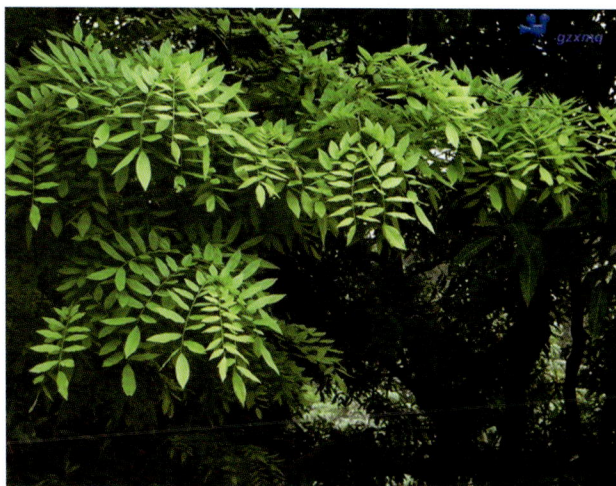

观赏应用

黄檀树形优美，枝叶秀丽，春开白花，秋结蓝果，是良好的园林绿化点缀树种。其木材结构细密，是优质负重力及拉力强的用具及器材制作材料。根皮可药用，具有清热解毒、止血消肿之功效。

小知识

黄檀具有耐干旱瘠薄的特性，根系发达，固土能力强，在第四纪红土区和红沙岩流失区表现更为突出，是防止水土流失的先锋树种。它繁殖力强，耐刈割，热值高，又具备薪炭林良好素质。白檀油内含有人体必备的两种不饱和脂肪酸，即油酸和亚油酸，其含量高达 85% 左右，硬脂酸含量低，是较为理想、有益健康的食用植物油。

紫穗槐

Amorpha fruticosa Linn.

紫穗槐,别名棉槐、棉条、穗花槐,豆科紫穗槐属落叶灌木。

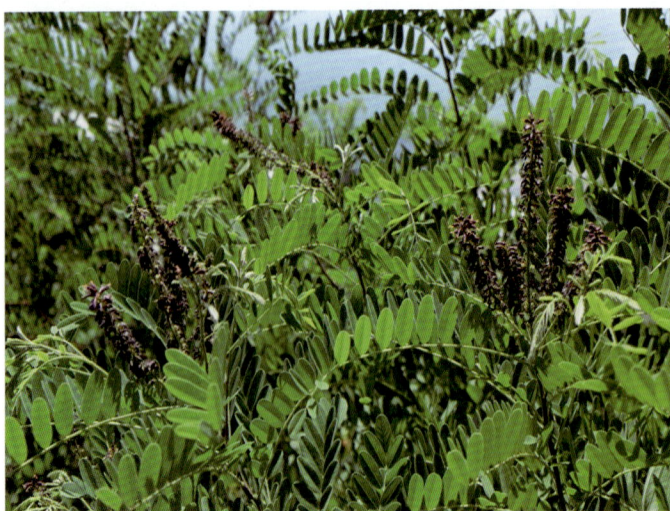

形态特征

紫穗槐丛生,高 1~4 m,小枝灰褐色,被疏毛,后变无毛,嫩枝密被短柔毛。叶互生,奇数羽状复叶。穗状花序常 1 至数个顶生和枝端腋生,长 7~15 cm,密被短柔毛;花有短梗。荚果下垂,长 6~10 mm,宽 2~3 mm,微弯曲,顶端具小尖,棕褐色,表面有凸起的疣状腺点。

生态习性

(1)土壤。在沙地、黏土、中性土、盐碱土(0.7%以下含盐量的盐渍化土壤)、酸性土、低湿地及土质瘠薄的山坡上均能生长。

(2)水分。耐干旱能力强,能在年降水量约 200 mm 处生长。在腾格里沙漠边缘,蒸发量比降水量大15倍,沙面最高温度达 74 ℃的地区也能生长。耐水淹,浸水 1 个月也能成活。

(3)光照。对光照要求充足,据调查在郁闭度 0.7 以上的刺槐林中不能生长,但在郁闭度 0.85 的白皮松林下可生长。

(4)温度。耐寒性强,在最低温度达-40 ℃以下,1 月平均温达-25.6 ℃的地区也能生长。

繁殖要点

选择苗圃地以地势平坦,土质肥沃,土壤深厚,灌水方便的中性壤土为好。沙性较大或黏性较重的土壤作育苗地,应增施有机肥,改良土壤,增加肥力。育苗地应进行冬耕,施足基肥,然后培垄作床。播前下过透雨最好,等 2~3 d 播种。播种时间,根据气候条件决定。北方以土壤解冻后播种为宜;南方在一月中下旬播种为宜。播种方法采用条播,沟深 3~4 cm,播幅宽 8~10 cm,行距18~20 cm。每亩播种量 15 kg 左右,产苗量达 10 万株以上,一部分地区播种量有增大趋势。播种覆土1~1.5 cm,播后 8~10 d 出苗。经 10~15 d 苗木出齐后开始疏苗,一次疏苗株间合理密度。

紫穗槐插穗含有大量养分,扦插成活率很高,但插条要注意保护芽苞不受伤,苗床最好用沙,或一半沙一半土。畦呈龟背形,四周开沟,以利排水,穗条应选择强壮的为佳,剪取 15 cm 长,插入土中 7~8 cm,株距 8~10 cm,行距 20~25 cm,每天要浇水,保持土壤湿润,并要搭好遮阴棚,约一周后即有新根生长,又见芽苞萌动状,这说明插条成活了。

栽培管理

为使紫穗槐培育壮苗,在苗期除草 3~4 次,结合配方施肥。在苗木生长高峰,每半年进行根外喷肥,如尿素、磷酸二氢钾,配水均匀喷洒于叶面。喷肥时间以阴天傍晚最佳,同时进行病虫害防治。

观赏应用

紫穗槐枝叶繁密,又为蜜源植物,根部有根疣可改良土壤。紫穗槐虽为灌木,但枝条直立匀称,可以经整形培植为直立单株,树形美观。其对城市中二氧化硫有一定的抗性,是较好的城市绿化树种。

小知识

紫穗槐为高肥效高产量的"铁杆绿肥"。据分析,每 500 kg 紫穗槐嫩枝叶含氮 6.6 kg、磷 1.5 kg、钾 3.9 kg。紫穗槐可一种多收,当年定植秋季每亩收青枝叶超过 5 000 kg,种植 2~3 年后,每亩每年可采割 1 500～2 500 kg,足够供三四亩地的肥料。多余根瘤菌,用于改良土壤,又快又好。

紫穗槐枝条柔韧细长,光滑均匀,因此,春季割一茬绿肥、秋季收获一茬编织条,是编织筐、篓的好材料,具有一定的经济价值。

紫藤
Wisteria sinensis.

紫藤,别名藤萝、朱藤、黄环,豆科紫藤属,一种落叶攀援缠绕性大藤本植物。产于河北以南黄河长江流域及陕西、河南、广西、贵州、云南等地。

形态特征

紫藤茎右旋,枝较粗壮,嫩枝被白色柔毛,后秃净;奇数羽状复叶;托叶线形,早落;小叶柄长被柔毛;小托叶刺毛状,宿存。总状花序发自种植一年短枝的腋芽或顶芽,花序轴被白色柔毛。荚果倒披针形,密被绒毛,悬垂枝上不脱落,有种子1~3粒;种子褐色,具光泽,圆形,扁平。花期4月中旬至5月上旬,果期8—10月。

生态习性

紫藤为暖带及温带植物,对气候和土壤的适应性强,较耐寒,能耐水湿及瘠薄土壤,喜光,较耐阴。以土层深厚、排水良好、向阳避风的地方栽培为宜;主根深,侧根浅,不耐移栽。生长较快,寿命很长。缠绕能力强,对其他植物有绞杀作用。越冬时应置于0 ℃左右低温处,保持盆土微湿,使植株充分休眠。

繁殖要点

采用扦插和播种繁殖。

(1) 扦插。插条繁殖一般采用硬枝插条。3月中下旬枝条萌芽前,选取1~2年生的粗壮枝条,剪成15 cm左右长的插穗,插入事先准备好的苗床,扦插深度为插穗长度的2/3。插后喷水,加强养护,保持苗床湿润,成活率很高,当年株高可达20~50 cm,两年后可出圃。插根是利用紫藤根上容易产生不定芽。3月中下旬挖取0.5~2.0 cm粗的根系,剪成10~12 cm长的插穗,插入苗床,扦插深度保持插穗的上切口与地面相平。其他管理措施同枝插。

（2）播种。播种繁殖在下一年的 3 月进行。11 月采收种子，去掉荚果皮，晒干装袋贮藏。播前用热水浸种，待开水温度降至 30 ℃左右时，捞出种子并在冷水中淘洗片刻，然后保湿堆放一昼夜后便可播种。或将种子用湿沙贮藏，播前用清水浸泡 1~2 d。压条、分株、嫁接均在 3 月中、下旬进行。

栽培管理

多于早春定植，定植前须先搭架，并将粗枝分别系在架上，使其沿架攀援。由于紫藤寿命长，枝粗叶茂，制架材料必须坚实耐久。幼树初定植时，枝条不能形成花芽，以后才会着花生蕾。如栽种数年仍不开花，可能是因树势过旺，枝叶过多；也可能是树势衰弱，难以积累养分。前者部分切根和疏剪枝叶，后者增施肥料即能开花，肥料应适当多施钾肥。生长期一般追肥 2~3 次，开花后可将中部枝条留 5~6 个芽短截，并剪除弱枝，以促进花芽形成。3 月现蕾，4 月盛花，每轴有蝶形花 20~80 朵。紫藤喜阳光，略耐阴。因为紫藤是大藤本植物，为了使它生育良好，一般都设置一定的棚架进行栽培。紫藤也有较矮小的品种可作为盆栽或制作盆景。

观赏应用

紫藤为长寿树种，民间极喜种植，成年的植株茎蔓蜿蜒屈曲，开花繁多，串串花序悬挂于绿叶藤蔓之间，瘦长的荚果迎风摇曳。自古以来中国文人皆爱以其为题材咏诗作画。在庭院中用其攀绕棚架，制成花廊，或用其攀绕枯木，有枯木逢生之意。还可做成姿态优美的悬崖式盆景，置于高几架、书柜顶上，繁花满树，老桩横斜，别有韵致。

小知识

紫藤对二氧化硫和氧化氢等有害气体有较强的抗性，对空气中的灰尘有吸附能力，在绿化中已得到广泛应用，尤其在立体绿化中发挥着举足轻重的作用。它不仅可达到绿化、美化效果，同时也发挥着增氧、降温、减尘、减少噪音等作用。

刺槐

Robinia pseudoacacia L.

刺槐,又名洋槐,豆科刺槐属落叶乔木。原生于北美洲,现被广泛引种到亚洲、欧洲等地。栽培变种有红花刺槐、金叶刺槐等。

形态特征

刺槐高 10~25 m;树皮灰褐色至黑褐色,浅裂至深纵裂,稀光滑;小枝灰褐色,幼时有棱脊,微被毛,后无毛;具托叶刺,长达 2 cm;冬芽小,被毛,下垂,花多数,芳香;苞片早落;花萼斜钟状,萼齿 5,三角形至卵状三角形,密被柔毛;花冠白色,各瓣均具瓣柄,旗瓣近圆形。花期 4—6 月,果期 8—9 月。

生态习性

刺槐为温带树种,在空气湿度较大的沿海地区生长快,干形通直圆满;抗风性差,对着风口栽植的刺槐易出现风折、风倒、倾斜或偏冠的现象;对水分条件很敏感,在地下水位过高、水分过多的地方生长缓慢,易诱发病害,造成植株烂根、枯梢,甚至死亡。刺槐有一定的抗旱能力,喜土层深厚、肥沃、疏松、湿润的壤土、沙质壤土、沙土或黏壤土,在中性土、酸性土、含盐量在 0.3% 以下的盐碱性土上都可以正常生长;喜光,不耐庇荫;萌芽力和根蘖性都很强。

繁殖要点

刺槐采用播种繁殖。刺槐种皮厚而坚硬,透水性差,有很多硬粒种子,如不经浸种催芽处理,种子发芽出土慢,出苗不整齐,不均匀。催芽处理先用 60 ℃热水浸泡一昼夜后,捞出已膨胀的种子进行催芽,未膨胀的种子再次热水浸泡一昼夜,可连续浸种两三次,直至 90% 以上种子吸水膨胀,然后分批催芽。将吸水膨胀的种子均匀混沙催芽(沙 3∶种 1),然后放在背风向阳的地方堆放或者置于容器、草袋内催芽,外盖湿草帘或塑料薄膜,以利保温保湿。每日翻动、适当喷水一次,经 5 d 左右有 1/3 种子露出白芽尖时即可取出播种。刺槐种子育苗可分为春播和冬播,冬播时可不必浸种催芽。春播时间以 4 月上旬（清明前后）为佳，最迟不能晚于 4 月底。以畦床条播为好，畦床条播开沟深度 2~3 cm，将处理好的种子均匀撒入后覆土 1 cm，若土壤墒情差还应适量灌水或洒水。育苗面积较大时可施耧播。畦床条播下种 10~12 kg/亩，大田耧播下种量 13~15 kg/亩。

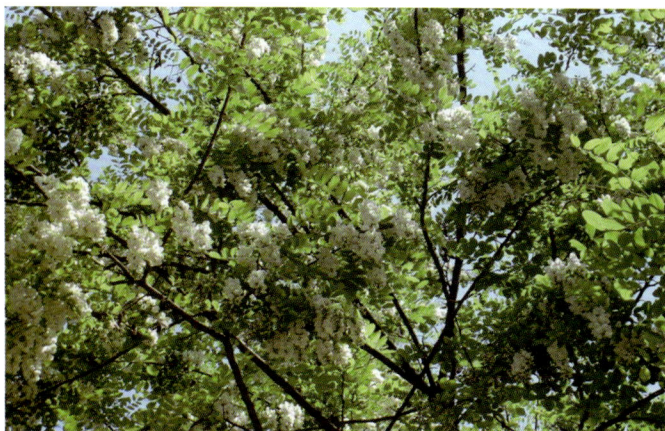

栽培管理

刺槐幼苗畏寒、怕涝、怕碱，所以育苗地应选择地势较高、便于排灌的肥沃沙壤土为宜。刺槐过旱播种易遭受晚霜冻害，所以播种宜迟不宜早，以"谷雨"节前后为最适宜。发现虫害可用 40%氧化乐果乳剂 1 500 倍液喷雾防治。对于立枯病，在发病初，用 50%的代森铵 300~400 倍液喷洒，灭菌保苗。

观赏应用

刺槐树冠高大，叶色鲜绿，每当开花季节绿白相映，素雅而芳香，可作为行道树、庭荫树、工矿区绿化及荒山荒地绿化的先锋树种。其对二氧化硫、氯气、光化学烟雾等的抗性都较强，还有较强的吸收铅蒸气的能力。根部有根瘤，又有提高地力之效。冬季落叶后，枝条疏朗向上，很像剪影，造型有国画韵味。

刺槐木材坚硬，耐腐蚀，燃烧缓慢，热值高，可作相应用材。刺槐花可食用。刺槐花产的蜂蜜很甜，产量也高。

小知识

刺槐生长迅速，木材坚韧，纹理细致，有弹性，耐水湿，抗腐朽，是重要的速生用材树种。刺槐可作为建筑、枕木、车辆、农具用材；叶含粗蛋白，可做饲料；花是优良的蜜源植物，种子榨油可做肥皂及油漆原料。

槐

Sophora japonica Linn.

槐,别称槐树、槐蕊、豆槐、白槐、细叶槐、金药材、护房树、家槐,豆科槐属乔木。花为淡黄色,可烹调食用,也可作中药或染料。

形态特征

槐(原变种)高达 25 m,树皮灰褐色,具纵裂纹。当年生枝绿色,无毛;羽状复叶长达 25 cm;叶轴初被疏柔毛,旋即脱净;叶柄基部膨大,包裹着芽;托叶形状多变,有时呈卵形、叶状,有时呈单线形或钻状,早落。圆锥花序顶生,常呈金字塔形,长达 30 cm;荚果串珠状,长 2.5~5 cm 或稍长,径约 10 mm,种子间缢缩不明显,种子排列较紧密,具肉质果皮,成熟后不开裂,具种子 1~6 粒;种子卵球形,淡黄绿色,干后黑褐色。

生态习性

槐喜光而稍耐阴,能适应较冷气候;根深而发达,对土壤要求不高,在酸性至石灰性及轻度盐碱土,甚至含盐量在 0.15% 左右的条件下都能正常生长;抗风,也耐干旱、瘠薄,尤其能适应城市土壤板结等不良环境条件,但在低洼积水处生长不良;对二氧化硫和烟尘等污染的抗性较强。幼龄时生长较快,以后中速生长,寿命很长。老树易成空洞,但潜伏芽寿命长,有利树冠更新。

繁殖要点

槐的扦插时间与埋根育苗相同,也可稍早。选取直径 8~20 mm 木质化硬枝,剪成 15 cm 长的插条,上切口剪平,距芽包 1~2 cm,下切口剪成 45° 的斜口,距芽包 5 mm,分上下端以 50 根为一捆,用 50 mg/L 生根药剂浸泡下端 3~4 h 后捞出备用。整地要求同前,按 20 cm×40 cm 的株行距将枝条以 45°的倾角插入土内,顺畦覆盖地膜。

栽培管理

槐苗浇水要根据气候条件、土壤质地等因素,决定浇水次数。一般情况下,出苗后至雨季前浇 2~3 次水,圃地封冻前浇 1 次封冻水,遇涝害及时排水;播种前,育苗地亩施基肥(以有机肥或圈肥为主)3 000 kg 左右,到 6 月上旬结合浇水可追施速效氮肥,如尿素 8~10 kg,7—8 月份追施尿素(最好掺入适量复合肥)2~3 次,每次施肥量 30 kg 左右。9 月份以后不再浇水施肥,以促进苗木木质化。

观赏应用

槐是庭院常植的特色树种,其枝叶茂密,绿荫如盖,适作庭荫树,在中国北方多用作行道树,配植于公园、建筑四周、街坊住宅区及草坪上,也极相宜。龙爪槐则宜门前对植或列植,或孤植于亭台山石旁,也可作工矿区绿化之用。槐夏秋可观花,并为优良的蜜源植物,花蕾可作染料,果肉能入药,种子可作饲料等,又是防风固沙及经济林兼用的树种,且对二氧化硫、氯气等有毒气体有较强的抗性。

小知识

槐为古代三公宰辅之位的象征,及科第吉兆的象征。此外,古代槐树还具有迁民怀祖的寄托,以及祥瑞的象征等文化意义。

山梅花

Philadelphus incanus Koehne.

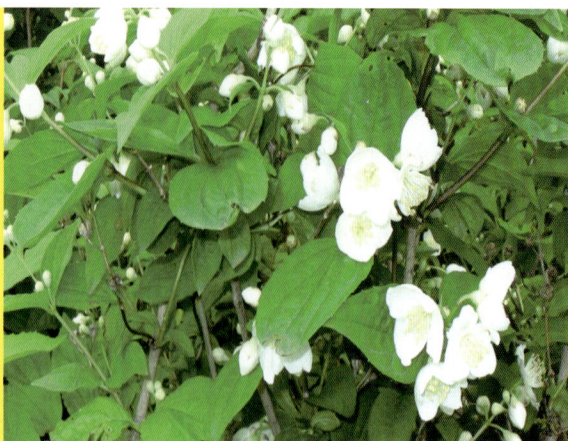

山梅花,虎耳草科山梅花属灌木。生于海拔 1 200~1 700 m 林缘灌丛中,原产于中国山西、陕西、甘肃、河南、湖北、安徽和四川,现欧美各地的一些植物园有引种栽培,模式标本采自湖北宜昌。

形态特征

山梅花高 1.5~3.5 m;两年生小枝灰褐色,表皮呈片状脱落,当年生小枝浅褐色或紫红色,被微柔毛或有时无毛;叶卵形或阔卵形,先端急尖,基部圆形,花枝上叶较小,卵形、椭圆形至卵状披针形,下部的分枝有时具叶;蒴果倒卵形,具短尾。花期 5—6 月,果期 7—8 月。

生态习性

山梅花适应性强,喜光、喜温暖,也耐寒耐热,怕水涝;对土壤要求不高,生长速度较快,适生于中原地区以南。

繁殖要点

山梅花采用播种、扦插、压条和分株法繁殖。种子细小,播种时应覆以薄土。扦插、压条、分株于春季萌芽前进行,也可于梅雨季节进行嫩枝扦插。苗期应遮阴,移栽应于深秋或早春进行。

栽培管理

山梅花性强健,管理粗放,可根据植株的长势和生理特点,合理浇水和施肥。露地栽培的植株可于冬季在植株周围 20~50 cm 处挖浅沟,施入有机肥,封冻前灌一次透水。春季 3—4 月,在植株周围挖浅沟,施以磷钾肥,以满足植株花芽分化所需养分。

观赏应用

山梅花可作为庭院及风景区绿化观赏材料,宜丛植、片植于草坪、山坡、林缘地带,若与建筑、山石等配植效果也较理想。

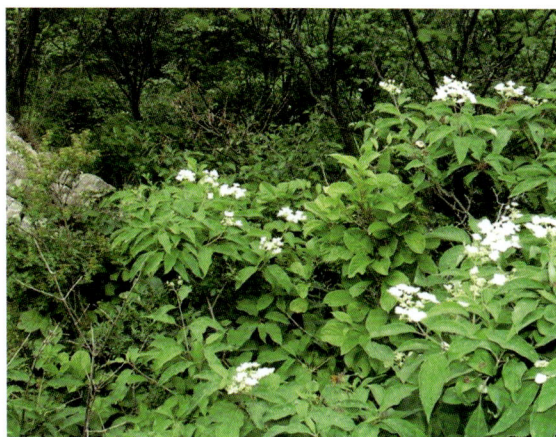

小知识

山梅花以茎、叶入药,夏秋采集,晒干或鲜用。因其性甘、淡、平,清热利湿,可用于膀胱炎,黄疸型肝炎病症。

溲疏

Deutzia scabra Thunb.

溲疏,别名空疏、巨骨、空木、卵花,为虎耳草科溲疏属落叶灌木。原产于我国长江流域各省,浙江、山东等地均有分布,朝鲜亦产溲疏。

形态特征

溲疏高达 3 m。树皮成薄片状剥落,小枝中空,红褐色,幼时有星状毛,老枝光滑。叶对生,有短柄;叶片卵形至卵状披针形,长 5~12 cm,宽 2~4 cm,顶端尖,基部稍圆,边缘有小齿,两面均有星状毛,粗糙。直立圆锥花序,花白色或带粉红色斑点;萼杯状,裂片三角形,早落,花瓣长圆形,外面有星状毛;花丝顶端有 2 长齿;花柱 3。蒴果近球形,顶端扁平。

生态习性

溲疏多见于山谷、路边、岩缝及丘陵低山灌丛中,喜光,稍耐阴;喜温暖、湿润气候,但耐寒、耐旱;对土壤的要求不高,但以腐殖质 pH 值 6~8 且排水良好的土壤为宜。性强健,萌芽力强,耐修剪。

繁殖要点

扦插、播种、压条或分株繁殖均可。

(1)扦插。采用扦插繁殖,溲疏极易成活。6、7 月间用嫩枝插,半月即可生根;也可在春季萌芽前用硬枝插,成活率可达 90%。移植宜在落叶期进行,栽后每年冬季或早春应修剪枯枝。花谢后残花序要及时剪除。播种于 10—11 月采种,晒干脱粒后密封干藏,翌年春播。

(2)播种。撒播或条播均可,条距 12~15 cm,每亩用种量约 0.25 kg。覆土以不见种子为度,播后盖草,待幼苗出土后揭草搭棚遮阴。幼苗生长缓慢,1 年生苗高约 20 cm,需留圃培养 3~4 年方可出圃定植。溲疏在园林中可粗放管理。因小枝寿命较短,故经数年后应将植株重剪更新,这样可以促其生长旺盛开花多。

栽培管理

移栽在落叶期进行，一般要带宿土。溲疏在北方严冬季节枝条会全部受冻抽干，但因根际的萌蘖力极强，来年早春仍可萌发新的株丛，并可随着新枝的生长而进行花芽分化，入夏以后都能开花。

观赏应用

溲疏初夏白花繁密、素雅，常丛植草坪一角、建筑旁、林缘处配山石；若与花期相近的山梅花配植，则次第开花，可延长树丛的观花期。溲疏也可作花篱及岩石园种植材料，花枝可供瓶插观赏。

小知识

溲疏在长江流域南北山地有野生，可选取多年生老根桩，掘取后，保护好根系，剪去枝叶，先在肥沃疏松、排水良好的沙质壤土地培养，待新根生长，萌发新枝叶后，整形修剪，再上盆加工造型，可缩短树桩成型时间。

毛梾

Swida walteri (Wanger.) Sojak.

毛梾,又名车梁木、小六谷,为山茱萸科梾木属落叶乔木。生于山谷杂木林中,分布于我国河北、山西及长江以南各省区。毛梾生长极其缓慢,数十年不见其增高,木质坚硬如铁,斧难砍,锯难断。

形态特征

毛梾高 6~15 m;树皮厚,黑褐色,纵裂而又横裂成块状;幼枝对生,绿色,略有棱角,密被贴生灰白色短柔毛,老后黄绿色,无毛。伞房状聚伞花序顶生,花密,宽 7~9 cm,被灰白色短柔毛核果球形,直径 6~8 mm,成熟时黑色,近于无毛;核骨质,扁圆球形,直径 5 mm,高 4 mm,有不明显的肋纹。

生态习性

毛梾是一种阳性耐旱树种,生于丘陵山地的阳坡、半阳坡、溪岸、沟谷坡地的林缘、杂灌木林及疏林中。 一般于 3 月中旬以后发芽并展叶,4—6 月开花,8—10 月果熟,降霜后落叶。其对土壤条件要求不高,在弱酸、中性和弱碱的沙土至黏性土壤中均能生长,在土壤 pH 值为 5.8~8.2、排水良好、土层深厚的中性沙壤土上生长较好。较耐干旱瘠薄,不耐水渍、荫蔽和重碱土。

繁殖要点

毛梾的繁殖力比较强,通常用种子或用根插和嫁接法繁殖,种子的发芽率达 60%~80%。毛梾萌生力很强,新枝条一年可生长 2 m 多高,可以移栽萌芽条扩大繁殖,较实生苗提前 1~2 年开花、结实。用插根和嫁接法繁殖效果也很好。

(1)播种。选生长健壮、丰产性强、无病虫害、树龄 15~30 年的树作母树,于 9—10 月份,当果实由青变黑、变软时收获,晾干,置于干燥通风处贮藏。在播种前需除去果皮和脱脂,可将果实用冷水或热水浸泡、揉搓,如外皮尚有油脂可加沙继续揉搓,洗净后阴干播种。此外,也可用 50~60 ℃的温水浸种 2~3 次,每次 30 min,冷却,置室内催芽,当有 50%露出白头时,即可播种。

播种用苗床，春、秋播均可，行距 30 cm，播幅 3~5 cm，每公顷播量为 150~225 kg，覆土 2~3 cm。秋播，在上冻前浇水 2~3 次，以利来年春发芽、出苗。

（2）根插。春季植物萌发前挖取长 10~18 cm，粗 0.5~1 cm 的根段按 15~20 cm 的行距插入苗床，盖草保湿。

（3）嫁接。采用枝接或芽接。枝接于 3 月下旬至 4 月下旬进行，芽接于 7 月下旬至 8 月中旬进行。砧木选 1~2 年生、基径 1~2 cm 的实生苗。接穗和芽应选自母树上的一年生枝条。

栽培管理

根据用途不同，毛梾在苗圃栽植的密度也不同，油用的株行距以 6 m×6 m 或 6 m×8 m 为好，每公顷栽种 300~450 株；饲用的应密植，株行距 2 m×2 m，每公顷约 2 500 株。常见的病虫害有叶黑斑病、红蜡介壳虫、金龟子、地老虎等。黑斑病可用 150 倍的波尔多液或石硫合剂防治；介壳虫等可用乐果防治。

观赏价值

树种枝叶茂密、白花可赏，可作行道树用。

小知识

毛梾为木本油料植物，果实含油可达 27%～38%，供食用或作高级润滑油，油渣可作饲料和肥料；木材坚硬，纹理细密、美观，可作家具、车辆、农具等用材；叶和树皮可提制拷胶，又可作为"四旁"绿化和水土保持树种。

青木

Aucuba japonica Thunb.

青木,别名桃叶珊瑚、东瀛珊瑚,山茱萸科桃叶珊瑚属常绿灌木。分布于我国湖北、四川、云南、广西、广东、台湾等省区,常生于海拔 1 000 m 左右山地,在四川、云南可生长于高达 2 000 m 的地区。

形态特征

青木枝、叶对生,小枝粗圆;叶对生,薄革质,椭圆状卵圆形至长椭圆形,先端急尖或渐尖,边缘疏生锯齿,两面油绿有光泽。圆锥花序顶生,花小,紫红或暗紫色。花期 3—4 月。果卵圆形,暗紫色或黑色,长 2 cm,直径 5~7 mm,具种子 1 枚。果熟期 11 月至翌年 2 月。

生态习性

青木分布于中国长江中上游地区,性耐阴,喜温暖湿润环境,不耐寒;要求肥沃湿润、排水良好的土壤。

繁殖要点

青木常用扦插繁殖。以 5—6 月梅雨季节最好,选取当年生半木质化枝条,长 15 cm,留 2 片叶,成活率在 95% 以上。对于难以扦插成活的变种,可以用实生苗作砧木进行嫁接。

栽培管理

栽培可以采用泥炭土(2 份)和粗沙(1 份)的混合土,栽植前要施放少量的基肥,生长期间每 3~4 周浇施 1 次液肥,并保持盆土湿润,放置在半阴处,避免强光直射。冬季温室温度保持在 10 ℃以上,并减少浇水。青木极少受到病虫害,故很少需要采取防病虫害措施。

观赏应用

盆栽可置于室内、厅堂、桌旁、走廊等处，尤以秋季结实后，绿叶红果相映，更显可爱。在室外配植于门前、路边、墙隅等处均很相宜。

小知识

青木适用于园林装饰、盆栽等。

刺楸

Kalopanax septemlobus.

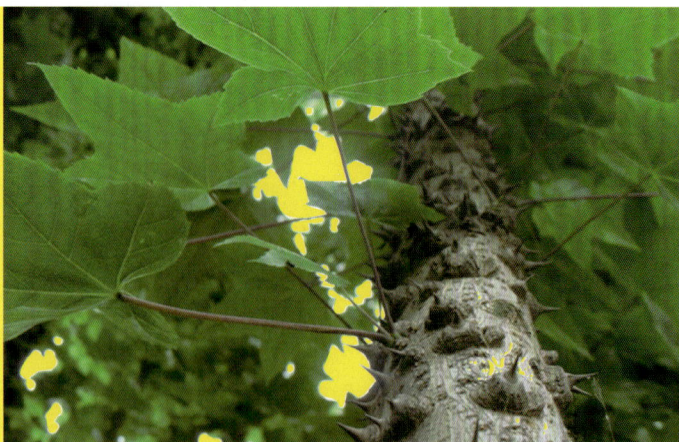

刺楸,又称鼓钉刺(浙江土名)、刺枫树(江西土名)、刺桐(湖南土名)、云楸(河北土名)、茨楸、棘楸(吉林土名)、辣枫树(广东土名),五加科刺楸属落叶乔木。

形态特征

刺楸高约 10 m,最高可达 30 m,树皮暗灰棕色;小枝淡黄棕色或灰棕色,散生粗刺。叶在长枝上互生,短枝上簇生;坚纸质;叶片近圆形, 裂片三角状圆卵形至长椭圆状卵形,上面绿色;伞形花序合成顶生的圆锥花丛,花丝细长,果实近于圆球形,扁平蓝黑色;宿存花柱长 2 mm。花果期7—10月。

生态习性

刺楸适应性很强,喜阳光充足和湿润的环境,稍耐阴,耐寒冷,适宜在含腐殖质丰富、土层深厚、疏松且排水良好的中性或微酸性土壤中生长。

繁殖要点

刺楸可用播种或分根繁殖。

(1)播种。11 月采种,摊放后熟,洗净阴干,沙藏至翌年春播。春播在 2—3 月采用阔幅条播,通常播后 3~4 周发芽出土(干藏种子常延迟至翌年出苗),搭棚遮阴,5 月下旬起可追施薄肥,夏季注意抗旱,9 月拆除阴棚,当年苗高可达 30 cm 左右,翌年春季分栽培大,根据用苗要求确定分栽培大的次数和年限。

(2)分析。刺楸根部萌芽力强,生产上常用分根繁殖,长势比播种苗快。分根常于 2—3 月进行,挖取带有萌条的根,分段截取,每段 5~8 cm 长,也可用其粗壮的侧根,截断后插根繁殖。

栽培管理

野生刺楸除种子繁殖外,主要靠地下横走茎繁殖。在人工栽培中采用扦插、压条的繁殖方法,但生根困难,处理时要求不易掌握,均不如种子繁殖。种子繁殖方法简单易行,并能在短期内获得大量苗子。

观赏应用

楸叶形美观,叶色浓绿,树干通直挺拔,满身的硬刺在诸多园林树木中独树一帜,既能体现出粗犷的野趣,又能防止人或动物攀爬破坏,适合作行道树或园林配植。此外,刺楸木质坚硬细腻、花纹明显,是制作高级家具、乐器、工艺雕刻的良好材料。刺楸树根、树皮可入药,有清热解毒、消炎祛痰、镇痛等功效。

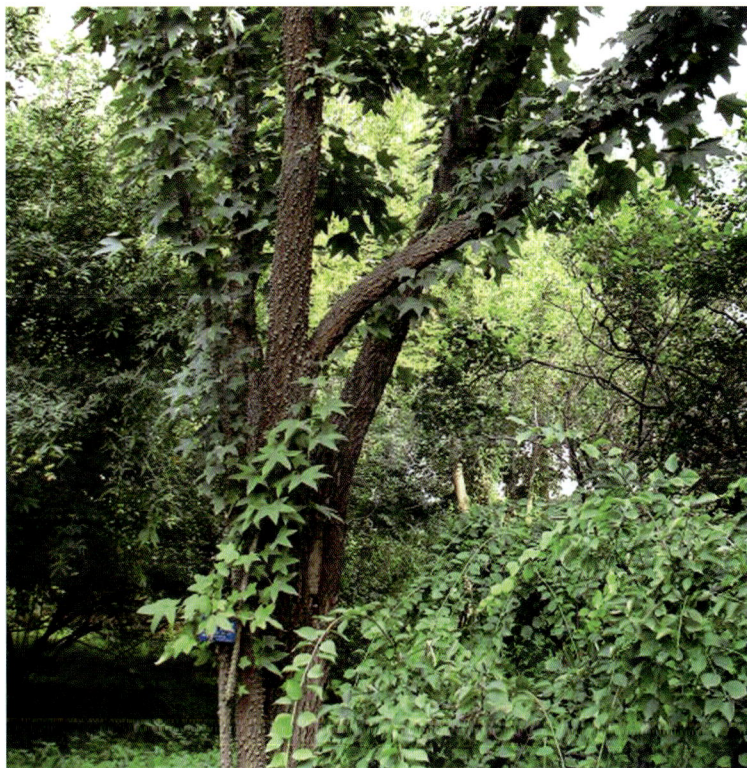

小知识

刺楸春季的嫩叶采摘后可供食用,气味清香、品质极佳,是美味的野菜。刺楸在我国的东北和朝鲜、韩国、日本有着很高的知名度。

八角金盘

Fatsia japonica (Thunb.)
Decne. et Planch.

八角金盘，五加科八角金盘属常绿灌木或小乔木。八角金盘乃指其掌状的叶片，裂叶约 8 片，看似有 8 个角而名。其叶丛四季油光青翠，叶片像一只只绿色的手掌。

形态特征

八角金盘高可达 5 m，茎光滑无刺。叶片大，革质，近圆形，掌状 7~9 深裂，裂片长椭圆状卵形，先端短渐尖，基部心形，边缘有疏离粗锯齿，上表面暗亮绿色，下面色较浅，有粒状突起，边缘有时呈金黄色；侧脉在两面隆起，网脉在下面稍显著。圆锥花序顶生，伞形花序直径 3~5 cm，花序轴被褐色绒毛；花萼近全缘，无毛；花瓣 5，卵状三角形，黄白色，无毛；雄蕊 5，花丝与花瓣等长；子房下位，5 室，每室有 1 胚球；花柱 5，分离；花盘凸起半圆形。果实近球形，直径 5 mm，熟时黑色。11 月开白色小花，浆果球形，翌年 4 月下旬成熟，紫黑色，外被白粉。

生态习性

八角金盘原产于日本暖地近海的山中林间，喜阴湿而暖的通风环境，在排水良好而肥沃的微酸性壤土上生长茂盛，中性土亦能适应，不耐干旱，稍畏寒，但有一定的耐寒力，在南方一般年份冬季不受明显冻害，萌芽力较强。

繁殖要点

八角金盘可用扦插和播种繁殖，以扦插为多。

(1) 扦插。秋插于 8 月选 2 年生硬枝，剪成 15 cm 长的插穗，斜插入沙床 2/3，保湿，并用塑料拱棚封闭，遮阴。夏季5—7月用嫩枝扦插，保持温度及遮阴，并适当通风，生根后拆去拱棚，保留荫棚。播种，4月采种，堆放后熟，洗净种子，阴干即可播种或拌沙层积，放地窖内贮藏，翌春播种。播后盖草保湿，1个月左右发芽出土，去草后喷水保湿，秋后防寒，留床1年便可移栽。分株，春季发芽前，挖取成苗根部萌蘖苗，带土移栽。

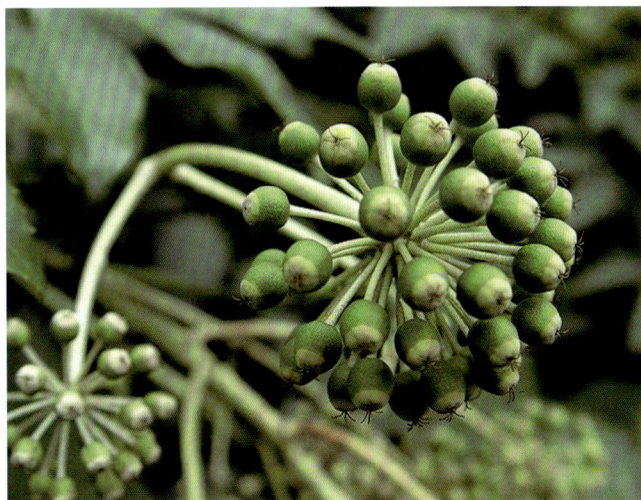

（2）播种。在4月下旬采收种子，采后堆放后熟，水洗净种，随采随播，种子平均发芽率为26.3%，发芽率较低，因此，随采随播不是八角金盘理想的播种方式。因为八角金盘果实为浆果，种子含水量较高，而且有一层黏液附着在刚洗干净的种子表面，妨碍氧气进入种子内部，造成种子缺氧，而且容易使种子发生霉变，导致种子发芽率下降；而经过阴干的种子恰好克服了这些缺点，八角金盘的种子经过冰箱干藏后能够相对地延长寿命，而且对于提高种子发芽率也有一定的促进作用。播前应先搭好荫棚，播后1个月左右发芽出土，及时揭草，保持床土湿润，入冬幼苗需防旱，留床一年或分栽，培育地选择有庇荫而湿润之处的旷地栽培，需搭荫棚，在3—4月带泥球移植。

栽培管理

培育八角金盘要掌握"避强光、保湿润"的原则，盆栽可用腐殖土、泥炭土、少量的细沙和基肥混合配制成培养土，一般用12~20 cm的盆栽植。盆栽须置于棚内湿润、通风良好的半阴处，避免阳光直射而引起叶面发黄甚至将叶片灼伤。

观赏应用

八角金盘是优良的观叶植物。八角金盘四季常青，叶片硕大，叶形优美，浓绿光亮，是深受欢迎的室内观叶植物。它适应室内弱光环境，为宾馆、饭店、写字楼和家庭美化常用的植物材料，或作室内花坛的衬底，它的叶片又是插花的良好配材。八角金盘适宜配植于庭院、门旁、窗边、墙隅及建筑物背阴处，也可点缀在溪流滴水之旁，还可成片群植于草坪边缘及林地。另外，还可小盆栽供室内观赏。因其对二氧化硫抗性较强，所以也适于厂矿区、街道种植。

小知识

八角金盘四季常青，是一种很好的室内装饰植物，观赏价值极高，开出的花也十分雅致。在室内栽培一株八角金盘，绿化一下室内的环境，是十分不错的选择。在养殖方面也无需花费主人很多精力，将它养在庭院、门旁、窗边、墙隅及建筑物的背阴处即可，主人能随时欣赏它绿意盎然的样子。

锦带花

Weigela florida (Bunge) A. DC.

锦带花,又名五色海棠,忍冬科锦带花属落叶灌木。原产于中国北部、东北,现主要分布于江苏、山东、浙江等地区,朝鲜半岛也有分布。

形态特征

锦带花高达 1~3 m;幼枝稍四方形,有 2 列短柔毛;树皮灰色。芽顶端尖,具 3~4 对鳞片,常光滑。叶矩圆形、椭圆形至倒卵状椭圆形,长 5~10 cm,顶端渐尖,基部阔楔形至圆形,边缘有锯齿,上面疏生短柔毛,脉上毛较密,下面密生短柔毛或绒毛,具短柄至无柄。花单生或成聚伞花序,生于侧生短枝的叶腋或枝顶;萼筒长圆柱形,疏被柔毛,萼齿长约 1 cm,不等,深达萼檐中部;花冠紫红色或玫瑰红色,长 3~4 cm,直径 2 cm,外面疏生短柔毛,裂片不整齐,开展,内面浅红色;花丝短于花冠,花药黄色;子房上部的腺体黄绿色,花柱细长,柱头 2 裂。果实长 1.5~2.5 cm,顶有短柄状喙,疏生柔毛;种子无翅。花期 4—6 月。

生态习性

锦带花生于海拔 800~1 200 m 湿润沟谷、阴或半阴处,喜光,耐阴,耐寒;对土壤要求不高,能耐瘠薄土壤,但以深厚、湿润而腐殖质丰富的土壤生长最好;怕水涝,萌芽力强,生长迅速。

繁殖要点

锦带花采用播种繁殖。种子可于 9—10 月采收,采收后,将蒴果晾干、搓碎、风选、去杂后即可得到纯净种子。千粒重 0.3 g,发芽率 50%。种子处理(催芽)直播或于播前 1 周,用冷水浸种 2~3 h,捞出放室内,用湿布包着催芽后播种,效果更好。播种于无风及近期无暴雨天气进行,床面应整平、整细。播种方式可采用床面撒播或条播,播种量 2 g/m²,播后覆土厚度不能超过 0.3 cm,播后 30 d 内保持床面湿润,20 d 左右出苗。

苗期管理。苗木长出 3~4 根须根时可进行第 1 次间苗，并及时松土除草。产苗量 200 株/m²，当年苗高 30~50 cm。1~2 年生苗可出圃栽植。

栽培管理

锦带花适应性强，分蘖旺，容易栽培。

（1）施肥。盆栽时可用园土 3 份和砻糠灰 1 份混合，另加少量厩肥等作基肥。栽种时施以腐熟的堆肥作基肥，以后每隔 2~3 年于冬季或早春的休眠期在根部开沟施一次肥。在生长季每月要施肥 1~2 次。

（2）浇水。生长季节注意浇水，春季萌动后，要逐步增加浇水量，经常保持土壤湿润。夏季高温干旱易使叶片发黄干缩和枝枯，要保持充足水分并喷水降温或移至半阴湿润处养护。每月要浇 1~2 次透水，以满足生长需求。

（3）修剪。由于锦带花的生长期较长，入冬前顶端的小枝往往生长不充实，越冬时很容易干枯。因此，每年的春季萌动前应将植株顶部的干枯枝以及其他的老弱枝、病虫枝剪掉，并剪短长枝。若不留种，花后应及时剪去残花枝，以免消耗过多的养分，影响生长。对于生长 3 年的枝条要从基部剪除，以促进新枝的健壮生长。由于它的着生花序的新枝多在 1~2 年生枝上萌发，所以开春不宜对上一年生的枝作较大的修剪，一般只疏去枯枝。

观赏应用

锦带花枝叶茂密，花色艳丽，花期可长达多月，是华北地区主要的早春花灌木。它适宜庭院墙隅、湖畔群植，也可在树丛林缘作花篱、丛植配植，或点缀于假山、坡地。

小知识

锦带花对氯化氢抗性强，是良好的抗污染树种，花枝可供瓶插。

海仙花

Primula poissonii Franch.

海仙花为忍冬科锦带花属灌木。

形态特征

海仙花小枝粗壮,无毛或近无毛。叶阔椭圆形或倒卵形,长 8~12 cm,顶端尾状,基部阔楔形,边缘具钝锯齿,表面深绿,背面淡绿,脉间稍有毛。花无梗,数朵组成腋生聚伞花序;花冠漏斗状钟形,初开时白色、黄白色或淡玫瑰红色,后渐变紫红色,花期 5—6 月,萼片线状披针形,裂达基部。蒴果柱形;种子有翅。

生态习性

海仙花喜光也耐阴、耐寒,适应性强,对土壤要求不高,能耐瘠薄,在深厚湿润、富含腐殖质的土壤中生长最好,要求排水性能良好,忌水涝;生长迅速强健,萌芽力强。

繁殖要点

海仙花采用扦插、播种、压条及分株繁殖。

(1)扦插。5—9月选半木质化新枝条扦插,剪长15~20 cm作插穗,插后浇足水,遮阴。当年高可达40~50 cm,带叶扦插,兼用自动喷雾装置叶水保湿更易成活。秋季选一年生的成熟枝条扦插,冬季注意防冻,用塑料拱棚封闭,成活率可达90%以上,一年可长50 cm。

(2)播种。10月采果,阴干收藏,翌春播种,先用冷水浸种2~3 h,捞出放蒲包内,每天冲水2~3次,保温6~7天后,播种,覆土1 cm,用塑料薄膜拱棚覆罩,小苗出齐后,逐渐去棚见光,加强肥水管理,入冬防寒,第二年移苗,3年即可开花。

(3)压条。可在生长旺季,温度较高的6月份进行,生根容易,当年可与母株割离。

(4)分株。在早春芽未萌动时,挖掘移栽。

观赏应用

海仙花枝叶茂密,花色艳丽,花期可长达数月,适宜庭院墙隅和湖畔群植,也可在树丛林缘作花篱、丛植和配植,或点缀于假山、坡地。

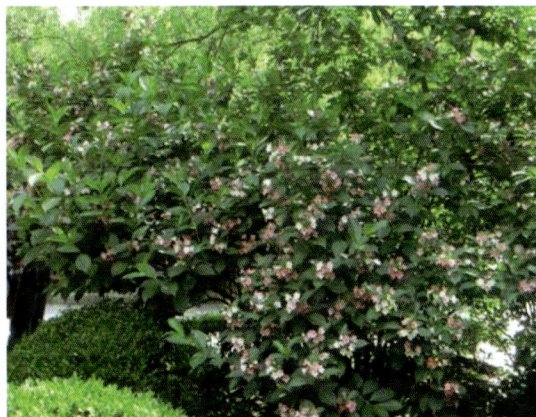

小知识

同为忍冬科锦带花属的观赏花灌木,海仙花和锦带花整体株型相近,如何区别呢?

园林树木学上区别此两种植物有一俗语"锦带带一半,海仙仙到底",指锦带花花萼裂片中部以下连合,而海仙花花萼裂片裂至底部,可在花期快速鉴别此两种植物。此外,海仙花种子有翅,锦带花种子几无翅,也可以认为是识别两种植物的要点。

金银忍冬

Lonicera maackii
(Rupr.) Maxim.

金银忍冬,又叫金银木,忍冬科忍冬属落叶灌木。生于林中或林缘溪流附近的灌木丛中,海拔达 1 800 m,分布于朝鲜、日本、俄罗斯远东地区和中国。

形态特征

金银忍冬高达 5 m,小枝髓黑褐色,后变中空,幼时具微毛。叶卵状椭圆形至卵状披针形,长 5~8 cm,端渐尖,基宽楔形或圆形,全缘,两面疏生柔毛。花成对腋生,总花梗短于叶柄,苞片线形;相邻两花的萼筒分离;花冠唇形,花先白后黄,芳香,花冠筒 2~3 倍短于唇瓣;雄蕊 5,与花柱均短于花冠。浆果红色,合生。花期 5 月,果 9 月成熟。

生态习性

金银忍冬性喜强光,每天接受日光直射不宜少于 4 h,稍耐旱,但在微潮偏干的环境中生长良好。金银木喜温暖的环境,亦较耐寒,在中国北方绝大多数地区可露地越冬。环境通风良好有助于植株的光合作用顺利进行。

繁殖要点

金银忍冬有播种和扦插两种繁殖方法。春季可以播种繁殖,夏季可以采用当年生半木质化枝条进行嫩枝扦插,也可以秋季选取一年生健壮饱满枝条进行硬枝扦插。

(1) 播种。每年 10—11 月种子充分成熟后采集,将果实捣碎,用水淘洗,搓去果肉,选得纯净种子,阴干,干藏至翌年 1 月中下旬,取出种子催芽。先用温水浸种 3 h,捞出后拌入 2~3 倍的湿沙,置于背风向阳处增温催芽,外盖塑料薄膜保湿,经常翻倒,补水保湿。3 月中下旬,种子开始萌动的时候即可播种。苗床开沟条播,行距 20~25 cm,沟深 2~3 cm,播种量为 50 g/10 m^2,覆土约 1 cm,然后盖农膜保墒增地温。播后 20~30 d 可出苗,出苗后揭去农膜并及时间苗。当苗高 4~5 cm 时定苗,苗距 10~15 cm。五六月各追施一次尿素,每次施 15~20 kg/亩。及时浇水,中耕除草,当年苗可达 40 cm以上。

(2) 扦插。一般多用秋末硬枝扦插,用小拱棚或阳畦保湿保温。10—11 月树木已落叶 1/3 以上时取当年生壮枝,剪成长 10 cm 左右的插条,插前用 50 mg/L 的 ABT1 号生根粉溶液处理 10~12 h。扦插密度为 5 cm×10 cm、200 株/m^2,插深为插条的 3/4,插后浇一次透水。一般封冻前能生根,翌年3—4 月份萌芽抽枝。成活后每月按 10 kg/亩施一次尿素,立秋后施一次 N–P–K 复合肥,以促苗茎干增粗及木质化。当年苗高可达 50 cm 以上。也可在 6 月中下旬进行嫩枝扦插,管理得当,成活率也较高。剪取插条长约 15~20 cm,保留顶部 2~4 片叶。将插条插入干净的细河沙中,深度为其长度的 1/3~1/2。插后适当遮阴保湿,待根系足壮后移植于圃地。

栽培管理

栽种密度为 1 株/2~3m^2。金银忍冬稍耐旱,但在微潮偏干的土壤环境中生长良好。除在定植时给植株施用适量猪粪作为基肥外,生长旺盛阶段还应每隔半月追施一次液体肥料。它的生长适温为 14~28 ℃,越冬温度不宜低于−15 ℃。金银忍冬每年都会长出较多新枝,因此,应该将部分老枝剪去,以起到整形修剪、更新枝条的作用,如此处理也有助于生产出品质优良的金银忍冬插条。

观赏应用

金银忍冬花果并美,具有较高的观赏价值。春天可赏花闻香,秋天可观红果累累。春末夏初层层开花,金银相映,远望整个植株如同一个美丽的大花球。花朵清雅芳香,引来蜂飞蝶绕,因而金银木又是优良的蜜源树种。金秋时节,对对红果挂满枝条,煞是惹人喜爱,也为鸟儿提供了美食。在园林中,常将金银木丛植于草坪、山坡、林缘、路边或点缀于建筑周围,观花赏果两相宜。金银木树势旺盛,枝叶丰满,初夏开花有芳香,秋季红果缀枝头,是良好之观赏灌木。

小知识

　　金银忍冬是园林绿化中最常见的树种之一,花是优良的蜜源,果是鸟的美食,并且全株可药用,茎皮可制人造棉,种子油可制肥皂。

珊瑚树

Viburnum odoratissimum
Ker-Gawl.

珊瑚树,又名法国冬青,忍冬科荚蒾属灌木或小乔木。原产于中国,现在印度、缅甸、泰国和越南均有分布。

形态特征

珊瑚树高 2~10 m。枝干挺直,树皮灰色,枝有小瘤状凸起的皮孔。叶对生,长椭圆形或侧披针形,长 7~15 cm,端急尖或钝,基部阔楔形, 全缘或近顶部有不规则的浅波状钝齿,革质,表面深绿而有光泽,背面浅绿色。圆锥状聚伞花序顶生,长 5~10 cm;萼筒钟状,5 小裂;花冠辐状,白色,芳香,5裂。核果倒卵形,先红后黑。花期5—6月,果 9—10 月成熟。花退却后显出椭圆形的果实,初为橙红,之后红色渐变紫黑色,形似珊瑚,观赏性很高,故而得名。

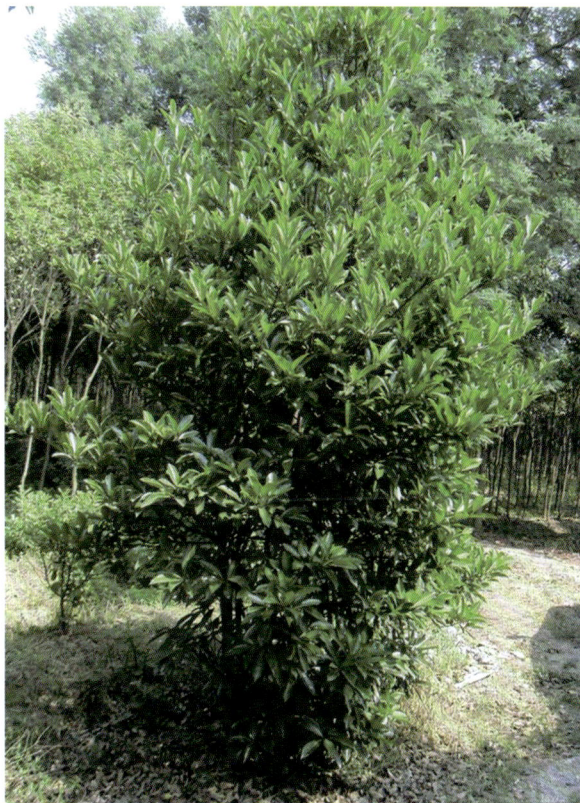

生态习性

珊瑚树喜光,稍耐阴,喜温暖,不耐寒,喜湿润肥沃土壤,喜中性土,在酸性和微碱性土中也能适应;对有毒气体氯气、二氧化硫的抗性较强,对汞和氟有一定的吸收能力,耐烟尘,抗火力强;根系发达,萌蘖力强。

繁殖要点

珊瑚树主要靠扦插或播种繁殖。

(1)扦插。全年均可进行,以春、秋两季为好,生根快、成活率高,主要方法是选健壮、挺拔的茎节,在 5—6 月剪取成熟、长 15~20 cm 的枝条,插于苗床或沙床,插后 20~30 d 生根,秋季移栽入苗圃。随插随将苗床喷透水。扦插后第 1 周每天喷水 5~6 次,每次喷水 10 min,第 2 周每天喷水 3~4 次,第 3、4 周后根据天气情况适当增减每天喷水次数,使床内空气湿度保持在 90%以上,基质温度保

持在 20~25 ℃,气温保持在 25~30 ℃。扦插初期用 0.1%的退菌特液喷雾 2 次,以防烂根烂叶,覆盖遮光率为 50%的遮阳网,以减少日光直射,避免床面温度过高。

(2)播种。8 月采种,秋播或冬季沙藏翌年春播,播后 30~40 d 即可发芽生长成幼苗。

栽培管理

(1)灌溉。珊瑚树生长旺盛,需水量大,宜选肥沃、湿润的土壤栽培,初栽后浇足定根水,以后根据土壤或天气状况适当浇水或灌溉。灌溉应据当地气候、立地条件、墒情及苗木生长情况灵活掌握,可采用浇、喷、灌沟水等办法,宜早晚进行。苗木生长前期 4—5 月要少量多次,速生期 6—8 月一次性浇透,苗木生长后期要控制灌溉,除特殊干旱外,一般不灌。

(2)除草松土。除草要掌握除早、除小、除了和不损伤苗木的原则,保持苗圃地无杂草,人工除草在下雨或浇灌晾干后进行。积极推广化学除草,走道可用农达或草甘膦,但要防止喷洒到苗木。禾本科杂草早期草嫩,可使用盖草能或精禾草克。初次使用除草剂,应先试验再使用,以免发生药害。结合除草进行松土,每年 4~6 次,松土由浅到深,苗根附近、株间浅些,行间深些。

(3)施肥。梅雨季节可深施复合肥约 750 kg/亩、尿素约 300 kg/亩。以后每年 5—8 月可施尿素数次,水肥供应充足,生长才能够旺盛。

(4)整形修剪。珊瑚树萌蘖性强,能自然形成圆桶形树冠,且下枝不易枯死,一般可不修剪。如作绿篱,则在春季发芽前和生长季节修剪 2~3 次。

观赏应用

珊瑚树枝繁叶茂,遮蔽效果好,又耐修剪,因此在绿化中被广泛应用,红果形如珊瑚、绚丽可爱。珊瑚树在规则式庭园中常整修为绿墙、绿门、绿廊,在自然式园林中多孤植、丛植装饰墙角,用于隐蔽遮挡。沿园界墙边遍植珊瑚树,以其自然生态体形代替装饰砖石、土等构筑起来的呆滞背景,可产生"园墙隐约于萝间"的效果,不但在观赏上显得自然活泼,而且扩大了园林的空间感。此外,因珊瑚树有较强的抗毒气功能,可用来吸收大气中的有毒气体。

小知识

(1) 道路绿化。道路绿化树种选择的一般标准为适应性强,寿命长,病虫害少,对烟尘、风害抗性较强,萌生性强,耐修剪整形,可控制其生长;树身清洁,无棘刺,无污染等。珊瑚树良好的生物学及观赏特性,符合道路绿化的要求,特别是具有抗烟雾、防风固尘、减少噪声的作用,能改善周围的生态环境和人居环境。在景园人行道旁可做成绿篱组织人流。珊瑚树的叶面积指数较矮化紫薇等高出 10 倍以上,叶色葱绿逗人,造型稳定可塑,遮光挡阳严密,能净化灰尘尾气,常用作城市交通道路或高速公路隔离带绿化。在用于道路绿化时也常被修剪成各种造型,形成一道道美丽的风景。

(2) 公共绿地。珊瑚树在公共绿地中应用广泛。作为障景,如珊瑚树与石楠结合在一起修剪成高篱,可布置于公园或景区的垃圾堆或厕所前面"障丑显美";布置在景园办公区、职工活动区与游人活动的景区中间,避免游人进入或打扰,形成屏障;与其他乔、灌、地被植物合植来界定庭院的边界,使之与商业街、停车场、城市道路及高速公路等分开,提升庭院的舒适度和温馨感,如澳大利亚堪培拉市的建筑庭院使用珊瑚树、桉树、合欢树等形成植物墙屏障,异常美观。珊瑚树还可作为某些建筑小品、雕塑景观的背景;或者是修剪成各种造型的矮篱,用以限制人的行为或组织人流;也可作建筑基础栽植或丛植装饰墙角。

(3) 工矿企业绿化。珊瑚树不仅有较强的吸收多种有害气体的能力,而且对烟尘、粉尘的吸附作用也很明显。据测定,珊瑚树每年的滞尘量为 4.16 t/亩,远大于大叶黄杨、夹竹桃等常绿植物。此外,由于珊瑚树叶质肥厚多水,含树脂较少,不易燃烧,可以作为工矿企业厂房之间的防火隔离带,是目前工矿企业绿化的理想树种。

木本绣球

Viburnum macrocephalum
Fortune.

木本绣球,忍冬科荚蒾属落叶或半常绿灌木,共有3个变种——琼花、绣球荚蒾(原变型)和毛琼花,都为园艺种,长江流域地区可露地越冬,华北常盆栽。

形态特征

木本绣球高达4 m。树冠呈球形,冬芽裸露,幼枝及叶背密被星状毛,老枝灰黑色。叶卵形或椭圆形,长5~8 cm,端钝,基圆形,边缘有细齿。大型聚伞花序呈球形,由白色不孕花组成,直径约20 cm;花萼筒无毛;花冠辐状,纯白。花期4—6月。

生态习性

木本绣球喜光,稍耐阴,性强健,较耐寒,华北南部可露地栽培;喜生于肥沃湿润、排水良好的微酸性壤土,也能适应一般土壤;萌芽力、萌蘖力均强。

繁殖要点

因木本绣球全为不孕花不结果实,故常用扦插、压条、分株法繁殖。扦插一般于秋季和早春进行。压条在春季当芽萌动时将去年枝压埋土中,翌年春与母株分离移植。其变型琼花可播种繁殖,10月采种,堆放成熟,洗净后置于1~3 ℃低温30 d,露地播种,翌年6月发芽出土,搭棚遮阴,留床1年分栽,用于绿化需培育4~5年。移植修剪注意保持圆整的树姿,管理较为粗放,如能适量施肥、浇水,可年年开花繁茂。

栽培管理

盆栽需在 5 ℃以上室内越冬。花谢后需及时将枝条剪短,促进分生新枝。如促成栽培,需经过 6~8 周冷凉期后,再将植株置于 20 ℃条件下催花,可见花芽时,将温度降至 16 ℃左右,2 周后即能开花。

观赏应用

木本绣球树姿开展圆整,春日繁花聚簇,团团如球,犹似雪花压树,枝垂近地,尤饶有幽趣,其变型琼花,花型扁圆,边缘着生洁白不孕花,宛如群蝶起舞,逗人喜爱。宜孤植于草坪或空旷地,展现个体美;也可群植,蔚为壮观;可栽于园路两侧,使其拱形枝条形成花廊;也可配植于庭中堂前、墙下窗前,都很适宜。

小知识

绣球的小花因为全是不孕花,不能结种子,无法进行有性繁殖。

蝴蝶荚蒾

Viburnum plicatum Thunb.
var. tomentosum.

蝴蝶荚蒾,别名蝴蝶戏珠花,为忍冬科荚蒾属下的一个变种,落叶灌木。

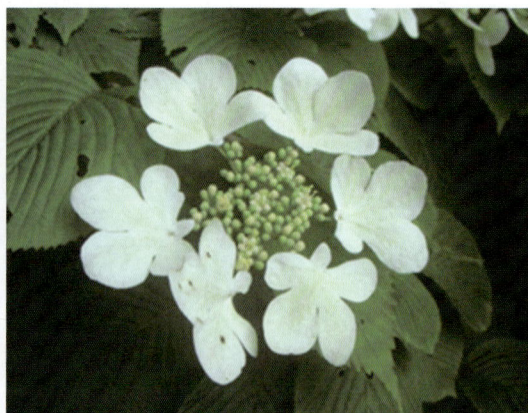

形态特征

蝴蝶荚蒾叶子广卵形至卵形,侧脉 10~17 对。花序直径 4~10 cm,外围有 4~6 朵白色、大型的不孕花,具长花梗,花冠直径达 4 cm,不整齐 4~5 裂;中央可孕花直径约 3 mm,萼筒长约 15 mm,花冠辐状,黄白色,裂片宽卵形,长约等于筒,雄蕊高出花冠,花药近圆形。果实先红色后变黑色,宽卵圆形或倒卵圆形,核扁,两端钝形,有 1 条上宽下窄的腹沟,背面中下部还有 1 条短的隆起之脊。花期

4—5 月,果熟期 8—9 月。

生态习性

蝴蝶荚蒾生于山坡、山谷混交林内及沟谷旁灌木丛中,海拔 240~1 800 m。它喜湿润气候,较耐寒,稍耐半阴,好生于富含腐殖质的壤土。

繁殖要点

蝴蝶荚蒾用播种或扦插繁殖。以 2~3 节带叶的硬枝或嫩枝作为离体材料,扦插于以沙为基质的智能苗床,一般 25 d 生根,成活率达 95% 以上。

栽培管理

幼苗移植宜在早春芽萌动前进行,待枝条萌芽展叶后,进行肥水管理。生长期施肥 2~3 次。每年秋、冬季进行整枝修剪,使树姿更加优美。

观赏应用

蝴蝶荚蒾花形如盘,真花如珠,装饰花似粉蝶,远眺酷似群蝶戏珠,惟妙惟肖。适于庭园配植,春夏赏花,秋冬观果。根及茎可药用。

小知识

　　蝴蝶戏珠花枝繁叶茂,青翠浓郁,花白果红,绚丽可爱,适于假山岩石旁、溪边、沟旁和庭院角隅等处点缀。

枫香树

Liquidambar formosana Hance.

枫香树,金缕梅科枫香树亚科枫香树属落叶乔木,产于中国长江流域及其以南地区,西至四川、贵州,南至广东,东到台湾,日本亦有栽培。垂直分布在海拔 1 500 m 以下的丘陵及平原。

形态特征

枫香树高可达 40 m。树冠广卵形或略扁平,树皮幼时平滑,灰白色,老时不规则深裂,黑褐色。单叶互生,掌状 3 裂,长 6~12 cm,基部心形或截形,裂片先端尖,缘有锯齿,幼叶有毛,后渐脱落。果序较大,径 3~4 cm,刺状萼片宿存。花期 3—4 月,果 10 月成熟。

生态习性

枫香树喜光,幼树稍耐阴,喜温暖湿润气候及深厚湿润土壤,也能耐干旱瘠薄,但不耐水湿,耐火烧;萌蘖性强,可天然更新;深根性,抗风力强;对二氧化硫、氯气等有较强抗性。

繁殖要点

(1)种子采集。在进行种子的采集时应选择生长 10 年以上、无病虫害发生、长势健壮、树干通直的优势树作为采种母树。果实成熟后开裂,种子易飞散。当果实的颜色由绿变成黄褐(稍带青)、尚未开裂时,应将其击落,以便于收集。收回的果实应置于阳光下进行晾晒,一般 3~5 d 即可。在晾晒的过程中,应常用木锨翻动果实,待蒴果裂开后将种子取出。然后用细筛除去杂质即可获得纯净的枫香种子。以鲜果的重量进行计算,出种率为 1.5%~2.0%。采集的种子应装于麻袋内置于通风干燥处进行储藏。

(2)圃地选择。枫香树的育苗圃地应选择交通状况良好、距水源近、土层深厚、土壤疏松、土质较肥沃、pH 值为 5.5~6.0 的沙质壤土为佳。为了减少病害,最好选择在前茬为水稻田的地块上进行

枫香树的育苗。不宜选择过于黏重的土壤或蔬菜地,这些土壤细菌较多,容易使幼苗发生根腐病。

(3) 播种育苗。播种既可在冬季进行,也可选择春季进行,但相比较而言,冬播的种子发芽早而整齐。春季播种一般在 3 月中旬进行。由于枫香种子籽粒小,圃地的发芽率仅在 20%~57%。播种可采取 2 种方式,分别为撒播与条播。撒播应用较多。

栽培管理

(1) 适时揭草。播种后 25 d 左右种子开始发芽,45 d 幼苗基本出齐。场圃发芽率为 12.3%~57%,平均为 35.6%。当幼苗基本出齐时,要及时揭草。揭草最好分两次进行,第一次揭去 1/2,5 d 后再揭剩下的部分。揭草时动作要轻,以防带出幼苗。

(2) 间苗补苗。揭草后,幼苗长至 3~5 cm 时,应选阴天或小雨天,及时进行间苗和补苗。

(3) 施肥与排灌。幼苗揭草后 40 d,可选择合适的氮肥进行追施。遇下雨时,为了防止苗木出现烂根现象,应及时地排除苗圃地的积水;在遇到持续干旱的天气时,应及时浇灌苗地,满足苗木生长对水分的需求。

(4) 松土除草。在苗木生长期间,要及时松土除草。苗小时,一定要人工拔草。如育苗面积较大,确需进行化学除草的,可用 25 mL 果子,加水 1 kg,与 25 kg 细沙拌匀,堆放 2 h,摊开晾干,然后均匀撒在苗床上,并用棕把将枫香苗上的沙轻轻扫落即可。

观赏应用

本种树高干直,树冠宽阔,气势雄伟,深秋叶色红艳,美丽壮观,是南方著名的秋色叶树种。在园林中可栽作庭荫树,或于草地孤植、丛植,于山坡、池畔与其他树木混植。如与常绿树或其他秋叶变黄的色叶树丛配植,红绿、红黄相衬,会显得更加美丽。本种还具有较强的耐火性和对有毒气体的抗性,可用于厂矿区绿化。但枫香不耐修剪,一般不宜用作行道树;木材稍坚硬,可制家具及贵重商品的装箱。

　　枫香树的果实是一种黑不溜秋浑身长满毛刺的蒴果,它有祛风止痒的功效。老熟以后自然落下,人们便收捡起来,用它与艾叶、菖蒲一起,熬成一大锅黑黑的药汤,用来洗头、洗澡,据说非常有效。

　　从枫香树流出的树汁中还可以提取枫糖。每到秋季,就像割橡胶一样,在枫香树干上斜斜地开出一条口子,树上系一个瓶子接收流出来的树汁,这种清清的树汁就是熬制枫糖的原料了。枫糖带有浓郁的清香,别具风味,是加拿大的特产。

蚊母树

Distylium racemosum
Sieb.et Zucc.

　　蚊母树,别名米心树、蚊母、蚊子树、中华蚊母,金缕梅科蚊母树属常绿灌木或中乔木。产于中国广东、福建、台湾、浙江等省,日本亦有分布。多生于海拔 100~200 m 的丘陵地带,长江流域城市园林中也常有栽培。

形态特征

　　蚊母树高可达 25 m,栽培时常呈灌木状。树冠开展,呈球形,小枝略呈"之"字形曲折,嫩枝端具星状鳞毛,老枝秃净,干后暗褐色;芽体裸露无鳞状苞片,被鳞垢。叶倒卵状长椭圆形,长 3~7 cm,先端钝或稍圆,全缘,厚革质,光滑无毛,侧脉在表面不显著,在背面略隆起。总状花序,花药红色。蒴果卵形,密生星状毛,顶端有 2 宿存花柱。花期 4—5 月,果期 8—10 月。

生态习性

　　喜光,稍耐阴,喜温暖湿润气候,耐寒性不强,对土壤要求不高,酸性、中性土壤均能适应,但以排水良好、肥沃湿润的土壤最好;萌芽、发枝力强,耐修剪;对烟尘及多种有毒气体抗性很强,能适应城市环境。

繁殖要点

　　蚊母树可用播种和扦插法繁殖。播种在 9 月采收果实,日晒脱粒,净种后干藏,至翌年 2—3 月播种,发芽率 70%~80%。扦插在 3 月用硬枝踵状插,也可在梅雨季用嫩枝踵状插。移植在 10 月中旬至 11 月下旬,或 2 月下旬至 4 月上旬进行,需带土球。栽后适当疏去枝叶,可保证成活。

栽培管理

(1) 按习性进行日常养护,大水大肥、高温高湿、半阴半阳管理。

(2) 新叶长到深绿后修剪,一年可整形 3~4 次,整枝造型前要施肥。

(3) 切勿失水,否则生长不良,轻者枯枝,重者枯桩。

(4) 起苗时间最好随栽随起,起得过早,树苗蒸发失水时间长,对成活和生长均不利。

(5) 冬春干旱地区,圃地土壤板结,起苗困难,起苗前 5~6 d 圃地要浇透水,这样既便于起苗,伤根少,确保苗木根系完整,又可使苗木充分吸水,提高苗体含水量,增强苗木抵御干旱的能力。

(6) 起苗深度要根据各树种的根系分布规律确定,宜深不宜浅。过浅,伤根多,起出的树苗根系少,栽后成活率低或生长弱;对于过长的主根或侧根,因不便掘起可以切断,切忌用手拔苗,避免撕裂根部或把根皮捋掉,影响成活。

(7) 大树挖取时要带土球,并用草绳缠裹。这样可避免根系暴露在空气中,使其少失水。同时,栽后根土密接,根系恢复吸收功能快,可提高常青树苗和大树移植的成活率。

(8) 春天不要在大风天起苗,风大苗木更易失水,影响成活。下雨天不应起常青树苗,因枝叶易黏泥,影响绿化效果和光合作用。

观赏应用

蚊母树枝叶密集,树形整齐,叶色浓绿,经冬不凋,抗性强,防尘及隔音效果好,是理想的城市、工矿区绿化和观赏树种。既可植于路旁、庭前草坪及大树下,成丛、成片栽植作分隔空间用或作为其他花木之背景,亦可栽作绿篱、盆栽桩景及防护林带。如修剪成球形,宜对植于门旁或作基础种植材料。

> **小知识**
>
> 蚊母树对烟尘及多种有毒气体(如二氧化硫、氯气等)抗性很强,能适应城市环境。树皮内含鞣质,可制栲胶;木材坚硬,可作家具、车辆等用材。

檵木
Loropetalum chinense.

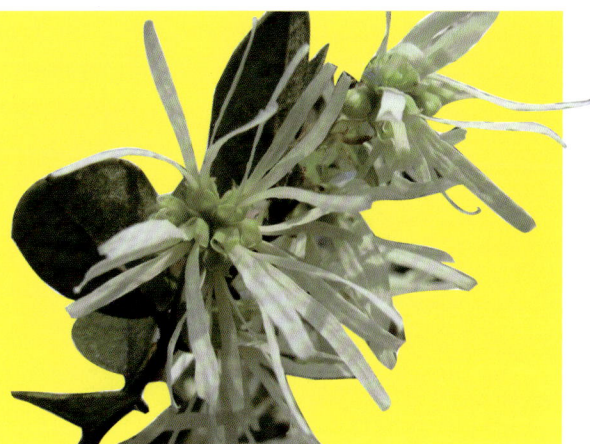

檵木,金缕梅科檵木属灌木或小乔木。产于长江中下游及其以南、北回归线以北地区,印度北部也有分布,多生于山野及丘陵灌丛中。

形态特征
檵木高 4~12 m,小枝、嫩叶及花萼均有锈色星状短柔毛。单叶互生,卵形或椭圆形,长 2~5 cm,基部歪圆形,先端锐尖,全缘,背面密生星状柔毛。花瓣带状线形,浅黄白色,长 1~2 cm,苞片线形,花 3~8 朵簇生于小枝端。蒴果褐色,近卵形。花期 4—5 月,果 8 月成熟。

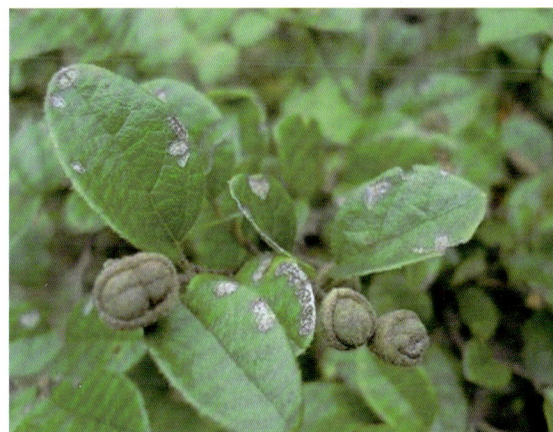

生态习性
檵木喜光,耐半阴;喜温暖气候;喜土层深厚、肥沃、排水良好的酸性土壤,亦耐旱,适应性较强;发枝力强,耐修剪。

繁殖要点
檵木以扦插繁殖为主,亦可压条、嫁接和播种繁殖。扦插可在 5—8 月,采用当年春夏间老熟枝条,剪成 7~10 cm 长带踵的插穗,插入土中 1/3。插床基质可用珍珠岩,或用 2 份河沙、8 份黄土或山泥混合。插后需搭棚遮阴,适时喷水,保持一定的湿度,30~40 d 生根。秋凉后逐步揭去遮阴物。播种可于 10 月采种,当年 11 月即可播种,播后覆土 1 cm 左右,并盖草。翌年 3 月上旬开始发芽。

栽培管理

苗木移植宜在春季萌芽前进行,小苗需带宿土,大苗需带土球。露地栽植应选择向阳和较肥沃湿润处,盆栽宜选用排水良好而肥沃的酸性土壤。培养土可按红土6份,腐叶土3份,沙1份混合配制而成。上盆时,根据花苗的大小选择适当的花盆。生长期内要保证供给充足的水分,但忌水肥施得过多,否则抽发徒长枝扰乱树形。干燥季节要经常向植株叶面及摆放盆株的附近地面喷洒清水,以提高小环境的空气湿度。

观赏应用

檵木叶密花繁,盛开时花如覆雪,颇为美丽。宜丛植于草地、林缘或园路转角,亦可植为花篱,与山石相配也很合适,同时也是盆栽桩景的好材料。

檵木根、叶、花果均能入药,有解热止血、通经活络、收敛止泻、解毒的功效。

小知识

红花檵木为檵木的变种,与原变种的区别为,叶多成紫红色,花紫红色,长2 cm。红花檵木树姿优美,花期长,一年多次开花,具有较高的庭院观赏价值。不仅可用于一般的园林、庭院绿化栽植,还可用于篱垣、隔离带、花境、植物造型、地被桩景等多种绿地景观的营造。加之耐修剪、耐蟠扎,萌发力强等特点,在盆景当中的应用也越来越广泛。

三球悬铃木

Platanus orientalis Linn.

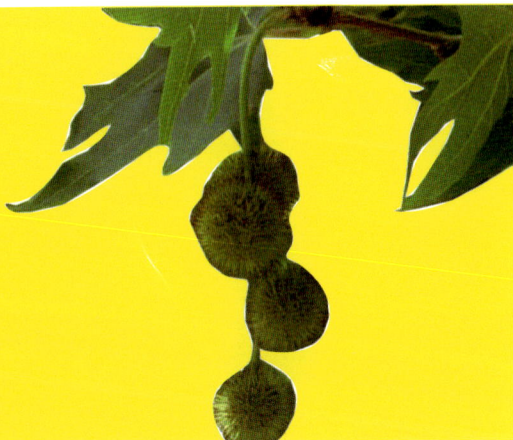

三球悬铃木,又名祛汗树、净土树、法国梧桐和悬铃木,悬铃木科悬铃木大乔木。

形态特征

三球悬铃木高 20~30 m,树冠阔钟形,干皮灰褐绿色至灰白色,呈薄片状剥落,幼枝、幼叶密生褐色星状毛。叶掌状 5~7 裂,深裂达中部,裂片长大于宽,叶基阔楔形或截形,叶缘有齿牙,掌状脉,托叶圆领状。花序头状,黄绿色。多数坚果聚合呈球形,3~6 球成一串,宿存花柱长,呈刺毛状,果柄长而下垂。花期 4—5 月,果 9—10 月成熟。

生态习性

三球悬铃木喜光、喜湿润温暖气候,较耐寒,适生于微酸性或中性、排水良好的土壤,微碱性土壤虽能生长,但易发生黄化。根系分布较浅,台风时易受害而倒斜。

繁殖要点

三球悬铃木主要通过扦插繁殖。扦插前要选择排水良好、疏松肥沃的地块,进行深翻、消毒、整平后做成扦插床。待 3 月上、中旬将扦插床大水漫灌 1 遍,等水渗完后,整床覆盖地膜。此时,取出沙藏的插穗,置于生根剂 1 000 倍液中浸泡 2~3 d,每 24 h 换生根液 1 次。浸穗完成后,按株行距 15 cm×30 cm 进行扦插。插前先用与插穗粗细一致的硬棍打孔深约 10 cm,然后进行扦插,插穗露出地面 5 cm 左右,整床插完后用细土封堵插穗周围,使插穗与土壤紧密接触。

栽培管理

悬铃木的栽植最佳时间是春季 3 月份,掘苗根系要保证不低于胸径的 10~12 倍。胸径 5 cm 以上的大苗移栽,为确保成活,减少树体水分蒸腾,栽前可在 3~3.5 m 高处定干,把以上枝条全部抹去。锯口涂防腐剂,用白调和漆、石灰乳均可。栽后立即浇透水 1 遍,然后每隔 7 d 浇水 1 次,浇足浇透,连浇 3~4 遍,浇后中耕、松土。

观赏应用

三球悬铃木树形雄伟端庄,叶大荫浓,干皮光滑,适应性强,各地广为栽培,为世界著名的优良庭荫树和行道树。该树种适应性强,又耐修剪整形,广泛应用于城市绿化。在园林中孤植于草坪或旷地,列植于甬道两旁,尤为雄伟壮观。又因其对多种有毒气体(如二氧化硫、氯气等)抗性较强,并能吸收有害气体,作为街坊、厂矿绿化颇为合适。

三球悬铃木果可入药,木材可制作家具。

小知识

为什么三球悬铃木又叫"法国梧桐"呢?原来,这种树木叶子似梧桐,误以为是梧桐,而"法国梧桐"也并非产在法国。17世纪,在英国的牛津,人们用一球悬铃木(又叫美国梧桐)和三球悬铃木(又叫法国梧桐)作亲本,杂交成二球悬铃木,取名"英国梧桐"。因为是杂交,没有原产地。在欧洲广泛栽培后,法国人把它带到上海,栽在霞飞路(今淮海中路一带作为行道树),人们就叫它"法国梧桐",人云亦云,把它当作梧桐树了。

一球悬铃木

Platanus occidentalis Linn.

一球悬铃木,别名美国梧桐,悬铃木科悬铃木属落叶大乔木。伊宁、和田等城市引种。

形态特征

一球悬铃木高超过 40 m,树干通直,树冠长圆形或卵形至塔形;树皮淡灰色,内皮淡黄色,有浅沟,呈小块状剥落;嫩枝有黄褐色绒毛被。叶大、阔卵形,通常 3 浅裂,稀为 5 浅裂,长度比宽度略小;基部截形,阔心形,或稍呈楔形;裂片短三角形,宽度远较长度为大,边缘有数个粗大锯齿;上下两面初时被灰黄色绒毛,不久脱落,上面秃净,下面仅在脉上有毛,掌状脉 3 条,离基约 1 cm;密被绒毛;托叶较大,基部鞘状,上部扩大呈喇叭形,早落。花通常 4~6 数,单性,聚成圆球形头状花序。头状果序圆球形,单生稀为 2 个,直径约 3 cm,宿存花柱极短;小坚果先端钝,基部的绒毛长为坚果之半,不突出头状果序外。花期 5 月,果期 9—10 月。

生态习性

一球悬铃木生长迅速,易于繁殖,树形好且耐修剪,抗烟尘,能吸收有害气体,适应性和抗逆性强,是典型的阔叶速生树种。

繁殖要点

在 11—12 月之间,将树干上悬挂的成熟果实打下收集,也可高空摘取,将其剥散后摊开晒 2~3 d,注意防风吹丢,干燥后贮藏于干燥处。春季温度在 15 ℃以上时,即可将种子撒播于整平、浇透水的畦面上,稍覆土。有条件可盖塑料薄膜保湿保温,遇温度上升时要稍加通风,保持温度不能高于 30 ℃,以 20~28 ℃为好,土壤干燥后要及时浇水,浇水不能采用漫灌的方式,应小水慢渗或用细嘴喷壶喷淋,防止冲坏畦面。等小苗出齐后要根据天气、温度灵活掌握撤除塑料薄膜的时机。小苗高 3 cm 左右时要浇灌一次肥水,以氮肥为主即可。以后每半月施肥 1 次,可助苗壮且生长快速。

栽培管理

栽培土质要求不高,但以肥沃适润的壤土或沙质壤土最佳,排水需良好,日照要充足。每季施肥 1 次,定植前宜施基肥。每年冬季落叶后应整枝修剪 1 次,剪除主干下部的侧枝,能促进长高;若分枝疏少,应修剪枝顶或加以摘心,以促使萌发分枝,使枝叶更茂密。该树种性喜温暖,耐高温,生长适温 15~25 ℃,华南地区以在中海拔高冷地栽培为佳,中、北部平地生长良好,南部高温高湿则生长受限。

观赏应用

一球悬铃木,树形好,遮阴面积大,干形通直,生物量高,是典型的阔叶速生树种,也是珍贵的庭园树木,适于公园、花园、街道、住宅周围种植。在中国的引种区域用于人行道和庭院等场所的绿化,木材淡黄微红,纹理清晰细腻。

小知识

　　一球悬铃木果实很小不能吃。叶子在秋天变成褐黄色,没有梧桐的叶子好看。树冠很大,且因叶子很大,几乎完全遮住了树冠上面的阳光,所以最适合做人行道遮阳树。

二球悬铃木
Platanus acerifolia Willd.

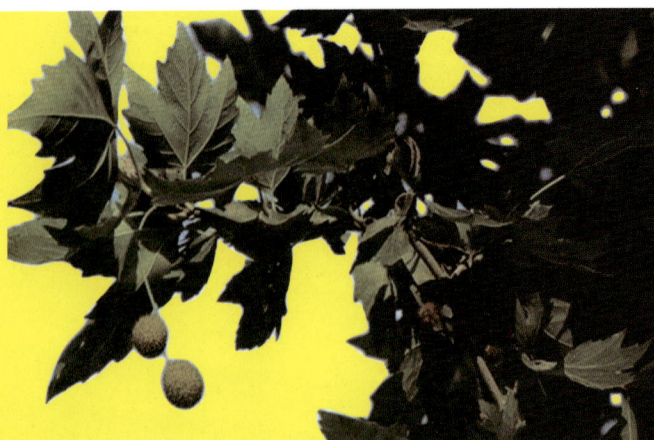

　　二球悬铃木,别名英国梧桐、槭叶悬铃木,悬铃木科悬铃木属落叶大乔木,秋色叶树种。该种是三球悬铃木与一球悬铃木的杂交种,久经栽培,中国东北、华中及华南均有引种。

形态特征

　　二球悬铃木树高达 35 m,枝条开展,幼枝密生褐色绒毛,干皮呈片状剥落,内皮淡绿白色。叶裂形状似美桐,叶片广卵形至三角状广卵形,宽 12~25 cm,3~5 裂,裂片三角形、卵形或宽三角形,叶裂深度约达全叶的 1/3,叶柄长 3~10 cm。球果通常为 2 球 1 串,亦偶有单球或 3 球的,有由宿存花柱形成的刺毛。

生态习性

　　二球悬铃木阳性树,喜温暖气候,有一定抗寒力;对土壤的适应能力极强,能耐干旱、瘠薄,又耐水湿;喜微酸性或中性、深厚肥沃、排水良好的土壤;萌芽性强,很耐重剪,易于控制树形;抗烟性强,对臭氧及硫化氢等有毒气体有较强的抗性,是三种悬铃木中对不良环境因子抗性最强的一种;生长迅速,是速生树种之一。

繁殖要点

繁殖主要采用播种、扦插两种方式。

（1）播种。选择成熟果在10月下旬左右采摘，拨出种子，在当年或翌年春季选择排水良好的沙壤地作为苗圃，施足基肥，翻耕平整后播种。条播行距30 cm，播深1~2 cm，覆土，镇压后灌水。实际生产中因怕品种变异、根系发育不强、生长较慢等，此法一般采用较少。

（2）扦插育苗。①采条。秋季选择枝芽饱满、无病虫害、粗细均匀的健壮枝条剪穗，可结合当年秋季树木整形进行，根据气候特点，在伊宁市可选择11月中旬气温下降后、秋末冬初进行采条。②剪穗。应在避风阴凉处或室内进行。插穗长15~18 cm，剪口平滑，防止裂皮、创伤，每个插穗保留2个节、3个饱满芽苞，上下切口一般离芽1 cm，每50根1捆，捆扎整齐，选排水良好的背风向阳处挖一深1 m、宽1.2 m的坑，坑长按插穗多少确定，将插穗基部朝下，直立排放于坑内覆土，这样有利于切口的自然愈合，以便次年取出扦插。坑内覆土厚度应视温度变化进行增土或减土，避免覆土过厚或过少引起"发烧"和冻害现象。③扦插。根据气温条件，在4月中下旬，气温回升，地温上升后进行。扦插地要排水良好、土质肥沃、土地平整。可用萘乙酸10 mg/L浸泡3 h，以提高生根效果。按株行距20~30 cm进行扦插，先用引插棍扎出孔再插入插条，深度为条长的1/2左右，扦插深度以露头3~4 cm为宜。

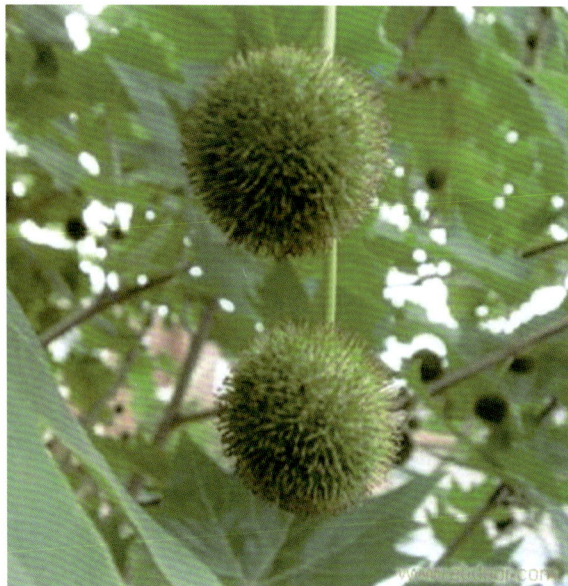

栽培管理

扦插后及时浇足头水，过10~15 d浇足第二水。适时松土除草以提高地温，促进早发芽，早生根，提高育苗成活率。在夏季苗木管理中，要特别抓住6—8月上旬二球悬铃木猛长期，在猛长期到来之前5~7 d开始，分多次追施氮肥，多灌水，以提高法桐苗木质量。8月下旬之后不可再追肥、灌水，否则秋梢伸长，推迟落叶期，冬春两季易冻梢，影响苗木和园林绿化质量。对当年扦插苗，因较弱小，不便于包扎处理，可在次年春季后视生长状况，剪除冻枝、去弱留强，保留健壮枝条。经1年生长直径可达1 cm左右，在秋季用石灰和食盐混合液刷干，及时冬灌，可起到较好的防冻效果。

二球悬铃木行道树大多采用传统的开心形修剪法，对大枝进行修剪，而不修剪小枝，这是它年年结果，产生"飞毛"的主要原因。现在，使其不结果或少结果的措施有基因工程技术、生物技术和改进的修剪技术等，而改进的修剪技术则是较快解决"飞毛"问题的主要方法。

观赏应用

　　二球悬铃木树形雄伟端正，叶大荫浓，树冠广阔，干皮光洁，繁殖容易，生长迅速，具有极强的抗烟、抗尘能力，对城市环境的适应能力极强，故世界各国广为应用，有"行道树之王"的美称；还可作庭荫树、水边护岸固堤树等。由于幼枝叶上具有大量绒毛及春季果毛飞扬，吸入呼吸道会引起肺炎，故幼儿园不宜栽植应用。本种在三种悬铃木中材质最不好，所以仅供绿化观赏用。

小知识

　　成年二球悬铃木植株会大量开花、结果，每年春夏季节形成大量的花粉，同时上年的球果开裂、产生大量的果毛。据统计，一株 10 年生、胸径为 10 cm 的悬铃木，每年可结 200～400 个球果，而每个球果可产生 200～500 万根左右的果毛，这些漂浮于空中的花粉和果毛容易进入人们的呼吸道，引起部分人群发生过敏反应，引发鼻炎、咽炎、支气管炎症、哮喘病等诸多病症。

黄杨

Buxus sinica (Rehd. et Wils.) Cheng.

黄杨,黄杨科黄杨属常绿灌木或小乔木。多生于山谷、溪边和林下,目前我国各省均有栽培。

形态特征

黄杨高达 7 m,枝叶较疏散,小枝及冬芽外鳞均有短柔毛。叶倒卵形,倒卵状椭圆形至广卵形,长 2~3.5 cm,先端圆或微凹,基部楔形,叶柄及叶背中脉基部有毛。花簇生叶腋或枝端,黄绿色。蒴果球形。花期 4 月,果 7 月成熟。

生态习性

黄杨喜半阴,在无庇荫处生长叶常发黄;喜温暖湿润气候及肥沃的中性及微酸性土,耐寒性不强;生长缓慢,耐修剪;对多种有毒气体抗性强。

繁殖要点

黄杨树对土壤要求不高,沙土、壤土、褐土地都能种植,但最好是含有机质丰富的壤土。整地时要求地形平整。结合深翻,加施有机肥,每亩 2 000 kg 左右。施基肥时应注意有机肥一定要充分腐熟,深施在栽植穴内。栽植时间在北京地区的气候条件下,栽植幼苗以春季为主,一般在 4 月上旬

"清明"前两三天为宜。黄杨树露地栽植一般株行距为 0.5 m×1.5 m 或 0.4 m×1.2 m,每亩栽植 1 000~1 500 株。随着树龄的增长,以后可以隔株起苗。北海道黄杨树营养钵苗可以穴植或沟植。栽苗前根据计划的行株距打线定点,按点挖穴或是按栽植的行距开沟,开沟深度应大于苗根深度,约为 40 cm 深。栽植前应深施基肥,将充分腐熟的有机肥与土拌匀,施入穴底。栽植时将苗木去掉营养钵,按株距排列沟中,使根系接触土壤,填土踩实。覆土后踩实时,不可将土球踩碎,应踩在土球与树穴空隙处。覆土深度以比原有土印略深,以免灌水后土壤下沉而露出根系,影响成活。

栽培管理

(1)浇水。黄杨喜湿润,盆景需经常浇水,保持盆土湿润,但也不可积水。夏季高温期,要早晚浇水,并喷叶面水。

(2)施肥。在生长期5—8月,施 2~3 次腐熟稀薄的饼肥水即可,冬季施 1 次基肥,用沤熟厩肥或干饼肥屑均可。

(3)修剪。生长期随时剪去徒长枝、重叠枝及影响树形的多余枝条。黄杨萌发较快,一般在发新梢后,将先端 1~2 节剪去,可防止徒长。黄杨结果后,要及时摘去,以免消耗养分,影响树势生长。

(4)翻盆。一般 2~3 年进行一次,时间以春季萌发前为好。结合翻盆剪去部分老根及过长过密根系,换去 1/2 旧土,塞以肥沃疏松的培养土,以利根系发育。

观赏应用

黄杨枝叶茂密,叶春季嫩绿,夏季深绿,冬季带红褐色,经冬不落。在华北南部、长江流域及其以南地区广泛植于庭园观赏,宜在草坪、庭院前孤植、丛植,或于路旁列植、点缀山石,还可用作绿篱及基础种植材料。其根、枝、叶可供药用。

小知识

可以利用农村较多野生的丝绵木作砧木嫁接北海道黄杨、冬红北海道黄杨、彩叶北海道黄杨、金叶冬青卫矛、彩叶丝棉木或金心、金边黄杨等卫矛科的彩叶树种,形成别具一格的景致。

雀舌黄杨

Buxus bodinieri Lévl.

　　雀舌黄杨,别名匙叶黄杨,黄杨科黄杨属常绿小灌木。主要分布在中国云南、四川、贵州、广西、广东、江西、浙江、湖北、河南、甘肃、陕西(南部),是一种极好的观赏类植物,适合于盆景栽植。

形态特征

　　雀舌黄杨,高通常不及1 m,分枝多而密集。叶较狭长,倒披针形或倒卵状长椭圆形,长2~4 cm,先端钝圆或微凹,革质,有光泽,两面中肋及侧脉均明显隆起;叶柄极短。花小,黄绿色,呈密集短穗状花序。蒴果卵圆形,熟时紫黄色。花期4月,果7月成熟。

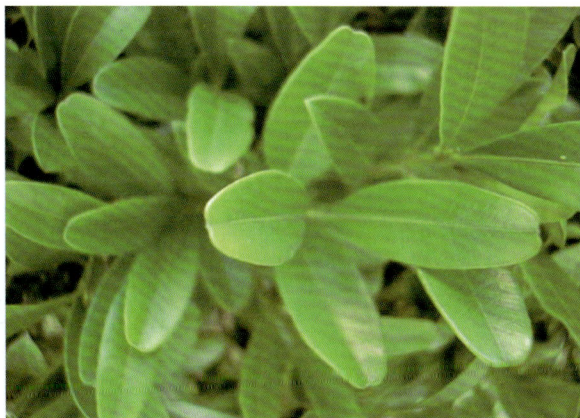

生态习性

　　雀舌黄杨喜光,亦耐阴,喜温暖湿润气候,耐寒性不强;浅根性,萌蘖力强;生长极慢。

繁殖要点

　　雀舌黄杨主要用扦插和压条繁殖。扦插,以梅雨季节进行最好,选取嫩枝作插穗,10~12 cm长,插后40~50 d生根;压条,3—4月进行,用2年生枝条压入土中,翌春与母株分离移栽。移植前,地栽应先施足基肥,生长期保持土壤湿润。每月施肥1次,并修剪使树姿保持一定高度和形式。盆栽,宜在春、秋季或梅雨季节进行,上盆后要控制肥水,用修剪控制株形。

栽培管理

造型以剪为主。雀舌黄杨的木质坚硬而脆,枝条皮薄易伤,可塑性不大,所以首先要注意选桩,然后因树制宜,因势利导,造型必须以修剪为主,也可适当用绳捆索拉,枝条变位大的要几次到位,既不能苛求,也不能急于求成,否则会适得其反。忌用锈铁丝绞枝条,一防伤皮,二防死枝。

观赏应用

雀舌黄杨植株低矮,枝叶茂密,且耐修剪,是优良的矮绿篱材料,最适宜布置模型图案及点缀花坛边缘;自然生长,可点缀草地、山石,或与落叶花木配植;也可盆栽,或制成盆景观赏。

小知识

雀舌黄杨需要充足的阳光和水分,盆景摆放的位置,最好选择"上午能晒阳,下午较阴凉,空气流通好,雨露靠自然"的地方。如果供室内观赏,最好每隔十天半月让它去日晒雨淋。雀舌黄杨盆景的盆内要经常保持湿润,这是因为它根部的吸收和叶面的光合作用及整个生长过程,都需要大量的水分,当然需求量也是随季节气候的变化而变化的。雀舌黄杨从江河溪流边到了园内的小盆子里生长,最大的变化就是环境的湿度小了,这就要靠养护者给它适时适量补充水分,所以浇水要注意气候,要讲究技术,要保证质量。

响叶杨

Populus Adenopoda
Maxim.

响叶杨,杨柳科柳属荫木类落叶乔木。

形态特征

响叶杨高 15~30 m,树皮灰白色,光滑,老时深灰色,纵裂;树冠卵形。小枝较细,暗赤褐色,被柔毛;老枝灰褐色,无毛。芽圆锥形,有黏质,无毛。叶卵状圆形或卵形, 长 5~15 cm,宽 4~7 cm,先端长渐尖,基部截形或心形,稀近圆形或楔形,边缘有内曲圆锯齿,齿端有腺点,上面无毛或沿脉有柔毛,深绿色,光亮,下面灰绿色,幼时被密柔毛;叶柄侧扁,被绒毛或柔毛,长 2~8 cm,顶端有 2 显著腺点。种子倒卵状椭圆形,暗褐色。花期 3—4 月,果期 4—5 月。

生态习性

响叶杨分布于垂直高度为海拔 300~1 000 m 的向阳山坡、山麓,呈散生状或与枫香、杉木等组成混交林。响叶杨是喜光树种,不耐蔽荫,对土壤的要求不高,黄壤、黄棕壤、沙壤土、冲积土、钙质土上均能生长,土壤的酸碱度适应幅度较大,酸性、微碱性土都能生长。在海拔 300 m 以上土壤深厚肥沃的冲积土上生长最为迅速。

繁殖要点

(1) 选择适宜杨树生长的造林地,

是实现杨树速生丰产的基本条件。杨树是落叶阔叶树中的速生树种，在土层深厚、疏松、肥沃、湿润、排水良好的冲积土上生长最好。

（2）造林地主要在平原地区和河滩地，造林地应具备以下条件：

① 土层深厚，有效土层厚度大于 1.0 m。② 土壤质地较轻。黑杨派树种（如欧美杨和美洲黑杨品种）以轻壤土和沙壤土最好，中壤和紧沙次之；白杨派树种（如毛白杨）可在较轻重土壤上生长。③ 地下水位适宜。杨树生长适宜的地下水位应在 1.5 m 左右，生长期内地下水位应在 1 m 以下，不低于 2.5~3 m。④ 土壤养分含量较高。最低要求：有机质含量大于 0.4%，含氮大于 0.03%，有效氮大于 15 mg/L，速效磷大于 2 mg/L，有效钾大于 40 mg/L。⑤ 土壤无盐碱或轻度盐碱。土壤含盐量宜在 0.1%以下，地下水矿化度低于 1 g/L。

栽培管理

细致整地，选用良种，设计合理的造林密度，应根据杨树品种的特性、造林地立地条件、培育目标、轮伐周期等因素来确定。立地条件好的造林地，选用生长快、树冠较大的品种，培养大径材的，密度小些；立地条件较差的，选用干形通直、冠形较窄的品种，培育短轮伐期的林分时，密度可以大些。

观赏应用

响叶杨是一种分布广、生长迅速、繁殖容易、适应性强、材质好的优良阔叶树种，可作为山地造林和四旁绿化树种。木材白色，心材微红，材质和强度都比一般杨树好，少心腐病。它是目前用作黄杨木雕的重要用材。另外，可作房屋建筑、家具制作等用材。

小知识

响叶杨是西北最普通的一种树，有草的地方，就有响叶杨的影子。响叶杨不讲究生存条件，大路边，田埂旁，哪里有黄土，哪里就有它的身影。它不追逐雨水，不贪恋阳光，哪怕在板结的土地上，只要给一点水分，响叶杨的一截枝条就会生根、抽芽；只要有一点生存的空间，它就会把黄土地装点，撑起一片绿色。它无须人工施肥，也不需要像娇嫩的草坪那样去浇灌。

垂柳

Salix babylonica.

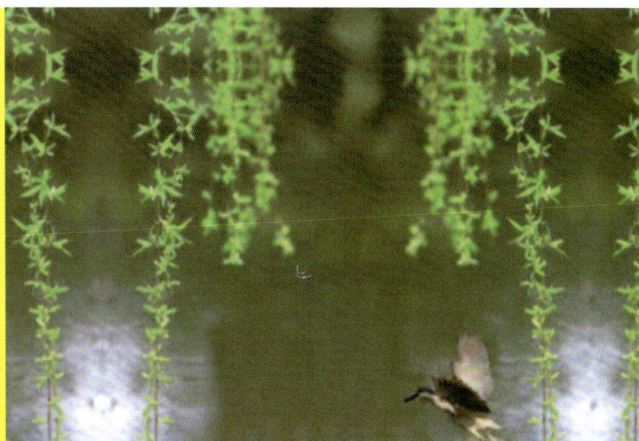

垂柳,别名垂枝柳、倒挂柳、倒插杨柳,杨柳科柳属落叶乔木。分布于长江流域及其以南各省平原地区,华北、东北有栽培,垂直分布在海拔 1 300 m 以下,是平原水边常见树种。亚洲、欧洲及美洲许多国家都有悠久的栽培历史。

形态特征

垂柳树高可达 18 m。树冠广倒卵形,小枝细长下垂。叶片狭披针形或条状披针形,长 8~16 cm,先端长渐尖,叶缘有细锯齿,叶表面绿色,背面有白粉,灰绿色;叶柄长约 1 cm。雄花具腺体 2,雌花仅子房腹面具 1 腺体。蒴果长 3~4 mm,带黄褐色。花期 2—3 月,果期 4 月。

生态习性

垂柳喜光,喜温暖湿润气候及潮湿深厚的酸性及中性土壤;较耐寒,特耐水湿,但亦能生于土层深厚之高燥地区;生长迅速,萌芽力强,根系发达,寿命较短;对有毒气体抗性较强。

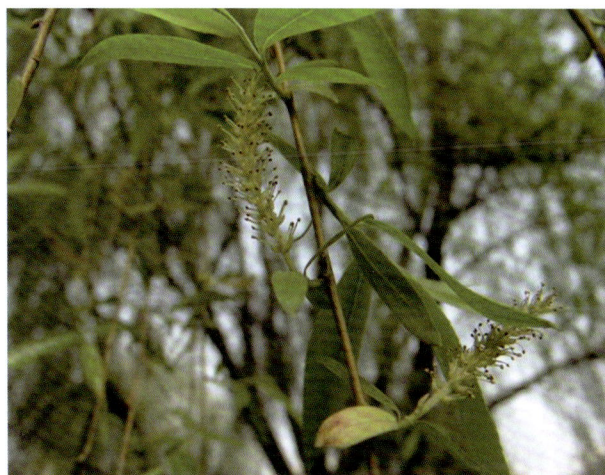

繁殖要点

垂柳繁殖以扦插为主,也可用种子繁殖。扦插于早春进行,选择生长快、无病虫害、姿态优美的雄株作为采条母株,剪取 2~3 年生粗壮枝条,截成 15~17 cm 长作为插穗。株行距 20 cm×30 cm,直插,插后充分浇水,并经常保持土壤湿润,成活率极高。

栽培管理

控制新育苗,移栽、定植过密苗木。垂柳枝叶稀疏、根系较深,可移植到路、渠两侧培养,对大田农作物影响较轻。培养胸径 4~6 cm 的苗木,定植密度 500 棵/亩,重点培养干形;培养胸径 7~10 cm 的苗木,定植密度 200 棵/亩,重点培养冠形。主枝选择 3~4 个方向合适、相距 40~50 cm、相互错落分布的健壮枝短截,短截枝不宜超过主干的1/3。垂柳易发生蚜虫、柳毒蛾、天牛等,注意及时防治。

观赏应用

　　垂柳枝条细长,柔软下垂,随风飘舞,姿态优美潇洒,植于河岸及湖、池边最为理想,枝条依依拂水,别有风姿,自古即为重要的庭园观赏树。若与桃树间植,则有"桃红柳绿"的景观,婀娜多姿,为江南园林春景特色;也可作行道树、庭荫树、固堤护岸树及平原造林树种,亦适合于厂矿区绿化。

小知识

　　垂柳木材可制作家具,枝条可编筐,树皮含鞣质,可提制栲胶,叶可作羊饲料。

旱柳

Salix matsudana Koidz.

旱柳,为杨柳科柳属乔木。产于我国东北、华北、西北至淮河流域,以黄河流域为分布中心,是北方平原地区最常见的乡土树种。俄罗斯、朝鲜、日本也有分布。

形态特征

旱柳高达 20 m,树冠卵圆形,枝条直伸或斜展。叶披针形或狭披针形,长 5~10 cm,先端长渐尖,基部楔形,缘具细锯齿,背面微被白粉,叶柄短,长 2~8 mm。雌、雄花各具 2 个腺体。花期 2—3 月,果期 4 月。

生态习性

旱柳喜光,不耐庇荫;耐寒性强,喜水湿,又耐干旱。对土壤要求不高,在干瘠沙地、低湿沙滩和弱盐碱地上均能生长,以肥沃、疏松、潮湿土最为适宜。萌芽力强,耐修剪,深根性,抗风力强。

繁殖要点

旱柳用种子、扦插和埋条等方法繁殖。扦插育苗为主,播种育苗亦可。扦插育苗,技术简单,方法简便,园林育苗生产上广泛应用。

栽培管理

旱柳生长适应性强,但生长离不开水,只要不缺水分,移栽极易成活。修剪过程中要注意疏除衰弱枝、病虫枝,扶壮生长优枝。柳树易发生蚜虫、柳毒蛾、天牛、木蠹蛾虫害,可用敌敌畏、乐果、敌百

虫防治。

观赏应用

旱柳枝叶柔软嫩绿,树冠丰满,还有多姿的变种,给人以亲切优美之感,是北方园林常用的庭荫树、行道树,最宜沿河湖岸边及低湿处或草地上栽植,也可作防护林和沙荒造林。用作庭荫树、行道树,最好选用雄株,以避免柳絮(种子)污染。

小知识

　　旱柳花有蜜腺,是早春蜜源树种之一。每逢端阳节,宁夏农村家家户户总要门前插柳挂杨,以兆兴旺。这虽然是古代宁夏人民的传统习俗,但如今在宁夏农村却依然如故。柳是"留"的谐音,"折柳"以示"挽留",故此"折柳送客"乃宁夏盛行一时的礼仪。回族妇女擅长的"口弦",是以柳叶或柳枝管皮作簧片吹奏出的乐曲,极富地方特色。

杨梅

Myrica rubra (Lour.)
S. et Zucc.

　　杨梅,又称圣生梅、白蒂梅,杨梅科杨梅属常绿小乔木或灌木植物。杨梅原产于中国浙江余姚,1973 年余姚境内发掘新石器时代的河姆渡遗址时发现杨梅属花粉,说明在 7 000 多年以前该地区就有杨梅生长。在我国华东和湖南、广东、广西、贵州等地区均有分布。该属有 50 多个种,中国已知的有杨梅、白杨梅、毛杨梅、青杨梅和矮杨梅,经济栽培主要是杨梅。

形态特征

　　杨梅树高达 12 m,树冠近球形,树皮黄灰黑色,老时浅纵裂,小枝粗糙,皮孔明显。幼枝及叶背面有金黄色小油腺点。叶革质,倒披针形或倒卵状长椭圆形,长 4~12 cm,先端较钝,基部狭楔形,全缘或近端部有浅齿,叶常密集于小枝上端。花雌雄异株,雄花序穗状紫红色;雌花序卵状长椭圆形。核果圆球形,熟时深红、紫红或白色,多汁,味酸甜。花期 3—4 月,果期 6—7 月。

生态习性

　　杨梅耐阴,不耐强烈日晒;喜温暖湿润气候,不耐寒;喜排水良好的酸性土壤,中性至微碱性土壤也能生长;深根性,萌芽性强,寿命长;对二氧化硫等有毒气体有一定抗性。

繁殖要点

1. 播种栽培

（1）苗圃地的选择。选择苗圃地时,应注意苗圃地的位置、地势与方向。苗圃地的位置,最好选择交通方便、地势平坦的地段。如为坡地,一般坡度不超过 5° 为宜,坡向尽可能选朝北或东北;土质以土壤肥沃、质地疏松、土层深厚的沙壤土为好。土质过松的沙土,上层易干燥,下层肥水足,根系向下伸长,形成粗而直的根系,须根不发达。黏土和盐碱土均不宜育苗。

（2）种子的采集与播种。一般应从生长健壮的成年树上采集充分成熟的果实。采种时，先检查果实的种仁是否充实，选择种仁充实的果树进行采集。采下的果实，宜选择日光不直射的适当场所摊开堆积，高度一般不超过 15 cm。堆积 4~5 d 以后，果肉腐烂，可在流水中冲洗，并除去上浮的瘪子，晾干表面待用。

（3）整地。播种前，要先整地。水田或平地土层较薄的地方，宜耕翻 23~27 cm 深。山地或土层深厚的地方，可以翻耕得深一点。耕后要晒白，以改善土壤的理化状态。水田地要在四周深挖排水沟，山地要注意防旱和防洪。

（4）种子处理与播种。播种前，将种子用 0.1%高锰酸钾液或 40%甲基托布津 800 倍液浸泡 10 min。

（5）小苗的移栽。小苗出土后，达到 10 cm 左右高、长出 4~5 片叶子时，可进行移植。移栽前，苗圃要进行整地和施肥，同时每亩的畦面还要撒施 25 kg 石灰或喷洒托布津 600 倍液。然后，按行距 30~35 cm、株距 8~10 cm 的规格移栽小苗。移栽小苗时，要选择阴天或晴天的早晚进行，并要浇足定根水。每亩移栽 1.2~1.4 万株。

（6）小苗移栽后的管理。小苗移栽后，不能马上施肥。杨梅小苗对肥料反应十分敏感，即使施用少量的稀薄肥，也容易引起苗木死亡。必须待根系恢复生长良好、长出 4~5 片新叶以后，方可用稀释的人粪尿(1 担水加人粪尿 2 勺、尿素 0.25 kg)浇施。以后，每 15 d 浇 1 次 2%的三元复合肥液或稀人粪尿液，以薄肥勤施，促进苗木生长。要注意防止苗木炭疽病、立枯病和其他病虫害。要勤松土、除草，防止土壤板结和杂草与苗木争夺养分。

2. 嫁接育苗

（1）嫁接时期。杨梅一般从 2 月下旬开始至 4 月下旬进行嫁接。从物候期来看，杨梅萌芽展叶时进行嫁接为最好。因此，嫁接时间的安排，从纬度上说，由北向南可逐渐略为提早；从海拔高度上说，由高到低可梯次适当提早。

（2）嫁接方法。① 采接穗。选择 7~15 年生的结果杨梅优良品种果树为母树，采取粗 0.5~0.8 cm、外皮带灰白色充分成熟的、上年生的春梢作为接穗。采下的接穗，立即剪去叶片，放置到阴凉湿润处备用。② 切接法。第一，削接穗。将接穗剪成 7~10 cm 长，饱满芽离剪口上端面的距离应不超过 1 cm。左手握住接穗先端，使接穗的基部朝向外面，在基部侧面芽的下方 3~4 cm 处，下刀，将接穗下端的外侧面较平的一面，用刀薄薄削去一层皮，长度为 3~4cm，深度以达到形成层为准。用刀太深或太浅，都不利于接穗成活。第二，切砧木。在砧木离地面 8~10 cm 处，先选择光滑、平直的部位，用锋利的剪枝剪剪去砧木，用锋利的刀削平剪口，于平滑一侧，在木质部与皮层之间微带木质处，垂直向下切一刀，深与接穗长削面相同。第三，结合与包扎。把削好的接穗的长削面，对准砧木总切面，插入切口缝内，使两者在一侧的形成层相互密合。将接穗深插入砧木接口的底部，并使接穗长削面露出断面 1~2 mm，用 2~3 cm 宽的塑料薄膜带自上而下将接口处及接穗捆缚好，要扎牢、扎密，以使接穗和接口能保湿，不致因水分蒸发而枯死。

由于各地气候不同，所以采用的嫁接方式也各不相同。

栽培管理

（1）整地。杨梅建园时，应进行整地，一般整地采用修筑等高梯田、等高撩壕和鱼鳞坑的方法。在 10°~25° 的坡地上，适于修筑梯田。应预先在斜坡上，按等高差或行距，以 0.2%~0.3% 的比降测出等高线。等高撩壕是坡地果园改长坡为短坡的一种保持水土的措施，适用于坡度为 6°~10°、土层深厚的坡地。在坡面上，按等高线挖沟，挖出的土堆放在山坡沟旁，进行筑壕（垄）。如地形复杂，不适于修筑水平梯田和撩壕，可修筑鱼鳞坑，以保持水土。

（2）定植。挖定植穴，其位置应设在离梯田或鱼鳞坑外沿 1/3 处，按株行距的要求，测量出定植穴的位置，再以定植点为中心，挖定植穴。定植密度应根据果园的气候条件、土壤肥力、品种特性及树冠管理技术来确定。一般气候炎热、土壤肥沃、土层深、施肥较多的，可稀一些；土壤瘠薄、土层较浅、坡地较陡峭的，可密一些。栽植时间在浙江、江苏、湖南和江西等冬季有冻害的地方，宜春季栽植，即 2 月下旬至 3 月中旬进行栽植。定植应选择在阴天或小雨天进行。特别要注意，不要在刮西北风的天气里栽植。应选择品种纯正、砧木和接穗愈合良好、根系发达、苗木新鲜和强健、无病虫害的壮苗进行定植。大苗移植或近距离定植均须带土。长途运输的苗木，必须认真做好苗木包装。运到果园所在地后，在栽植前需把根部浸湿，然后再进行松包和定植。

观赏应用

杨梅树冠球形整齐，枝叶茂密，初夏红果累累，缀于绿叶丛中，玲珑可爱，为园林绿化结合生产的优良树种，孤植、丛植于草坪、庭院，或列植于路边都很合适；若密植可分隔空间或作隐蔽遮挡的绿墙。杨梅是南方著名水果，可生食、制果干、酿酒；叶可提取芳香油。

小知识

　　杨梅是亚热带、温带的耐寒性常绿果树，在北纬 20°~31° 的区域内，有野生杨梅生长的地方均可栽培。杨梅园的立地条件为海拔 ≤800 m，坡度 ≤45°，腐殖质层厚的黄壤、红黄壤，向阳通风，便于集约经营，交通运输方便的山地、丘陵地等；气候条件为亚热带湿润性季风气候。在光辐射较大、热量充分、冬春季积温较高、4~6 月降水分布较多、夏秋降水分布适度偏少的小气候条件下，其优质、丰产性更显著。

石栎

Lithocarpus glaber (Thunb.) Nakai.

石栎,正名柯,别名楮子、珠子栎等,属山毛榉目壳斗科石栎属常绿乔木。全世界有300种,除1种产于北美西部外,其余均产于亚洲,主要分布在亚洲南部和东南部北纬30°~南纬10°的地区。中国有110余种。

形态特征

石栎高达20 m。树皮灰色不裂,树冠半球形;小枝密生灰黄色绒毛。叶厚革质,长椭圆形,长8~12 cm,先端尾状尖,基部楔形,全缘或近端略有钝齿,上面深绿色,背面有灰白色蜡层。花序粗而直立。壳斗浅碗状,鳞片三角形,排列紧密;坚果椭圆形,具白粉。花期8—9月,果熟期翌年9—10月。

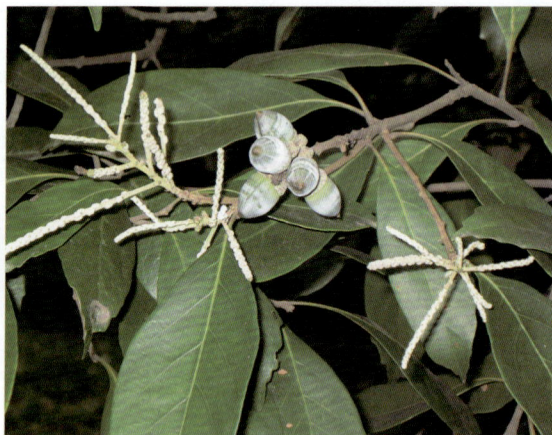

生态习性

石栎喜光,稍耐阴,喜温暖气候和湿润、深厚土壤,能耐干旱瘠薄,萌芽力强,耐修剪。

繁殖要点

播种繁殖。

栽培管理

小苗主根发达,幼苗长出2~3片真叶后,剪断主根,促发侧根,适当深栽可提高成活率。幼树阶段适当密植,较大规格苗木带土球移栽,大面积山区绿化时,可采用直播造林。

观赏应用

石栎枝叶茂密,绿荫深浓,宜作庭荫树,也适于在庭园、草坪孤植、丛植或山坡成片栽植,或作其他花木的背景树。其对有毒气体抗性强,防火阻燃效果好,是厂矿绿化和隔音、防火林的优良树种。

小知识

石栎种仁可食用、制酱、做豆腐粉或酿酒;叶及壳斗可提取栲胶。

青冈栎

Cyclobalanopsis glauca
(Thunb.) Oerst.

青冈栎,正名青冈,别名紫心木、青栲、花梢树、细叶桐、铁栎和铁稠,壳斗科栎属常绿乔木。为常绿阔叶林重要组成树种,中国分部最广的树种之一。

形态特征

青冈栎高达 20 m,树冠扁球形,树皮平滑不裂;小枝青褐色,无棱,幼时有毛,后脱落。叶长椭圆形或倒卵状长椭圆形,长 6~14 cm,先端渐尖,基部宽楔形,边缘上半部有疏齿,中部以下全缘,叶面深绿色,有光泽,背面灰绿色,有整齐平伏毛。壳斗单生或 2~3 个集生,杯状,包围坚果 1/3~1/2,鳞片结合成5~8 条同心环带;坚果卵形或近球形,无毛。花期 4—5 月,果熟期 10—11 月。

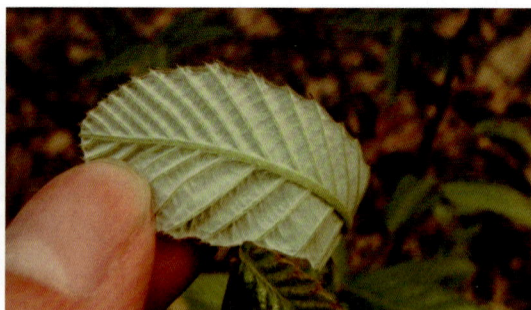

生态习性

青冈栎较耐阴,喜温暖多雨气候,耐瘠薄;喜钙质土,常生于石灰岩山地,在排水良好、腐殖质深厚的酸性土壤亦生长很好;生长速度中等,萌芽力强,耐修剪,深根性,抗有毒气体能力较强。

繁殖要点

宽幅条播种方法,条宽 10~15 cm,条距30 cm,沟深 10 cm。沟内施足基肥,填些细土,再插入种子。青冈栎幼苗出土力弱,覆土不宜太厚,以 2 cm 左右为宜。覆土后随即覆盖一层稻草或地膜,以利保墒并防止土壤板结。每米条沟播种 30~50 粒,每公顷播种 120~150 kg,折合带壳种子 300~350 kg。盆栽一般选用 2 年生露地苗,落叶后拼茬重剪。春季萌芽前带土球移入 30 cm 口径的盆(瓦盆、塑料盆、瓷盆均可)中,用含有 30%基肥的田土充填,以 40~50 cm 的株行距排列摆放在种植床内,用沙土围填,浇透水固定盆土。新生枝木质化后,根据枝条的长势和盆花造型的需要,整形修剪成单株小乔木或多枝灌木。5—6 月追施 1%~2%磷酸二氢钾促长。浇水贯彻"见干见湿"的原则。6 月中旬进入花期。盆栽要选择群众喜爱的品种。9 月下旬到 10 月上旬("国庆"、"中秋"期间),是销售的旺季,也是高潮。可是,正常管理栽培的盆栽 9 月下旬已是末花期。为了使它能在"十一"前后盛开,在 8 月上旬将盆花新梢短截,剪去全部花枝,加强肥水管理,夏秋雨季时在盆栽上加塑料大棚遮雨,必要时覆盖保温。约经 1 月新枝又形成芽,至中秋、国庆前后,满足市场需要。

栽培管理

秋季落叶后至春季芽萌动前进行移植,需带土球,并适当修剪部分枝叶,栽后充分浇水。对大树移植,需采用断根缩坨法,促使根系发育,以利成活。

观赏应用

青冈栎树姿优美,枝叶茂密,四季常绿,是良好的绿化、观赏和造林树种,宜丛植、群植或作观花灌木的背景树配植,也可作隔音林带和防火林带、厂矿绿化树种。

其木材性质优良,为纺织工业木梭的重要材料。

小知识

有些地方的群众根据平时对青冈树的观察,得出了经验:当树叶变红时,这个地区在一两天内会下大雨。雨过天晴,树叶又呈深绿色。农民根据这个信息,就可以预报气象,安排农活。

麻栎

Quercus acutissima Carruth.

麻栎,又名橡树、柴栎,壳斗科栎属植物。产于我国辽宁南部、华北各省及陕西、甘肃以南,黄河中下游及长江流域较多,垂直分布于自云南海拔 2 200 m 至山东海拔 1 000 m 以下的山地或丘陵, 常与枫香、栓皮栎、马尾松、柏树等混交或成小面积成林。

形态特征

麻栎高达 25~28 m,树冠广卵形,树皮交错深纵裂,幼枝褐黄色,初被毛,后光滑。叶片长椭圆状披针形,长 8~18 cm,先端渐尖,基部近圆形,缘有锯齿刺芒状,背面无毛或仅脉腋有毛,绿色,侧脉直达齿端。壳斗碗状,包围坚果 1/2,鳞片木质刺状,反卷;坚果球形。花期 4—5 月,果翌年 10 月成熟。

生态习性

麻栎喜光,不耐阴,喜湿润气候,耐寒、耐旱、耐瘠薄,对土壤要求不严,但不耐盐碱土,以深厚、湿润、肥沃、排水良好的中性至酸性土壤生长最好;深根性,萌芽力强,寿命长;抗火耐烟能力较强。

繁殖要点

做到适时播种，春季土壤化冻20 cm，地下10 cm处地温达到10~12 ℃时即可播种。北方地区一般在4月上旬至4月中旬播种。

栽培管理

（1）灌溉、排水。种子发芽和保苗阶段，应量少次多，防止地表板结，保持湿润。苗木生长发育阶段，应量多次少。生长后期，在不干旱的情况下，尽量少浇或不浇，并注意排涝，做到内水不积，外水不浸。

（2）除草、松土。除草要以"除早、除小、除了"为原则，以利苗木的生长和发育。土壤比较黏重的地块每次降雨、灌溉后要松土，以改善土壤通气条件。

（3）追肥。追肥应在6月雨季到来后进行。追肥以速效氮肥为主(如尿素)，可在6月中旬、8月上旬各追肥1次，每次用量为10~15 kg/亩。

（4）间苗、定苗。幼苗长出2对真叶时，进行第1次间苗，幼苗开始进入生长旺期时，结合间苗进行定苗，每次间苗后都要及时灌水。单位面积上留苗株数，要比计划产苗量多10%左右。

造林后，连续进行除草松土2~3年，第一年3次（4—5月，6月及8月），第二年2次（4月及6月），第三年1次（6月）。播种造林的麻栎苗，于6月间苗2次。

麻栎应及时修枝，以培养优良干形，把枯死枝、衰弱枝、病虫害枝及徒长枝剪掉。在混交林中，还要砍掉压抑麻栎生长的其他树种，在麻栎侧下方的伴生树种和下木，则应尽量保留。

观赏应用

麻栎树干通直，树冠开展，树姿雄伟，浓荫如盖，叶入秋转橙褐色，季相变化明显。园林中可孤植、群植或与其他树混植成风景林；也是营造防风林、水源涵养林及防火林的重要树种，为我国著名的硬阔叶树优良用材树种。

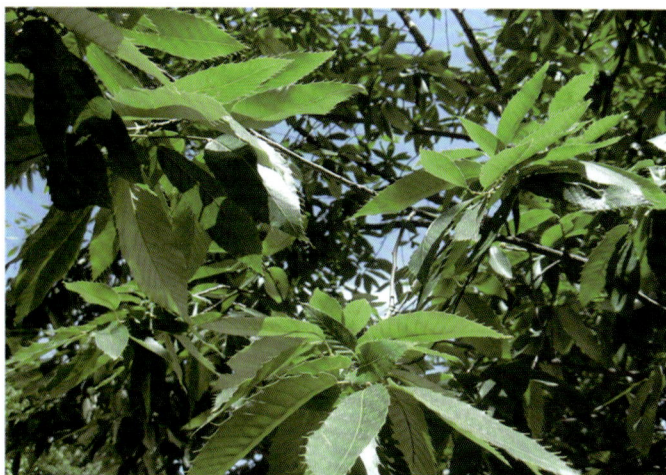

小知识

麻栎种子含淀粉和脂肪油，可酿酒和作饲料，油可制肥皂；壳斗、树皮含鞣质，可提取栲胶；木材坚硬、耐磨，可供机械用材；果入药，涩肠止泻，能消乳肿；树皮、叶煎汁可治疗急性细菌性痢疾。全木可截成一段段的木头后种植香菇和木耳。

栓皮栎

Quercus variabilis Bl.

栓皮栎,又名软木栎、粗皮青冈,山毛榉目壳斗科栎属落叶乔木,是中国重要的用材树种。

形态特征

栓皮栎高达 25~30 m,树冠广卵形,树皮灰褐色,深纵裂,木栓层发达;小枝淡褐黄色,无毛。叶长椭圆形或长椭圆状披针形,长 8~15 cm,先端急尖,基部楔形,缘具芒状锯齿,叶背密生灰白色星状毛。雄花序生于当年生枝下部,雌花单生或双生于当年生枝叶腋。壳斗杯状,鳞片反卷,有毛;坚果卵球形或椭球形。花期 4—5 月,果翌年 9—10 月成熟。

生态习性

栓皮栎喜光,幼树以有侧方庇荫为好;对气候、土壤的适应性强,耐寒、耐旱、耐瘠薄,不耐积水,以深厚、肥沃、适当湿润而排水良好的壤土和沙质壤土最适宜;深根性,根系发达,抗风、耐火,萌芽力强,寿命长。

繁殖要点

栓皮栎以播种为主,扦插、分株亦可。

春播采用条播,行距为 20 cm,覆土 2~3 cm,秋播应适当加厚至 4~5 cm,每亩用量150 ~ 200 kg,小苗主根发达,为促发须根,可在幼苗长出 2~3 片真叶后,用利铲将其主根在 20 cm 深处切断。以后栽时应尽量多留根系,仅对太长的主根适当进行修剪。适当深栽可提高成活率。

为安全起见,对较大规格的苗木最好带土球移栽,并在落叶后至萌动前进行,在幼树阶段可适当密植,或与其他树种混交,以造成侧方庇荫的条件,待幼树长大后再进行间伐,使其获得充足的光照。在大面积山区绿化时,可采用直播造林的方法,一般采用穴状簇播,播前整地,穴径约

25 cm，每穴播5~7粒种子。

栽培管理

（1）肥水。在施足基肥的基础上，因地因苗适时追肥，第1次在6月上中旬生长旺期，第2次在7月下旬左右，即在第1次新梢生长基本停止时追肥，以提供孕育二次新梢的养分。幼苗出土前后，苗床必须保持一定湿度，并注重浇灌和松土除草，在大雨后，必须在苗床上加盖1层细肥土，以补充土壤流失。

（2）间苗。为保证良好长势，使苗木迅速生长，需及时间苗。间苗强度、次数和具体时间，因立地条件而异，一般立地条件好，幼苗生长快，间苗时间早；立地条件差，幼苗生长慢，间苗时间晚。通过间苗，可培育壮苗（平均高40~50 cm，平均地径6~8 mm）22.5万株/亩左右。

（3）抚育。① 平茬。为培育主干通直的树体，在造林初期对主干不明显或萌蘖成伞状的丛生植株可采取平茬措施；造林2~4年后，用利刀平地面砍去，抽出的萌条1年便可达到或超过原有高度。② 修枝。栓皮栎具主枝扩展特性，需修枝，修枝宜小、宜早、宜平。使用锋利刀具，以保证截面小、结巴小、愈合快。修枝季节以冬末春初较好，修去下部的枯死枝、下垂枝、遮阴枝，以培养主干圆满的树形。

观赏应用

栓皮栎树干通直，树冠雄伟，浓荫如盖，秋叶橙褐色，是良好的绿化、观赏、防风、防火及用材树种，可孤植、丛植，或与其他树种混交成林均很适宜。

小知识

常言道："树怕剥皮。"许多树木在剥掉树皮以后，由于切断了水分和养料的供应，很快就会枯死。不过，大千林海，却也有一种树不怕剥皮，这就是栓皮栎。

栓皮栎的树皮叫栓皮，国际上通称为软木。它的细胞横断面多呈四边形，纵断面呈六角形，外覆树脂，这样的细胞多达 $4×10^8$ ~ $5×10^9$ 个/m³，而其体积约有一半是空气，因而质地特别轻软，触摸柔和如棉絮。栓皮栎的树皮不仅软，而且厚，一株15 cm粗的幼树，软木层厚可达2 cm，径级越大软木层也越厚，其最厚者可达15 cm以上，超过了幼树的木质直径。

有人可能会问，栓皮栎被剥皮后，为什么依旧能生长？原来，软木只是栓皮栎的木栓层。它的树干分3层：里面是木质部，中间是软木再生部，最外边是软木层。栓皮栎的软木被全部剥去，虽已无法再参加新陈代谢，但它的软木再生部还有再生能力，不致影响树的生长，而且剥去外皮之后，橙黄色的新软木又会重新长出来。

栓皮栎生长缓慢，树皮每年只生长2 mm，一般种植20年左右才开始采剥，叫"原生软木"或"处女皮"。首次采剥后，隔五六年或八九年后再进行第二次采剥。栓皮栎可活180年，因而可采剥软木十几次。

槲栎

Quercus aliena Bl.

槲栎,别名大叶栎树、白栎树、虎朴、板栎树、青冈树、白皮栎、孛孛栎、白栎、细皮青冈、大叶青冈、青冈、菠萝树、槲树、橡树,壳斗科栎属落叶乔木。分布广泛,我国安徽省等地均有分布。

形态特征

槲栎高达 20~25 m,树冠广卵形,小枝无毛,芽有灰毛。叶倒卵状椭圆形,长 10~22 cm,先端钝圆,基部耳形或圆形,叶缘具波状缺刻,背面灰绿色,有星状毛,叶柄长 1~3 cm,无毛。壳斗碗状,包被坚果约 1/2,鳞片短小。坚果椭圆状卵形。花期 4—5 月,果熟期 10 月。

生态习性

槲栎喜光,耐寒;对土壤适应性强,耐干旱瘠薄;萌芽力强;耐烟尘,对有害气体抗性强;抗风性强。常与其他树种组成混交林或组成小片纯林。

繁殖要点

选择 20~50 年生、无病虫害的健壮树木作采种母树。果实成熟时由绿变黄褐色,坚果有光泽,可自行脱落。在树下拾取或将种子打落后收集起来进行筛选,剔除病虫损害及色泽不正常的种子,可得 90% 以上优良种子。槲栎种子中常有橡实象鼻虫,外观不易发现,浸入 55 ℃温水 10 min 后即可杀死种内全部害虫。经杀虫处理后的种子在庇荫干燥的地方摊开晾干,每天翻动 3~4 次,以防种子发热生霉。晾干后即可贮藏于地势高燥、地下水位较低的地方。覆土封盖要略高于地面,在坑的四面挖 30 cm 深的排水沟,防止雨水浸入。

选择地势高燥、平坦、有排灌条件的沙壤土作圃地,深翻、整平、作床,并施足基肥。播种前将种子放在水中浸泡 1 天,捞出后摊放在阴凉处晾干。春播为 3 月下旬,秋播在种子成熟后随采随播。土层深厚的山坡,梯田翻耕后,也可整平作畦育苗。出苗后,及时中耕除草、间苗,以达到苗全、苗旺的目的。

平缓地用机械进行全面或带状整地,深 30 cm 左右。山地陡坡多采用鱼鳞坑整地,坑的长径 1 m、短径 60 cm。草皮表土放入坑中,拣出石块和草根,松土深度 30~50 cm,坑面外高里低。沿横坡方向排列成行,上下交错,以利于保持水土。

栽培管理

造林后连续进行除草松土 2~3 年,第一年分别于 4、6、8 月进行,第二年分别在 4、6 月进行,第三年在 6 月进行。如苗木干形不良,可在造林后 3~4 年平茬,即在槲栎停止生长的季节,从基部平地面截掉,切口力求平滑不劈裂,翌年选留 1 株竖立粗壮的萌芽条抚育成林。槲栎要及时修枝,以培养优良干形,提高木材品质。在树木休眠期间进行修枝,把枯死枝、弱枝、虫害枝及竞争枝修剪掉。切口要平滑,不伤树皮,不要留桩,伤口愈合快。修枝强度不能过大,避免影响林木生长量。

观赏应用

槲栎是暖温带落叶阔叶树种之一,叶片大且肥厚,叶形奇特、美观,叶色翠绿油亮、枝叶稠密,属于美丽的观叶树种。槲栎适宜浅山风景区造景之用。幼叶可饲养柞蚕;木材坚硬,可供建筑用。

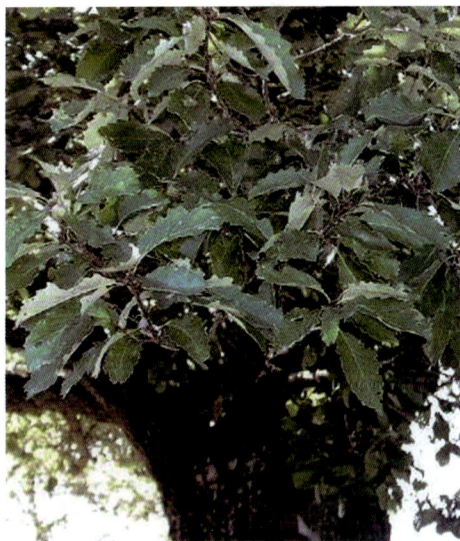

小知识

槲栎种子富含淀粉,可酿酒,也可制凉皮、粉条和做豆腐及酱油等,又可榨油;壳斗、树皮富含单宁。

白栎

Quercus fabri Hance.

白栎,壳斗科栎属落叶乔木,属珍稀树种,分布于西藏东南部山地。

形态特征

白栎高达 20 m,树皮灰白色,小枝密生灰色至灰褐色绒毛。叶互生,倒卵形至椭圆状倒卵形,长 7~15 cm,先端钝或短渐尖,基部楔形至窄圆形,缘具 6~10 个波状粗钝齿,背面灰白色,密被星状毛;叶柄短,仅 3~5 mm,有毛。壳斗碗状,包围坚果 1/3,鳞片形小,排列紧密;坚果长椭圆形。花期 4 月,果 10 月成熟。

生态习性

白栎喜光,喜温暖气候,较耐阴;喜深厚、湿润、肥沃土壤,也较耐干旱、瘠薄。在湿润、肥沃、深厚、排水良好的中性至微酸性沙壤土上生长最好,排水不良或积水地不宜种植;与其他树种混交能形成良好的干形;深根性,萌芽力强,但不耐移植;抗污染、抗尘土、抗风能力都较强,寿命长。

繁殖要点

播种繁殖。

观赏应用

白栎枝叶繁茂、经冬不落,宜作庭荫树于草坪中孤植、丛植,或在山坡上成片种植,也可作为其他花灌木的背景树。其木材具光泽,花纹美丽,纹理直,结构略粗,不均匀,重量和硬度中等,强度高,干缩性略大,耐腐,常作地板、建筑和器具用材。果实脱涩后可作饲料或食用。

小知识

白栎果实名橡子,富含淀粉,可酿酒或制豆腐、粉丝等,亦可入药。橡子粉富含多种对人体有益的营养成分,含有脂肪、淀粉、蛋白质、单宁、钙、钾、钠、镁、铁、硒等元素,单宁更是其他元素不可替代的珍稀上品。

薄壳山核桃

Carya illinoinensis (Wangenh.)
K. Koch.

薄壳山核桃,正名为美国山核桃,胡桃科山核桃属落叶大乔木。江苏省长江两岸可大片营造经济林。

形态特征

薄壳山核桃在原产地高达 45~55 m。树冠初为圆锥形,后变为长圆形至广卵形;鳞芽被黄色短柔毛。小叶 11~17,为不对称的卵状披针形,常镰状弯曲,长 9~13 cm,无腺鳞,先端长渐尖,基部偏斜,楔形,缘具不整齐重锯齿或单锯齿。雌花 3~10 朵成短穗状。果长圆形,长 3.5~5.7 cm,较大,核壳较薄。花期 5 月,果熟期 10—11 月。

生态习性

薄壳山核桃喜光,喜温暖湿润气候,有一定的耐寒性,在平原、河谷之深厚疏松而富含腐殖质的沙壤土及冲击土上生长最快;耐水湿,但不耐干旱瘠薄;深根性,根萌蘖性强;生长速度中等,寿命长。

繁殖要点

薄壳山核桃以播种为主,也可利用根蘖幼苗繁殖。播种用的种子要求坚果充分成熟。种子采收后,经水选,于秋季播种,播种时种子需横放。如果秋季不播,则需用湿沙层积贮藏。幼苗一般培育 2 年后才可出圃栽植。也可在春季采用枝接法嫁接繁殖。

栽培管理

薄壳山核桃应选择土层深厚、疏松、水源充足、背风向阳的地块种植,株行距 4 m×5 m~7 m×8 m 为宜。定植穴要求直径 1~1.5 m,深 1~1.2 m;表

薄壳山核桃

土与心土分开放,先在坑底放一层秸秆,覆表土至 20 cm;放入有机肥 50 kg、甲敌粉 20 g、过磷酸钙 500 g,并与土拌匀。在 12 月至次年 1 月植苗。定植后,固好树盘,浇足定根水。也可直播营造果林,播种时间在冬季 10 月至翌年 3 月,除冰冻天气外,均可进行。移植时,近距离的最好能带土球,远运时,苗木掘起后根立刻黏上泥浆,起保护作用。

观赏应用

薄壳山核桃树体高大雄伟,枝叶茂密,树姿优美,在园林中是优良的上层骨干树种,在长江中下游地区可作行道树、庭荫树或大片造林。又因根系发达、性耐水湿,很适于河流沿岸、湖泊周围及平原地区绿化造林。在园林绿地中孤植、丛植于坡地或草坪,亦颇为壮观。

其核仁可食,味美;种仁含油量达 70%以上可榨油供食用;材质坚韧,为优良的军工用材。薄壳山核桃是一个用途广、受益期长、经济效益高、社会效益和生态效益明显的优良经济树种。

小知识

薄壳山核桃是世界上重要的干果树种之一,并且与美国黑核桃和黑樱桃并列为三大优质硬阔叶用材树种。其木材结构细密,力学强度高,纹理、色泽美观,有着广泛的用途,尤宜制作高档家具和胶合板贴面,以及用于工具把手、钢琴、健身房、体育用品和室内装饰材料。在美国,薄壳山核桃木家具和工艺品历来是高雅和富贵的象征。

枫杨

Pterocarya stenoptera C. DC.

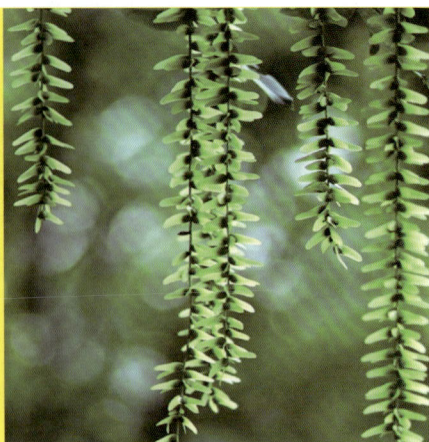

枫杨,别名白杨、大叶柳、大叶头杨树等,胡桃科枫杨属乔木。主要分布于我国黄河流域以南地区。

形态特征

枫杨树高可达 30 m。裸芽密被褐色毛;幼树皮红褐色,平滑;老树皮浅灰色,深纵裂。羽状复叶的叶轴有翼,小叶 9~28,纸质,长椭圆形,长 5~10 cm,先端短尖或钝,基部偏斜,缘有细锯齿,两面有细小腺鳞,叶背脉腋有簇生毛。果序下垂,坚果近球形,具 2 长圆形或长圆状披针形果翅。花期4—5 月,果熟期 8—9 月。

枫杨

生态习性

枫杨喜光,喜温暖湿润气候,较耐寒,耐湿性强,但不耐长期积水;对土壤要求不高,在酸性至微碱性土上均可生长,而以深厚、肥沃、湿润的土壤上生长最好;深根性,主根明显,侧根发达;生长快,萌芽力强。

繁殖要点

枫杨采用播种繁殖法。主要步骤如下:

(1)整理土地。虽然枫杨有较强的适生能力,但是在育苗繁殖的过程中还是需要选择适宜的生长环境和土壤深厚、肥沃的地区进行栽培。先应对土壤进行 20~30 cm 的深耕细耙,将地下熟化土翻在土壤表层然后浇灌底水。将辛硫磷颗粒剂加入细土,搅拌均匀后撒入苗圃,以减少地下害虫对种子造成的损害。再施加腐熟肥、粪肥、有机肥等改善土壤的种植环境。堆闷风化一段时间后,土壤可以使用。

(2)采集和贮藏种子。选择 10~20 年生、干形通直、发育良好、无病虫害的母树采种。果实成熟后将果穗采下或等果穗散落地面后扫集。种子采回后可当年播种,也可去翅晒干后袋藏或拌沙贮藏,至来年春季播种。

(3)播种。以秋播为好,也可春播。春播时(2—3 月)先用 60~80 ℃温水浸种,冷却后换清水浸种 1~2 d,然后按 20~25 cm 行距条播,每亩播种量 8~10 kg。发芽后当幼苗高达 10~15 cm 时进行间苗,并做好除草松土、排灌、施肥和病虫害防治工作。每亩产苗量 0.8~1.5 万株,当苗高 1.5~2 m、地径 1~2 cm 时,可出圃栽植。

栽培管理

枫杨在幼龄期长势较慢,充足的肥料可以加速植株生长。一般来说,栽植时可施用经烘干的鸡粪或经腐熟发酵的牛马粪作基肥,基肥需与栽植土充分拌匀,种植当年的六七月份追施一次三要素复合肥,可促使植株长枝长叶,扩大营养面积,秋末结合浇防冻水,施用一次半腐熟的牛马粪,这次肥可以浅施,也可以直接撒于树盘。翌年春季萌芽后追施一次尿素,初夏追施一次磷钾肥,秋末按头年方法施用有机肥。第3年起,只需每年秋末施用一次农家肥即可,但用量应大于头两年。照此方法施肥,可提高植株的长势。

枫杨喜欢湿润环境,在栽培中应保持土壤湿润而不积水。栽植时应浇好头三水,三水过后每月浇一次透水,每次浇水后应及时松土保墒。入秋后应控制浇水,防止秋发,初冬应浇足浇透防冻水。翌年早春应及时浇解冻水,此后至7月前,每月浇一次透水。秋末按头年方法浇防冻水。第3年后,应浇好防冻水和解冻水,其他时间视降水情况确定是否浇水和浇水量。

观赏应用

枫杨树冠广展,枝叶茂密,生长快速,根系发达,为河床两岸低洼湿地的良好绿化树种,还可防治水土流失。枫杨既可以作为行道树,也可成片种植或孤植于草坪及坡地,形成一定的景观,还可作嫁接胡桃的砧木。而且,其树皮还有祛风止痛;杀虫敛疮的功效。

小知识

研究表明,浙南山区广泛分布的乡土植物枫杨能够有效地降解水库消落带污水中的TN、TP和COD含量,并且,在高浓度污水中降解这些指标的能力要大于在低浓度污水中的降解能力。枫杨对消落带中污染物TN、TP和COD的降解效应,是源于植物生长发育过程中对N、P等营养物质的吸收利用,以及植株在光合作用中释放出的O_2对水中各种污染物质的氧化分解。因此,在浙南山区水库库区消落带生态重建中,降污力强的木本乡土植物枫杨被选作主要的物种。

白榆

Ulmus pumila L.

白榆,也称榆树,榆科榆属落叶乔木。榆树约有 40 余种,主要产于北温带。中国有 24 种,分布几乎遍及全国,如北方有白榆、黑榆、大果榆等;南方有台湾榆、多脉榆等;西南有昆明榆、小果榆等。过去农村绿化应用白榆较多,城市内一般用于庭园、工厂绿化,基本不用于绿化造林,且自然繁殖资源受到严重破坏,数量锐减。

形态特征

白榆高达 25 m,胸径 1 m。树冠卵圆形,树皮暗灰色,纵裂而粗糙;小枝灰白色,细长,排成 2 列状。叶卵状长椭圆形,长 2~7 cm,先端尖或渐尖,基部稍歪,单锯齿。早春叶前开花,簇生于去年生枝上。翅果近圆形,长 1~2 cm,熟时黄白色,果核位于翅果中部。花期 3 月,果熟期 4—6 月。

白 榆

生态习性

白榆喜光,耐寒性强,能适应干冷气候;喜肥沃、湿润而排水良好的土壤,耐干旱瘠薄,不耐水湿,耐轻度盐碱;侧根发达,抗风;萌芽力强,耐修剪;生长迅速,寿命可达百年以上;对烟尘和有毒气体的抗性较强。

繁殖要点

(1)采种母树的选择。在尚不能提供大批优良种子之前,为了提高白榆林木的生长速度和材质,采种时应采集优良类型和优良单株的种子,或采集以优良类型为主,长势旺盛,健壮林分的种子。采种母树的树龄为6~20年。

(2)采种及其贮藏。白榆种子的生理成熟与形态成熟期基本一致。白榆翅果呈黄色即为形态成熟期,这时是最适宜的采种期,其间苗木生长最好。采早了,翅果水分大,养分不足,秕子多,发芽率低,易发霉,苗木质量差;采晚了,大部分种子被风刮散,难以收集。新采的种子要放在通风处摊开阴干,切勿长时间暴晒。阴干后,清除杂物,用以播种或贮藏。白榆种子主要的贮藏条件是干燥和低温。

(3)育苗地的选择和整地作床。白榆播种育苗地最好选择土层深厚、肥沃,有灌溉条件,排水良好的沙壤土或壤土。切忌选低洼易涝地育苗。

(4)播种应随采种随播种。对种子一般不作催芽处理,搓去果翅可使种子撒播均匀。经长途运输调入的种子或隔年贮藏的种子,播种前可与湿沙混拌,每天翻动2~3次,2~3 d后,待1/3的种子出现白色根点时,立即播种。播种前对畦床灌足底水,待水分渗下后,不黏工具时方可进行播种。播种多采用条播,条距30 cm,每床3行,播幅5 cm,沟深2 cm。播种要均匀,以防缺苗断行。覆土0.5 cm左右,以不见种子为宜。覆土后要及时轻轻镇压,使种子与土壤密接,以防透风,并保持种子发芽所需的土壤湿度。覆土不宜过厚,否则影响幼苗出土。在湿度、温度适宜的条件下,一般播种后3~5 d就可发芽出土,10 d左右苗木可出齐。播种后,苗出齐前,切忌灌蒙头水,以免土壤板结,影响幼苗出土。

栽培管理

苗间管理是培育白榆壮苗的重要环节,主要管理措施有松土除草、追肥灌水、间苗、定株和移植等。

小苗出现第二对真叶时,开始第一次间苗。间苗应掌握"间弱留壮"、"间密补稀"的原则,即拔除弱苗、病苗,选留壮苗。对缺苗断行的床面进行移栽补苗,以保全苗。间苗时尽量做到等距间苗,株距4~5 cm。待苗长到3~4对真叶时进行第二次间苗,株距10 cm左右,每亩留苗1.8万株左右。

间苗最好在灌水后或雨后，地湿润不黏时进行，此时土壤松软宜间苗，有利于保护苗木根系和提高移栽成活率。间苗和补苗后要及时灌水，以免留下土壤空隙，影响幼苗成活和生长。

松土除草和追肥灌水。在降雨或灌水后应及时松土，初期要浅锄，划破表层硬壳即可。随着苗木的生长逐渐加深深度，以不伤苗为度。

观赏应用

白榆树干通直，树形高大，树冠浓荫，在城乡绿化中宜作行道树、庭荫树、防护林及"四旁"绿化，也是营造防风林、水土保持林和盐碱地造林的主要树种之一。在干旱瘠薄、严寒之地呈灌木状，可用作绿篱；掘取老茎残根可制作树桩盆景；嫩叶、嫩果可食；果、树皮及叶可供药用。

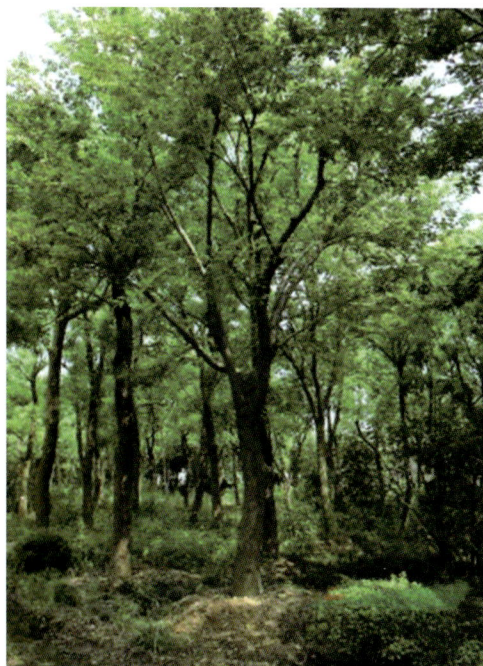

小知识

白榆是良好的行道树、庭荫树、工厂绿化、防护林营造和四旁绿化树种，唯病虫害较多。其木材直，可供房屋、家具、农具等用；果、树皮和叶入药，能安神，治神经衰弱、失眠；嫩果和幼叶食用或作饲料；树皮可作绳索。此外，白榆也是抗有毒气体(二氧化硫及氯气)较强的树种，植物体含beta-固淄醇、植物醇、豆淄醇等多种淄醇类及鞣质、树胶、脂肪油。

榔榆

Ulmus parvifolia Jacq.

榔榆,别名小叶榆、脱皮榆,榆科榆属落叶乔木。

形态特征

榔榆高达 25 m,树冠扁球形或卵圆形,树皮灰褐色,呈不规则薄片状剥落。叶较小而质厚,长椭圆形至卵状椭圆形,长 2~5 cm,先端尖,基部歪斜,缘具单锯齿(萌芽枝之叶常有重锯齿)。花簇生叶腋。翅果长椭圆形或卵形,较小,长 0.8~1 cm,果核位于翅果中央,无毛。花期 8—9 月,果熟期 10—11 月。

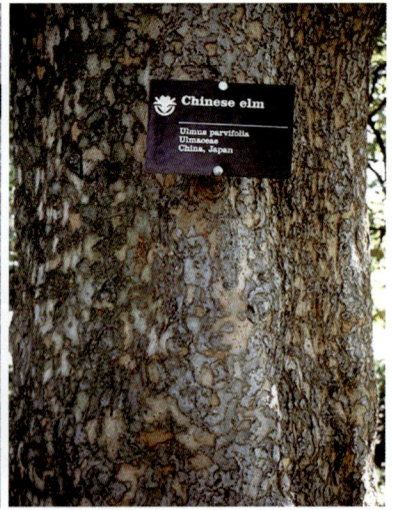

生态习性

喜光,稍耐阴;喜温暖、湿润气候,也耐寒;喜肥沃、湿润土壤,也耐干旱瘠薄,在酸性、中性、石灰性土壤的坡地、平原和溪边均能生长;生长速度中等,寿命较长;深根性,萌芽力强;对烟尘及有毒气体的抗性较强。

繁殖要点

榔榆主要通过播种和扦插繁殖,种子获取比较困难。扦插要用生根剂处理以提高生根成活率。

栽培管理

椥榆常制作盆景观赏，通常在春季2—3月间萌芽前栽种，秋季亦可。栽时将根适当修剪，剪去过长的根，并可适当提起。椥榆根系发达，适于作附石盆景。一般选择石缝较深的石料（松质石料可用人工雕琢成石隙），将树根进行修剪整理后，嵌入石缝中，并用棕丝将主要的粗根拴扎，使其固定。扎根时，注意尽量不要碰伤根系，可用青苔垫铺。扎根后用湿的河土涂抹在石头外面，再用苔藓包裹，然后将树根连同附石定植盆土中，精心养护3~4年，待嵌在石缝中的根系

充分生长，填满石隙，便可解除缚扎，这时根系与石头形成一体，一盆椥榆的附石盆景基本告成。

观赏应用

椥榆树形优美，姿态潇洒，树皮斑驳，枝叶细密，观赏价值较高。既可在园林中孤植、丛植，或与亭榭、山石配植都十分合适，也可栽作行道树、庭荫树或制作盆景，还可用作厂矿区绿化树种。

小知识

椥榆茎皮纤维强韧，可作绳索和人造纤维；根、皮、嫩叶入药有消肿止痛、解毒清热的功效，外敷治水火烫伤；叶制土农药，可杀红蜘蛛。

榉树

Zelkova serrata
(Thunb.) Makino.

榉树,别名血榉、金丝榔、沙榔树、毛脉榉、大叶榉等,榆科榉属乔木。在中国分布广泛,其生长较慢,材质优良,是珍贵的硬叶阔叶树种,属国家二级重点保护植物。

形态特征

榉树高达 30 m。树冠倒卵状伞形,树皮深灰色,不开裂;老时薄鳞片状剥落;小枝细,红褐色密被白柔毛。叶厚纸质,长椭圆状卵形,长 2~8 cm,先端尖,基部广楔形,近桃形锯齿钝尖,叶面粗糙,背面密被灰色柔毛。坚果小,果径 2.5~4 mm,歪斜且有皱纹。花期 3—4 月,果熟期 10—11 月。

生态习性

榉树喜光,稍耐阴;喜温暖气候和肥沃湿润土壤,在酸性、中性及石灰性土壤上均可生长;忌积水,不耐干旱瘠薄;耐烟尘,抗有毒气体;深根性,侧根广展,抗风力强;生长慢,寿命长。

繁殖要点

(1) 播种。播种育苗种子发芽率较低,清水浸种有利于发芽。苗期应注意修剪与培养树干,否则易出现分叉现象。榉树苗根细长而韧,起苗时应先将四周的根切断再挖取,以免撕裂根皮。

(2) 扦插。硬枝扦插插条年龄与插穗成活率呈正相关,应选用 1~5 年生母树上的粗壮叉枝、侧枝作为插条;亦可选用大树采伐后从伐桩上萌发的枝条。秋季落叶后剪切插条,再将插条剪成长 8~10 cm、直径 0.3~10 cm、上口距上芽 1 cm、下口距下芽 0.5 cm 的插穗,每枝插穗保留 4~5 个芽,捆扎后放在 5 cm 厚的湿沙上,待翌春土壤化冻后,直接插入沙壤苗圃中。插入深度以能见到插穗最上端一个芽为限,扦插的株行距为 10 cm×20 cm,插后

榉 树

灌水或浇水,保持土壤湿度。

(3) 嫁接。 选择 1~2 年生、地径 1.5~2 cm 的白榆实生苗作砧木,以 1~2 年生的榉树枝条作接穗,在树液流动季节进行嫁接。嫁接方法有枝接和芽接两种。枝接一般在 4 月进行,芽接宜在 7 月下旬至 8 月中旬进行,成活率一般在 80% 以上。枝接当年生长量 80~160 cm,地径 0.8~15 cm。

栽培管理

在前期要做好叶面喷雾保湿、消毒防病、通风换气和喷水降温等工作;中期要以揭除薄膜和逐步移去遮阴物炼苗为主;后期要做好清除杂草、施肥等工作。

观赏应用

树姿高大雄伟,枝细叶美,夏日浓荫如盖,秋季叶色转暗紫红色,观赏价值在榆科树种中最高。榉树适作行道树、庭荫树,在园林绿地中孤植、丛植、列植皆可;还可用于厂矿绿化和营造防风林,也是制作盆景的好材料。

小知识

古代园林讲究前院栽朴树,后园植榉树,说道是"前朴后榉,满地金黄",寓意是前仆后继,薪火相传。

朴树

Celtis sinensis Pers.

朴树,榆科朴属落叶乔木。分布于我国河南、山东、长江中下游以南诸省区及台湾,越南、老挝也有分布。我国园林朴树主产地在安徽、江苏、湖北、浙江等地。

形态特征

朴树高达 20 m。树冠扁球形,树皮灰色,平滑,不开裂;小枝幼时密被柔毛,后渐脱落。叶卵状椭圆形,长 2.5~10 cm,先端短尖,基部不对称;中部以上有浅钝锯齿,叶面无毛,背脉隆起并疏生短柔毛。核果,果梗与叶柄近等长,果熟时橙红色,果核有网纹及棱脊。花期 4—5 月,果熟期 9—10 月。

生态习性

朴树喜光,稍耐阴,喜温暖湿润气候及肥沃、湿润、深厚的中性黏质壤土,耐轻盐碱土;深根性,抗风力强;耐烟尘,对有毒气体有一定的抗性;寿命较长。

繁殖要点

(1) 播种。种子 9—10 月成熟,果实呈红褐色,应及时采收,摊开阴干,去除杂物,与沙土混拌贮藏。次年春季 3 月播种,播种前要进行种子处理,用木棒敲碎种壳,或用沙子擦伤外种皮,方可播种,这样有利于种子发芽。苗床土壤以疏松肥沃、排水良好的沙质壤土为好,播后覆上一层约 2 cm 厚的细土,再盖以稻草,浇一次透水,约 10 d 后即开始发芽,待出苗后,及时揭草。苗期要做好养护管理工作,注意松土、除草、追肥,并适当间苗,当年生苗木可高达 30~40 cm。培养朴树盆景用的幼树苗要注意修剪整形,抑顶促侧,控制树苗高生长,促其主干增粗,侧枝生长,以利上盆加工造型。

(2) 山野采掘。朴树在长江流域及其以南地区的丘陵低山溪谷旁常见野生分布,采掘经多年砍伐的姿态古奇的萌生老桩,进行养胚。经过修剪,促使根系发育,萌生新枝,然后造型培育,1~2 年后,再上盆加工,可在较短时期内制成苍劲古朴的朴树盆景。

栽培管理

移栽宜在秋后或春季萌芽以前进行。栽时根系要作适当修剪整理,剪去过长的主根,多留侧根及须根,壅以疏松肥土,同时对枝叶进行适当疏剪。如用中浅盆栽种,须用金属丝将根固定于盆底,以免倒伏。

观赏应用

朴树树冠宽广,枝条开展,绿荫浓郁,适于城乡绿化,宜作庭荫树、行道树,可配植于草坪、坡地、池边等处,也适于厂矿区绿化及防风、护堤,又是制作盆景的好材料。

小知识

朴树茎皮为造纸和人造棉原料;果实榨油可做润滑油;木质坚硬,可供工业用材;茎皮纤维强韧,可做绳索和人造纤维。

黑弹树

Celtis bungeana Bl.

　　黑弹树,别名小叶朴,榆科朴属落叶乔木。分布在朝鲜以及中国陕西、安徽、湖北、西藏、甘肃、青海、江西、山西、云南、河北、宁夏、辽宁、浙江、湖南、内蒙古、江苏、山东、河南、四川等地,生长于海拔 150~2 300 m 的地区,见于灌丛、山坡、路旁以及林边,目前尚未有人工引种栽培。

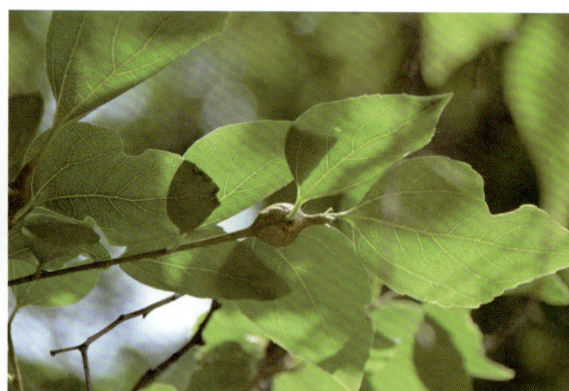

形态特征

　　黑弹树高达 15~20 m,小枝通常无毛。叶长卵形,长 4~8 cm,先端渐尖,基部不对称,中部以上有浅钝齿或近全缘,两面无毛。果单生,熟时紫黑色,果柄长为叶柄 2 倍以上,果核表面平滑。

生态习性

　　黑弹树喜光,也较耐阴,耐寒,耐旱,喜黏质土;深根性,萌蘖性强;生长慢,寿命长。

繁殖要点

　　黑弹树通过播种、嫁接、扦插或压条法繁殖。

观赏应用

黑弹树枝叶茂密,树形美观,树皮光滑,宜作庭荫树及城乡绿化树。

珊瑚朴

Celtis julianae Schneid.

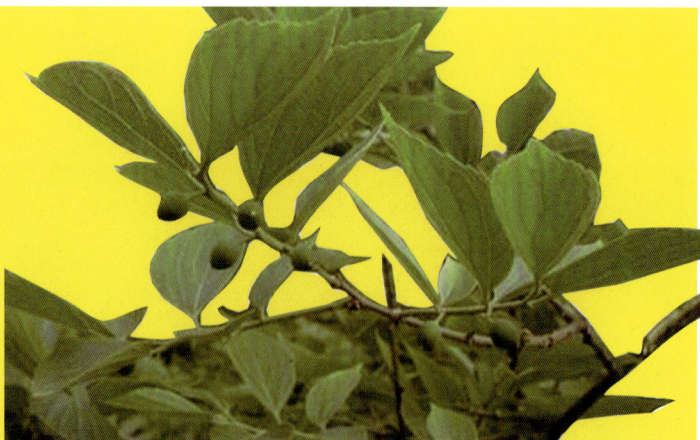

珊瑚朴,又名棠壳子树,榆科朴属乔木,分布于我国浙江、安徽、湖北、贵州及陕西南部。

形态特征

珊瑚朴高达 25~30 m。树冠圆球形,树皮灰色,不开裂;小枝、叶背、叶柄均密被黄褐色绒毛。叶形宽大,广卵形、卵状椭圆形或倒卵状椭圆形,长 6~16 cm,先端短尖,基部近圆形,叶面稍粗糙,背面网脉隆起,密被黄柔毛,中部以上有钝锯齿。核果大,径 1~1.3 cm,熟时橙红色,单生叶腋,味甜可食。花期 4 月,果熟期 10 月。

生态习性

珊瑚朴喜光,稍耐阴;喜温暖湿润气候及湿润、肥沃土壤,亦能耐干旱瘠薄,在微酸性、中性及石灰性土壤上都能生长;深根性,生长较快;抗烟尘和有毒气体,少病虫害,较能适应城市环境。

繁殖要点

珊瑚朴采用播种繁殖。种子采收后除去外种皮,阴干沙藏,冬季播种或湿沙层积到翌年春播。苗圃地应选择土层深厚、排水良好的沙壤土。施足基肥,采用条播或撒播。播后覆土,以不见种子为度,保持苗床湿润。第二年春季可分床培育,2~3年可出圃。

栽培管理

珊瑚朴耐移栽,可在落叶后或翌春芽萌动前进行。起苗时不可伤根皮和顶芽,对长侧根、侧枝可以适当修剪,栽植时要求穴大底平,苗正根展,并灌足定根水。

观赏应用

珊瑚朴树高干直,冠大荫浓,树姿雄伟,春季枝上生满红褐色花序,状如珊瑚,入秋又有红果,都很美观。既可在园林中栽作庭荫树及观赏树,孤植、丛植或列植均很合适;亦可作厂矿、街坊和"四旁"绿化树种。

小知识

珊瑚朴果实较大,熟时橙红色,味甜可作食物。

青檀

Pteroceltis tatarinowii Maxim.

青檀,又名翼朴,榆科青檀属落叶乔木。稀有种,为中国特有的单种属,零星或成片分布于我国 19 个省区。由于自然植被的破坏,常被大量砍伐,致使分布区逐渐缩小,林相残破,有些地区残留极少,已不易找到。

形态特征

青檀高达 20 m。树皮暗灰色,薄片状剥落。单叶互生,卵形,长 3.5~13 cm,先端长尖,基部宽楔形或近圆形,缘具钝锯齿,近基部全缘,三出脉,侧脉先端上弯,不达齿端,上面粗糙,下面脉腋有簇毛。花单性同株。小坚果,两侧具薄木质翅,有细长果柄。花期 4 月,果熟期 8—9 月。

生态习性

青檀喜光,稍耐阴,耐干旱瘠薄,喜生于石灰岩

青檀

的低山区及河流溪谷沿岸;根系发达,萌芽性强,寿命较长。

繁殖要点
青檀采用播种繁殖。果熟后易脱落飞散,要适时采种。春播育苗,当年苗高 50~100 cm。

观赏应用
青檀是珍贵稀少的乡土树种,树形美观,树冠球形,树皮暗灰色,片状剥落,千年古树蟠龙穹枝,形态各异,秋叶金黄,季相分明,极具观赏价值。可孤植、片植于庭院、山岭、溪边,也可作为行道树成行栽植,是不可多得的园林景观树种;青檀寿命长,耐修剪,也是优良的盆景观赏树种。

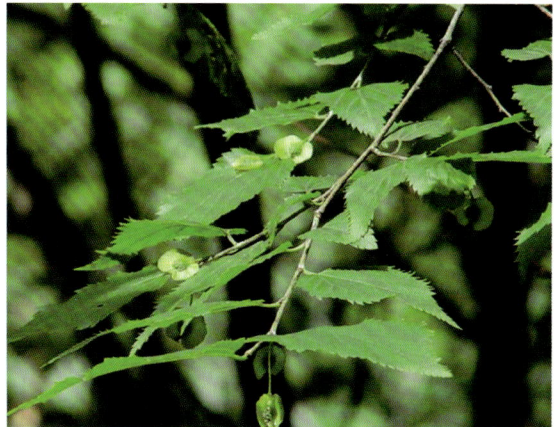

桑

Morus alba L.

桑,桑科桑属乔木或灌木。原产于我国中部地区,现各地广泛栽培,以长江流域和黄河流域中下游栽培最多。

形态特征

桑树高可达 16 m,树冠宽广倒卵形,树皮灰黄色或黄褐色。叶卵形至宽卵形,长 5~18 cm,先端尖,基部圆形或心形,缘具粗锯齿,不裂或不规则分裂,叶基三出脉,叶上面有光泽,无毛,下面沿脉有疏毛,脉腋有簇生毛。花雌雄异株。聚花果长 1~2.5 cm,成熟紫褐色、红色或白色,多汁味甜。花期 4 月,果期 5—7 月。

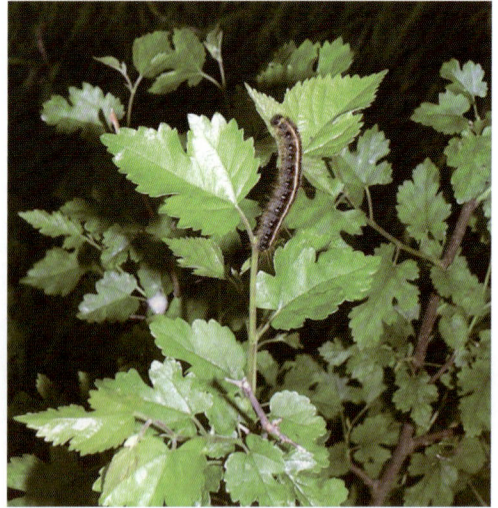

生态习性

桑为阳性树,喜光;喜温暖湿润气候,耐寒,耐干瘠薄和水湿;对土壤适应性强,能耐轻盐碱土;抗污染能力强;深根性,根系发达,有较强的抗风力;萌芽力强,耐修剪。

繁殖要点

桑主要通过播种繁殖,2—3 月份播种最适宜。

栽培管理

进入小苗阶段应注意淋水,及时除草施肥除虫,套种作物收获后,及时施肥,不久就可养蚕。为了养树,当年不夏伐,冬季离地面 0.5 m 左右剪伐,按每亩 6 000~7 000 株(行距 0.7~0.8 m,株距 13~17 cm)留足壮株,多余苗木挖去出售或自种,重施冬肥。

观赏应用

桑树枝叶茂密,树冠广阔,秋季叶色变黄,有一定观赏性,适宜作城市、厂矿区和农村"四旁"绿化,或栽作防护林。其观赏品种更适于庭园栽培。

小知识

桑叶可饲蚕,可作桑园经营;果可生食或酿酒;幼果、枝、叶、根皮皆可入药。

构树

Broussonetia papyrifera .

构树,别名谷浆树、褚桃等,桑科构属乔木。

形态特征

构树树高可达 20 m,树皮平滑,浅灰色或灰褐色,不易裂,全株含乳汁。小枝密生白色绒毛。叶片卵形,长 7~20 cm,先端渐尖或短尖,基部圆形或近心形,缘具粗锯齿,不裂或不规则 3~5 裂,两面密被粗毛,叶柄密生粗毛。聚花果球形,熟时橘红色。花期 5 月,果期 9 月。

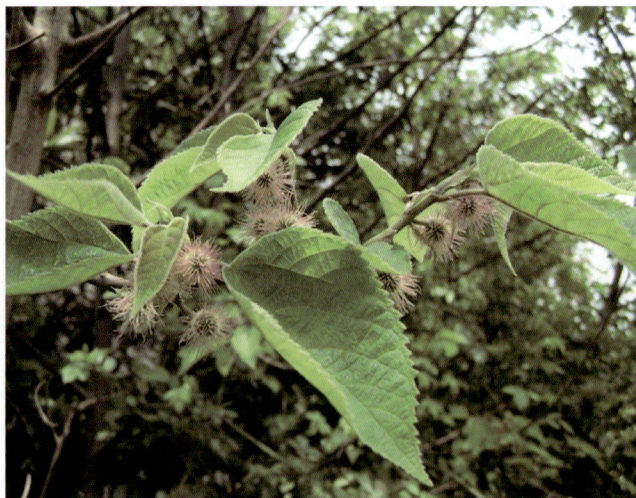

生态习性

构树为强阳性树种,适应性特强,抗逆性强。能耐干冷和湿热气候,耐干旱瘠薄,又能生长于水边,萌芽力强,生长快,病虫害少。抗烟尘、粉尘和多种有毒气体。

繁殖要点

构树采用播种或扦插繁殖,以播种为主。为克服雌株多浆的果实在成熟时大量落果,影响环境卫生,可利用雄株作接穗,培育嫁接苗种植。

选择背风向阳、疏松肥沃、深厚、不积水的壤土地作为圃地。在秋季翻犁一遍,去除杂草、树根、石块。在播种前1个月进行整地和施肥,整地要做到三犁三耙,深度达到30 cm以上,土壤细碎、平整。结合整地每亩施入粉碎的饼肥150 kg或厩肥1 000~1 200 kg。播种床宽1.0 m,长8~10 m,床高约15 cm,排水沟宽30 cm。

播种时间一般在3月中、下旬。播种前要将种子用清水浸泡2~3 h,捞出晾干后用2倍于种子的细沙混合均匀,堆放于室内催芽,并定期查看,保持湿润,当种子有30%裂嘴时,即可进行播种。采用条播方法,行距25 cm,播种量0.15 kg/亩左右。播种时,将种子和细沙混合均匀后撒入条沟内,覆土以不见种子为度,播后盖草以防鸟害和保湿。当30%~40%幼苗出土时,应在下午分批揭除盖草。

栽培管理

构树幼林地易生杂灌,影响林木生长,为使林相整齐,生长健壮,提高树林的产量和质量,砍杂除灌是林地抚育管理的必要工作,每年进行1~2次,必要时可进行林地中耕除草和施肥。另外,对散生和成龄老树,需适时截干更新,促其抽发枝条,提高单位面积产量,同时也便于采叶取皮。

观赏应用

构树树冠庞大,遮阴效果极好,可作为庭荫树、行道树;因抗烟尘、粉尘和多种有毒气体性强,特别适合作大气污染严重的化工厂等处的绿化树。作为行道树应选用雄株,雌株聚花果成熟时易诱引苍蝇,果落下时会污染行人衣服,因此不宜选作行道树。

小知识

构树树皮为优质造纸原料;叶可作猪饲料;果实及根可入药,能补肾利尿、强筋骨;叶的乳汁,可擦治疮癣。

杜仲

Eucommia ulmoides Oliver.

　　杜仲,又名胶木,杜仲科杜仲属。仅1属1种,我国特产,产于华东、中南、西北、西南各地,主要分布于长江流域以南各省区。

杜 仲

形态特征

　　杜仲为落叶乔木,树高可达20 m,树干端直,树冠卵形,枝叶密集,小枝无毛,有明显皮孔。体内有弹性胶丝,小枝髓心片状分隔,无顶芽。单叶互生,无托叶。叶片椭圆形或椭圆状卵形,长6~18 cm,先端渐尖,基部宽楔形或圆形,边缘有锯齿。翅果长3~4 cm,长椭圆形,扁而薄,顶端两裂,熟时棕褐色。花期3—4月,果熟期10月。

生态习性

　　杜仲喜光,不耐庇荫,耐寒,对气候、土壤适应能力强;深根性,侧根发达;萌芽力强,性忌黏、忌涝;对氯化氢、氯气抗性弱,对二氧化硫较敏感。

繁殖要点

（1）播种。宜选新鲜、饱满、黄褐色有光泽的种子，于冬季十一二月或春季二三月，月均温达10 ℃以上时播种。一般暖地宜冬播，寒地可秋播或春播，以满足种子萌发所需的低温条件。种子忌干燥，故宜趁鲜播种。如需春播，则采种后应将种子进行层积处理，种子与湿沙的比例为1：10。或于播种前，用20 ℃温水浸种2~3 d，每天换水1~2次，待种子膨胀后取出，稍晒干后播种，可提高发芽率。条播，行距20~25 cm，每亩用种量8~10 kg。播种后盖草，保持土壤湿润，以利种子萌发。幼苗出土后，于阴天揭除盖草。每亩可产苗木3~4万株。

（2）嫩枝扦插。春夏之交，剪取一年生嫩枝，剪成长5~6 cm的插条，插入苗床，入土深2~3 cm，在土温21~25 ℃下，经15~30 d即可生根。如用0.05 mg/L萘乙酸处理插条24 h，插条成活率可达80%以上。

（3）根插。在苗木出圃时，修剪苗根，取径粗1~2 cm的根，剪成10~15 cm长的根段，进行扦插，粗的一端微露地表，在断面下方可萌发新梢，成苗率可达95%以上。

（4）压条。春季选强壮枝条压入土中，深15 cm，待萌蘖抽生高达7~10 cm时，培土压实。经15~30 d，萌蘖基部可发生新根。深秋或翌春挖起，将萌蘖一一分开即可定植。

（5）嫁接。用2年生苗作砧木，选优良母本树上一年生枝作接穗，于早春切接于砧木上，成活率可达90%以上。

栽培管理

（1）选地整地。选土层深厚、疏松肥沃、土壤酸性至微碱性、排水良好的向阳缓坡地，深翻土壤，耙平，按株行距(2 ~ 2.5) m×3 m，深30 cm，80 cm见方的标准挖穴。穴内施入土杂肥2.5 kg、饼肥0.2 kg、骨粉或过磷酸钙0.2 kg及火土灰等。播种前浇透水，待水渗下后，将处理好的种子撒下。种子相距约3 cm，覆细土0.7 ~ 1 cm，播后畦面盖草。播种量52.5 ~ 90 kg/亩。

（2）苗期管理。种子出苗后，注意中耕除草，浇水施肥。幼苗忌烈日，要适当遮阴，旱季要及时喷灌防旱，雨季要注意防涝。实生苗若树干弯曲，可于早春沿地表将地上部全部除去，促发新枝，从中选留1个健壮挺直的新枝作新干，其余全部除去。

（3）定植。1~2年生苗高达1 m以上时即可于落叶后至翌春萌芽前定植。幼树生长缓慢，宜加强抚育，每年春夏应进行中耕除草，并结合施肥。秋天或翌春要及时除去基生枝条，剪去交叉过密枝。对成年树也应酌情追肥。北方地区8月停止施肥，避免晚期生长过旺而降低抗寒性。

观赏应用

杜仲树形整齐，枝叶茂密，适宜作庭荫树和行道树，在园林风景区及防护林带可结合生产绿化造林。其体内胶丝可提炼优质硬性橡胶，树皮为名贵中药材，是我国重要的特种经济树种。

小知识

杜仲树皮可作降血压之用，并能医腰膝痛，风湿及习惯性流产等；树皮分泌的硬橡胶可作为工业原料及绝缘材料，抗酸、碱及化学试剂腐蚀的性能高，可制造耐酸、碱容器及管道的衬里；种子含油率达27%；木材可作建筑及家具之原料。

结香

Edgeworthia chrysantha
Lindl.

结香,瑞香科结香属落叶灌木。产于我国河南、陕西及长江流域以南诸省区,野生或栽培。

形态特征

结香枝条粗壮柔软,常三叉分枝,棕红色;枝上叶痕甚隆起。单叶互生,常集生枝端,长椭圆形至倒披针形,长 8~16 cm,先端急尖,基部楔形并下延,叶面有疏柔毛,背面有长硬毛。花黄色,有浓香,40~50 朵集成下垂的花序。花瓣状的萼筒外面密被绢状柔毛。果卵形,果序状如蜂窝。花期 3 月,果期 5—6 月。

生态习性

结香喜半阴,耐日晒,耐寒性不强;喜温暖湿润气候和肥沃而排水良好的沙壤土;根肉质,过干和积水处不宜生长;根颈处易萌蘖,但不耐修剪。

繁殖要点

结香繁殖有分株、扦插、压条等方法。

(1)分株。在早春萌芽前,取粗壮的萌蘖小苗,截断与母株相连的根,另植于地里,即

可成活。一年内可长到 60~70 cm。

（2）扦插。一般在 2—3 月进行，选取健壮的枝条，长度为 10~15 cm，用利刀将下部一刀削成马耳形，插入土中约一半左右，压实，浇透水，遮阴并保持土壤湿润，50 d 即可发根，次年可移植。

（3）压条。选粗壮的蘖丛枝条，将压入土中的一面半环状剥皮，深达木质部，埋入土中，枝稍露出，保持湿润，次年可截断母枝，另行培育。移植宜在冬、春季进行，可裸根移植。栽培中保持土壤潮湿，干旱易引起落叶，影响开花。成年结香应修剪老枝，以保持树形的丰满。

栽培管理

结香栽培十分容易，无需特殊管理，每当枝条衰老之时，都应及时修剪更新。移植在冬春季节进行，一般可裸根移植，成丛大苗宜带泥球。根肉质，怕水湿，在肥沃、排水良好的土壤中生长良好，根颈处易长蘖丛。

观赏应用

结香枝条柔软，弯之可打结而不断，故可整成各种形状，花多成簇，芳香浓郁，可孤植、对植、丛植于庭前、路边、墙隅或作疏林下木，也可点缀于假山、岩石之间或街头绿地小游园内。北方可盆栽，进行曲枝造型。

结香茎皮纤维可做高级纸及人造棉原料；全株入药能舒筋活络、消炎止痛，还可治跌打损伤、风湿痛；也可作兽药，治牛跌打损伤。

小知识

结香的花语和象征意义是：喜结连理。

在中国，结香被称为爱情树。因为很多恋爱中的人们相信，想要得到长久甜蜜的爱情和幸福，只要在结香的枝上打两个同向的结，这个愿望就能实现。

海桐

Pittosporum tobira
(Thunb.)Ait.

海桐,海桐花科海桐花属常绿灌木。产于中国江苏南部、浙江、福建、台湾、广东等地,长江流域、淮河流域广泛分布,朝鲜、日本亦有分布。

形态特征

海桐树高可达 6 m,树冠近球形。小枝及叶集生于枝顶。叶革质,全缘,倒卵状椭圆形,长 5~12 cm,基部窄楔形,边缘略向下反卷,叶上面深绿色,有光泽。花小,芳香,白色,后渐变黄色;成伞房花序。果近球形,有棱角,熟时 3 瓣裂。种子红色,有黏液。花期 5 月,果熟期 10 月。

生态习性

海桐喜光,略耐阴;喜温暖,耐寒性不强;对土壤要求不严,能耐轻盐碱土;萌芽力强,生长快,耐修剪;抗海潮、海风,对有毒气体抗性较强;对粉尘的吸附能力强,并有隔音、减弱噪声的功能。

繁殖要点

海桐用播种或扦插繁殖。蒴果 10—11 月份成熟,果皮木质,成熟时由青转黄,种子藏

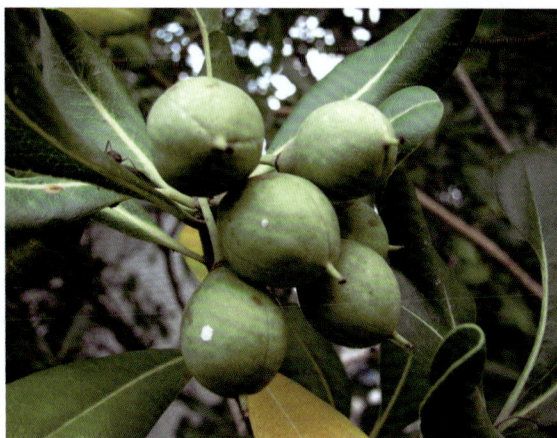

于胶质果肉内,假种皮鲜红色,具油脂,有光泽。采集的果实,摊放数日,果皮开裂后,敲打出种子,湿水拌草木灰搓擦出假种皮及胶质,冲洗得出净种。果实出种率约为15%。种子千粒重为22~27 g,忌日晒,宜混湿沙贮藏。

翌年3月中旬播种,用条播法,种子发芽率约50%。幼苗生长较慢,实生苗一般需2年生方宜上盆,3~4年生方宜带土团出圃定植。扦插于早春新叶萌动前剪取1~2年生嫩枝,截成每15 cm长一段,插入湿沙床内。稀疏光照,喷雾保湿,约20 d发根,一个半月左右移入圃地培育,2~3年生可供上盆或出圃定植。平时管理要注意保持树形,干旱适当浇水,冬季施1次基肥。

栽培管理

海桐栽培容易,无须特殊管理。露地移植一般在3月份进行。如秋季种植,应在10月前后。大苗在挖掘前必须用绳索收捆,以防折断枝条,且挖掘时一定要带土球,土球的大小根据主干的粗细而定。小苗可裸根移植,但要及时。

海桐较抗旱。夏季消耗大量水分,应经常浇水;冬季如所处温度较低,则浇水量应相应减少。空气湿度应在50%左右。生长季节每月施1~2次肥,平时则不需施肥。

观赏应用

海桐枝叶茂密,树冠球形,下枝覆地,叶色浓绿而有光泽,经冬不凋。初夏花朵清丽芳香,入秋果熟时露出红色种子,非常美观,是我国南方城市和庭园常见绿化观赏树种。海桐通常用作基础栽植及绿篱材料,可孤植于建筑物四周,丛植于草植边缘、林缘或列植路边,或对植于门旁皆为合适,还用作海岸防潮林、防风林及厂矿区绿化。

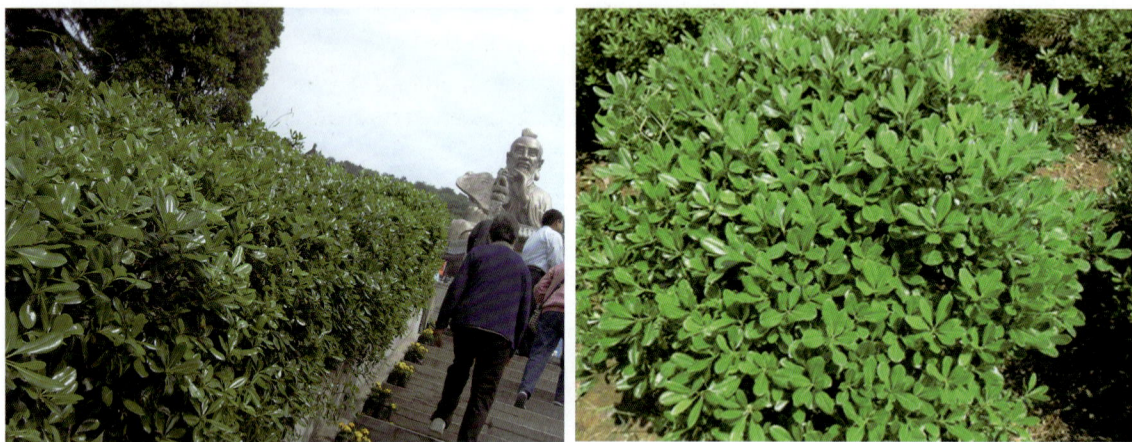

小知识

海桐可供观赏,对二氧化硫等有毒气体有较强的抗性。其根、叶和种子均可入药,根能祛风活络、散瘀止痛;叶能解毒、止血;种子能涩肠、固精。

柽柳

Tamarix chinensis Lour.

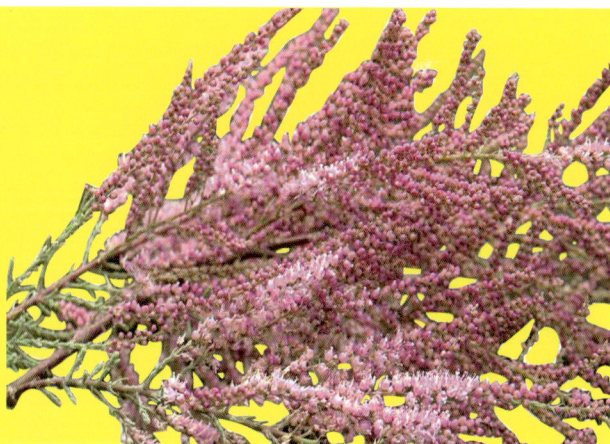

柽柳,别名垂丝柳、西河柳、西湖柳、红柳、阴柳,柽柳科柽柳属落叶小乔木,产于中国各地。柽柳枝条细柔,姿态婆娑,开花如红蓼,颇为美观。

形态特征

柽柳树高达 7 m。非木质化小枝细长下垂,红褐色或淡棕色。叶细小,鳞片状,互生;总状花序集生为圆锥状复花序,多柔弱下垂;花粉红色或紫红色;花期春、夏季,有时一年 3 次开花,果期 10 月。

生态习性

柽柳为强阳性树种,喜光,适应性强,耐寒、耐热、耐干及耐湿;对土壤要求不高,耐盐土(0.6%)及盐碱土(pH 值 7.5~8.5)能力极强,叶能分泌盐分,为盐碱地指示植物;深根性,根系发达,抗风力强;萌蘖力强,耐修剪,耐沙割与沙埋。

繁殖要点

柽柳主要采用扦插、播种、压条和分株繁殖。

(1) 扦插。选用直径 1 cm 左右的 1 年生枝条作为插条,剪成长 25 cm 左右,春季、秋季均可扦插。平床扦插,床面宽 1.2 m、行距 40 cm、株距 10 cm 左右;也可以丛插,每丛插 2~3 根插穗。为了提高成活率,扦插前可用 ABT 生根粉 100 mg/L 浸泡 2 h 左右。扦插后立即灌水,以后每隔 10 d 灌水1次,成活率可达90%以上。

（2）播种。为了培育全苗、壮苗,育苗地宜选择土壤肥沃、疏松透气的沙壤土。先平整土地,均匀撒一层有机肥,整理苗床,畦宽1 m左右。各种柽柳种子成熟期不一致,有的在5—6月,有的则在秋季果熟。种子成熟后,果开裂,吐絮,随风飞扬,所以一定要及时采集。采种时,选择生长旺盛的植株,采收果实阴干,干所贮存,以防霉烂。柽柳种子没有后熟过程,可随采随播。有些柽柳种子发芽力丧失极快,如加长序柽柳,采后20 d发芽率从70%降至20%,2个月左右完全丧失发芽力。但有些种子不易丧失发芽能力。

一般在夏季播种,也可以在来年春季播种。播种前先灌水,浇透床面,然后将种子均匀撒于床面上。由于种子细小,可混入沙子一起撒播,一般5 g/m² 左右,再以薄薄的细土或细沙覆盖,也可以不覆盖,任其随水渗入土壤,并与土壤紧密接触。播种3 d后大部分种子发芽出土,10 d左右出齐。出苗期间要注意浇水,每隔3 d浇1次小水,保持土壤湿润;苗出齐后,可以减少灌溉次数,加大灌溉量。实生苗1年可长到50~70 cm,直接出圃造林。

（3）压条。选择生长健壮的植株,在枝条离地40 cm的近地一侧剥去树皮3~4 cm,露出形成层,然后将剥去树皮的部位置入土壤中,用带杈的木桩固定,使其与土壤紧密接触,适时浇水,5 d左右即可生出不定根,10 d左右,将其与母株分离、移植。

（4）分株。柽柳一般成簇分布,1簇柽柳大约有上百个枝条。在春天柽柳萌芽前,可将其连根刨出,1簇柽柳可分成10株左右,然后重新栽植。这种方法要有一定时间的缓苗期才能正常生长。

栽培管理

柽柳在定植后不需要特殊管理,极易成活,对土质要求不高,疏松的沙壤土、碱性土、中性土均可。栽后适当浇水、追肥。柽柳极耐修剪,在春夏生长期可适当进行疏剪整形,剪去过密枝条,以利通风透光,秋季落叶后可进行1次修剪。在园林中栽植可适当整形修剪以培育和保持优美的树形。在大面积栽植做采条或防风固沙之用时,应注意保护芽条健壮生长,适当疏剪细弱冗枝,冬季适当培土。

观赏应用

柽柳花色美丽,经久不落,干红枝柔,叶纤如丝,适配植于盐碱地的池边、湖畔、河滩,或作为绿篱、林带下木,有降低土壤含盐量的显著功效和保土固沙等防护功能,是改造盐碱地和营造海滨防护林的优良树种。老桩可作盆景,枝条可编筐;嫩枝、叶可药用。

小知识

柽柳是可以生长在荒漠、河滩或盐碱地等恶劣环境中的顽强植物,是最能适应干旱沙漠和滨海盐土环境,防风固沙、改造盐碱地、绿化环境的优良树种之一。

杜英

Elaeocarpus decipiens Hemsl.

　　杜英,别名假杨梅、梅擦饭、青果、野橄榄、胆八树、橄榄、缘瓣杜英,杜英科杜英属常绿乔木。分布于我国广西、广东、江西、福建、台湾和浙江;在越南,杜英生于低山山谷林中。

形态特征

　　杜英高达 20 m。小枝及叶无毛,小枝红褐色;叶片倒卵形,长 4~8 cm,叶缘有钝锯齿,脉腋有时具腺体,绿叶中常存有鲜红的老叶;花瓣上部 10 裂,外被毛,雄蕊 13~15;果长 1~1.2 cm;花期6—8 月,果期 10—12 月。

生态习性

　　杜英喜温暖潮湿环境,耐寒性稍差,稍耐阴;根系发达,萌芽力强,耐修剪;喜排水良好、湿润、肥沃的酸性土壤;适生于酸性黄壤和红黄壤山区,若在平原栽植,须排水良好;生长速度中等偏快;对二氧化硫抗性强。

繁殖要点

　　杜英以播种繁殖为主。一般采种后即播种,也可将种子用湿沙层积至次年春播。幼苗期可于夏季追施薄肥几次,第二年春季将幼苗分栽。小苗移栽时要带宿土,大苗移植时需带土球,并适当疏剪部分枝叶,定植后成活率极高。

(1) 播种。采种母树应选择树龄 15 年以上、生长健壮和无病虫害的植株,于 10 月下旬果实由青绿色转为暗绿色,核果成熟时,及时采种。果实采回后可堆放在阴凉处或放入水中浸泡 1~2 h,待外果皮软化后,进行搓擦淘洗,再用清水漂洗干净,置室内摊开晾干后及时沙藏(种子切忌曝晒,也不宜长期脱水干藏)。杜英属种子大多有深度休眠现象,种子用湿沙低温层积贮藏可显著提高发芽率(可达 60% 以上)。

(2) 扦插。夏初,从当年生半木质化的嫩枝上剪取插穗,穗条长 10~12 cm,并将下部叶子剪除,上部保留 2~3 个叶片,每张叶片剪去一半,用浓度为 100 mg/L 的 NAA 或浓度为 50 mg/L 的 ABT 生根粉溶液,浸泡基部 2~4 h。用蛭石或河沙作基质,插后浇足水分,用塑料薄膜拱棚封闭保湿,遮阴降温。一般不需再喷水管理,每隔一周喷 0.1% 高锰酸钾液,防止腐烂。有条件的地方可使用全光照自动喷雾育苗。试验结果表明,采用此装置育苗,扦插后 20 d 左右开始生根,扦插成活率可达 90% 以上,病虫害少。

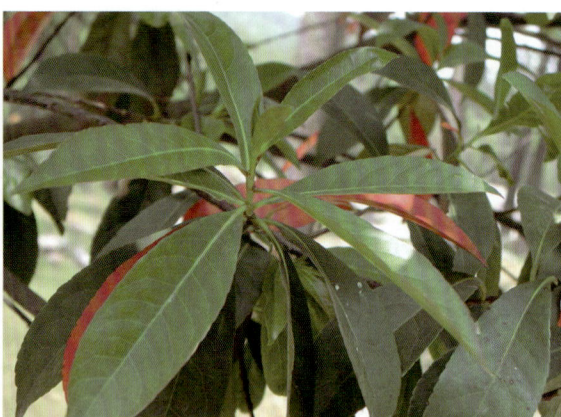

栽培管理

(1) 施肥。苗木生长初期,每隔半月施浓度 3%~5% 稀薄人粪尿。5 月中旬以后可用 1% 过磷酸钙或 0.2% 的尿素溶液浇施。

(2) 除草。可用 50% 乙草胺 1 200 mL/亩和 12.5% 盖草能 600 mL/亩间替 45 d 交替喷雾。

(3) 水分管理。梅雨季节应做好清沟排水工作;干旱季节应做好灌溉工作。

(4) 间苗。生长盛期(6 月中旬以后),应分期分批做好间苗工作,7 月下旬做好定苗工作,保留 30~40 株/m²,在立秋前半个月停施氮肥。9 月中旬至 11 月中旬,可每隔 10 d 喷一次 0.3%~0.5% 的磷酸二氢钾溶液和 0.2% 的硼砂溶液, 交替喷施 2~3 次即可,以促使苗木木质化。一般一年苗可高达 50 cm 左右。

观赏应用

杜英树冠圆整,枝叶繁茂,秋冬、早春叶片常显绯红色,红绿相间,鲜艳夺目,可用于工矿企业绿化。杜英为常绿速生树种,材质好,适应性强,病虫害少,是庭院观赏和四旁绿化的优良品种。其种子油可作润滑剂,树皮也可制染料。

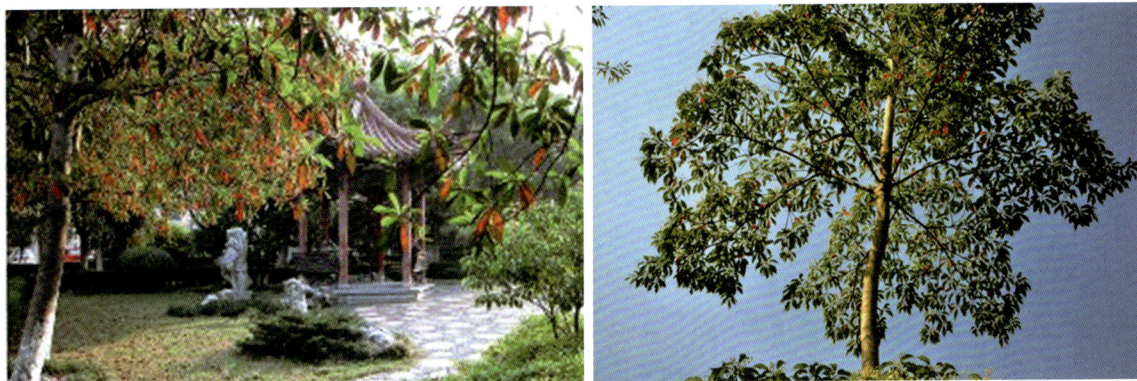

小知识

杜英可作行道树并能起降噪作用。

(1) 行道树。行道树是指在道路两旁成行种植的树木,主要起遮阴、绿化、美化、调节温湿度的作用。一般要求叶片较大、树冠硕大、枝叶浓密,能遮挡人行道上的太阳光,如普遍种植的香樟、广玉兰、法国梧桐等均具有此功能。杜英则具分枝低、叶色浓艳、分枝紧凑、适合构造绿篱墙的特点,用作行道树有一定的优势。

(2) 降低噪声。实践证明,距住宅外墙 8 m 处,采用杜英塑造生态屏障,高度 ≥10 m,屏障长度 ≥150 m,屏障厚度 ≥2 m,离污染源相距 12 m 左右,对防止噪音污染具有明显的作用。

乌桕

Sapium sebiferum (L.) Roxb.

乌桕,别名腊子树、桕子树、木子树、乌桕、桊子树、桕树、木蜡树、木油树、木梓树、虹树、蜡烛树、油籽(子)树、洋辣子树,大戟科乌桕属落叶乔木。为中国特有的经济树种,已有1 400多年的栽培历史。乌桕是一种色叶树种,春秋季叶色红艳夺目,不下丹枫。

乌 桕

形态特征

乌桕高达15 m。树冠近球形,树皮暗灰色,浅纵裂;小枝纤细。叶菱形至菱状卵形,长5~9 cm,先端尾尖,基部宽楔形,叶柄顶端有2腺体。花序穗状,长6~12 cm,花黄绿色。蒴果3棱状球形,径约1.5 cm,熟时黑色,果皮3裂,脱落;种子黑色,外被白蜡,附着于中轴上,经冬不落。花期5—7月,果期10—11月。

生态习性

乌桕喜光、喜温暖气候,较耐旱;对土壤要求不高,在排水不良的低洼地和间断性水淹的江河塘堤两岸都能良好生长,酸性土和含盐量达0.25%的土壤也能适应;对二氧化硫及氯化氢抗性强。

繁殖要点

乌桕繁殖一般用播种法,优良品种用嫁接法,也可用埋根法。乌桕移栽宜在萌芽前春暖时进行,如果苗木较大,最好带土球移栽。栽后二三年内要注意抚育管理工作。虫害主要有樗蚕、刺蛾、大蓑蛾等幼虫吃树叶和嫩枝,要注意及时防治。培育一棵优良的乌桕树,需要6~10年的时间,越是精品的苗木,越需要长期的培育,当然回报也很高。

乌桕树苗在苗圃培育3~4年,1 m高处直径达6 cm左右可出圃用于园林绿化,规格不可太小,否则难以产生好的景观效果。乌桕的移栽宜在春季(4—5月)进行,萌芽前和萌芽后都可栽植,但在

实践中萌芽时移栽的成活率相对于萌芽前、后移栽要低。移栽时须带土球,土球直径 35~50 cm。因城市中土壤条件较差,栽植时要坚持大塘浅栽,挖 1 m×1m×1 m 的大塘,清除塘内建筑渣土等杂物,在塘底部施入腐熟的有机肥,回填入好土,再放入苗木,栽植深度掌握在表层覆土距苗木根际处 5~10 cm。栽后上好支撑架,再浇一次透水,3 d 后再浇一次水,以后视天气情况和土壤墒情确定浇水次数,一般 10 d 左右浇一次水。乌桕喜水喜肥,生长期如遇干旱,就要及时浇水,否则生长不良。

栽培管理

(1)间苗。待苗高达 5~8 cm 时,开始第一次间苗,按 10~15 cm 间距留苗,去劣留优。当苗高达 20 cm 左右时,结合除草进行第二次间苗,使苗的株行距约为 20 cm×30 cm,每亩保留大苗壮苗 7 000 株。适度密植有利于干形培养和高生长。

(2)追肥及锄草。第二次间苗结束后,即可对苗木追肥,4—7 月间利用雨前或雨中追施 4 次尿素。适时锄草,本着除草要"除小、除了"的原则,保持苗床无草、土疏松、沟沥水。

(3)修剪及病虫害防治。修剪主要是抹芽和摘除新梢。自主干开始出现分枝时起,就采取抹去开始抽梢的腋芽或摘除已抽出的侧枝新梢的办法,一个生长周期需修剪 2~3 次,目的是抑制侧枝产生和生长,促进主干新梢的顶端生长优势,促进高生长。乌桕是乡土树种,病虫害较少,主要是早期的地老虎和后期的刺蛾类会造成一定危害,采用清早人工捕捉消灭地老虎;发生刺蛾类危害时,可用 800 倍 40%的乐果乳剂或 800 倍 80%的敌敌畏乳油进行叶面喷洒,效果显著。

观赏应用

乌桕树冠整齐,叶形秀丽,秋叶经霜时如火如荼,十分美观,有"乌桕赤于枫,园林二月中"之美誉。若与亭廊、花墙、山石等相配,也甚协调。冬日白色的乌桕子挂满枝头,经久不凋,也颇美观,古人就有"偶看柏树梢头白,疑是江梅小着花"的诗句。乌桕可孤植、丛植于草坪、湖畔、池边,在园林绿化中可栽作护堤树、庭荫树及行道树。在城市园林中,乌桕可作行道树,可栽植于道路景观带,也可栽植于广场、公园、庭院中,或成片栽植于景区、森林公园中,能产生良好的造景效果。乌桕宜在丘陵山区生长,并且可以在山地、平原和丘陵造林,甚至可以在土地比较干旱的石山地区种植。如铜锤柏,其主要优点是树体小,宜适当密植,单株结实性好,群体产量高;适应性强,较耐旱耐瘠。鸡爪柏优点是适应性强,树体较高大,发枝能力强,枝条密度大,幼枝光滑,结果枝比率高。

山乌柏

Sapium discolor（Champ. ex Benth.）Muell.Arg.

山乌柏，别名红叶乌柏、山柳、红心乌柏(广东)、山柏子、山柏，大戟科乌柏属乔木或灌木。广泛分布于我国长江以南各省区和台湾省的山区，印度尼西亚、马来西亚等东南亚各国亦有分布。

形态特征

山乌柏高 3~12 m，罕有达 20 m 者，各部均无毛，小枝灰褐色，有皮孔。叶互生，纸质，嫩时呈淡红色，叶片椭圆形或长卵形，长 4~10 cm，宽 2.5~5 cm，顶端钝或短渐尖，基部短狭或楔形，背面近缘常有数个圆形的腺体；中脉在两面均凸起，于背面尤著，侧脉纤细，互生或有时近对生，略呈弧状上升，离缘 1~2 mm 弯拱网结，网脉很柔弱，通常明显；叶柄纤细，顶端具 2 毗连的腺体；托叶小，近卵形，长约 1 mm，易脱落；花期 30~40 d；蒴果黑色，球形，分果爿脱落后而中轴宿存，种子近球形，外薄被蜡质的假种皮。花期 4—6 月，果熟期为 10 月。

生态习性

山乌柏生于酸性土壤地区的疏林、灌木丛中，以气候温暖、土壤湿润肥沃、阳光充足的低山次生疏林或山谷地区生长最好，在较干旱地区也能生长，但多为灌木。

繁殖要点

(1)苗床准备。选择排灌良好的壤土或沙壤土作圃地，冬季深翻一遍。用硫酸亚铁消毒后，以腐熟农家肥牛栏粪或猪粪 1 000 kg 作基肥。圃地需三犁三耙，苗床高

20 cm,宽 1.2 m,南北向,自然长,床面土块打碎。

(2)播种。山乌桕宜点播,2 月中下旬选择晴好天气播种,行距 15 cm,株距 10 cm,播种沟深 5~8 cm。种子播前用多菌灵或 0.2%高锰酸钾消毒,然后用 50 ℃温水浸种 10 d。播后用无菌黄心土覆盖,厚 1 cm,然后盖稻草,用洒水壶洒水浇透土壤。山乌桕种子细小,约 1.6 万粒/kg,每亩播种量为 1.5~2 kg。

栽培管理

(1)湿度。山乌桕喜湿润或半燥的气候环境,要求生长环境的空气相对湿度在 50%~70%,空气相对湿度过低时下部叶片黄化、脱落,上部叶片无光泽。

(2)温度。山乌桕对冬季的温度要求很高,当环境温度在 8℃以下时停止生长。

(3)水肥管理。幼苗萌发后 20 d 左右长出 5~6 片真叶,此时可追第一次肥,每亩施 3 kg 氮肥。以后每个月追一次肥,以氮磷肥为主,共 3~4 次。于 9 月份施钾肥一次,促进苗木木质化,利于越冬。山乌桕较为耐旱,但水肥充足时生长更快,因此要保持土壤湿润,特别是高温干旱的 7—8 月,要注意灌水保湿。

观赏应用

山乌桕为乔木类,可用作遮阴树,冬季满树红叶,也可作为庭院观赏树种。此外,山乌桕也是优良的蜜源植物。

小知识

乌桕因其叶片长时间呈现红色,可营造美丽的植物景观,符合现代人的审美情趣,因此在城市园林绿化中有着广阔的前景。如果在城郊公园或森林公园中成片种植,效果尤为显著,春秋冬季都可观赏满山红叶。山乌桕的种仁含油,是制肥皂、蜡烛的原料,而且它的花富含糖分,招引蜂蝶;种子为鸟类所喜食,对营造人与自然的和谐共处、建造鸟语花香的优美环境能起到积极的作用。

此外,山乌桕还可用于行道树、工业原料林、退耕还林的阔叶树种等多个方面,特别是对于营造城市生态林而言,是不可多得的树种。

重阳木

Bischofia polycarpa
(Levl.) Airy Shaw.

　　重阳木,又名红桐、茄冬、水红木,大戟科秋枫(重阳木)属落叶乔木,中国原产树种,产于秦岭、淮河流域以南各地,在长江中下游地区常见栽培。

形态特征

　　重阳木高达 15 m,树皮褐色,厚 6 mm,纵裂;木材表面槽棱不显;树冠伞形状,大枝斜展,小枝无毛,当年生枝绿色,皮孔明显,灰白色,老枝变褐色,皮孔变锈褐色;芽小,顶端稍尖或钝,具有少数芽鳞;全株均无毛。三出复叶;顶生小叶通常较两侧的大,小叶片纸质,卵形或椭圆状卵形,有时长圆状卵形,顶端突尖或短渐尖,基部圆或浅心形;托叶小,早落。果实浆果状,圆球形,直径 5~7 mm,成熟时褐红色。花期在 4—5 月,果期 10—11 月。

生态习性

　　重阳木为暖温带树种,属阳性,喜光,稍耐阴,喜温暖气候,耐寒性较弱;对土壤的要求不高,在酸性土和微碱性土中皆可生长,但在湿润、肥沃的土壤中生长最好;耐干旱,也耐瘠薄,且能耐水湿,抗风耐寒;生长快速,根系发达。

繁殖要点

　　(1) 种实采集与处理。由于重阳木根系发达,萌芽能力强,造林成活率高,因此,多用播种法进行繁殖。选取生长健壮、干形通直、树冠浓郁、无病虫害、结实多年、果实饱满、处于壮年的优良单株作为采种母树。重阳木果实于 11 月成熟,在果实显红褐色后采收。果实采下后,用水浸泡 6 h 以上,然后搓烂果皮,淘洗出种子,晾干后用布袋装于室内贮藏或在室外用河沙层积贮藏。

　　(2) 种子催芽。2 月,将种子置于 45 ℃左右的温水桶内,浸泡 6 h 以上,取出,用河沙湿藏,覆盖薄膜催芽。苗圃地要选择地势平坦、避风开阔、阳光充足、水源方便、土质疏松、肥沃、土层深厚、土壤 pH 值 4.5~7.0、排水好、便于运输的地块作苗圃地。栽培土质以肥沃的沙质壤土为宜。

（3）苗圃整地。苗圃整地一般在育苗的上年冬天进行。要求对苗圃地进行深翻过冬使土壤冻化，消灭杂草和病虫。次年 2—3 月再进行翻地，并除净杂物，做床。苗床按南北向，深挖碎土，床面宽 1.2 m，高 30 cm，步道宽 0.5 m，长 7~10 m。在苗床上按 750 kg/ 亩薄撒一层钙镁磷肥或者腐熟牲畜肥 3 750 kg/亩。

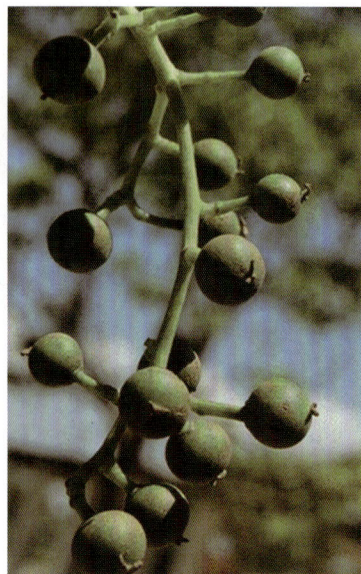

（4）播种。一般采用大田条播育苗。3 月中旬，在播种前用 50% 多菌灵 800 倍液对苗床消毒，当种子胚根长到 1 cm 时，开始播种。播种时，断去部分胚根，按行距 20 cm、株距 9 cm 进行条播，播种量为 30.0~37.5 kg/亩。播后盖 0.5 cm 厚的细土，淋透水，并搭建 2 m 高遮阳率为 90% 的棚，以保证幼苗不受日灼危害。播种行距约 20 cm，每亩播种量 2~2.5 kg。覆土厚约 0.5 cm，上盖草。播后 20~30 d 幼苗出土，发芽率 40%~80%。一年生苗高约 50 cm，最高可达 1 m 以上。苗木主干下部易生侧枝，要及时剪去，使其在一定的高度分枝。移栽要在芽萌动时带土球进行，这样成活率高。

（5）间苗、移苗。播种后 20~30 d 幼苗开始出土，发芽率 70% 左右。当幼苗长出 3 片真叶时开始间苗，间苗在阴雨天进行为好，要间小留大，去劣留优，间密留稀，保证充分光照，并注意病虫害防治。等苗高长到 2 m 左右时（5 月）即可移苗种植。移苗株行距 20 cm×50 cm，在阴天和无风天进行。

栽培管理

（1）松土除草。苗木移植后，要保持苗圃整洁干净，苗床和苗圃周围无杂草，根系生长完整，就要适当松土除草。

（2）水肥管理。肥料施用原则：以有机肥为主，保持或增加土壤肥力及土壤生物活性。有机肥无论采用何种原料做堆肥，必须高温发酵，以杀灭各种寄生虫卵、病原菌、杂草种子，去除有害有机酸和有害气体，使之达到无害化卫生标准。商品肥料及新型肥料必须通过国家有关部门的登记认证及生产许可。所有肥料，尤其是含氮的肥料，不应对环境和作物产生不良后果。

水分管理：要保持苗床湿润，但不能过湿；苗木根系长出以后，注重保持空气湿度，苗圃地要保证通风良好，减少病虫害的发生。日照需充足，幼株需水较多，不可放任干旱。

（3）苗木出圃。重阳木苗木生长快，一般苗木培养 1 年，苗高达到 1.0 m 以上即可出圃。苗木出圃原则上在苗木休眠期进行。若芽苞开放后起苗，会降低成活率。苗木出圃前，要做好炼苗工作，

9月以后要撤除遮阳网,适当减少苗床水分。起苗时选无病虫害、有顶芽的小苗,用锄头将苗起出,注意保护根系,一般保留根长12~15 cm。修根后放入50 mg/kg ABT生根粉黄心土溶液中浆根,后用稻草包好根部。最好是当天起苗当天种植完。若不能及时种植,可散置于通风遮光处,忌堆放和阳光直射,置放时间不能超过3 d。需要运输的苗木必须保护好苗木根部和苗干,避免磨擦破皮或断根。长途运输要保证苗木透气,并保持苗木正常所需的水分,定时淋水。栽培土质以肥沃的沙质壤土为宜。重阳木性喜高温多湿,生育适温为20~32 ℃。

观赏应用

重阳木树姿优美,冠如伞盖,花叶同放,花色淡绿,秋叶转红,艳丽夺目,抗风耐湿,生长快速,是良好的庭荫和行道树种,可孤植、丛植或与常绿树种配置,秋日分外壮丽。在住宅绿化中可用于行道树,也可以用做住宅区内河岸、溪边、湖畔和草坪周围的点缀树种,极有观赏价值。

小知识

重阳木在水土保持方面有自身的独特优势:一是防风固沙,为防止或减轻作物及坡面所产生的风害,所栽植的重阳木在抑制风蚀、保护坡面构造物,并且减少作物因强风造成生理或机械伤害方面具有重要作用;二是道路植树,重阳木能够保护路面、路肩及护坡,减少冲蚀及维护。

重阳木除了能适应当地的环境外,还具备较强的空气污染物转换、光合作用,以及释放阴离子等能力。就除尘的绝对量而言,叶片仍扮演最重要的角色。重阳木的叶片宽大、平展、硬挺,迎风不易抖动,叶面粗糙多茸毛,能吸滞大量的尘埃。

山麻杆

Alchornea davidii Franch.

山麻杆,别名桂圆树、红荷叶、狗尾巴树、桐花杆,大戟科山麻杆属落叶丛生小灌木。主要分布于我国长江流域,山东省济南、青岛也有栽培。

形态特征

山麻杆高 1~2 m,茎干直立而分枝少,茎皮常呈紫红色。幼枝密被绒毛,后脱落,老枝光滑。单叶互生,叶广卵形或圆形,先端短尖,基部圆形,表面绿色,有短毛疏生,背面紫色,叶表疏生短绒毛,叶缘有齿牙状锯齿,主脉由基部三出,叶柄被短毛并有 2 个以上的腺体。托叶 2 枚,线形。花小、单性同株。蒴果扁球形,密生短柔毛;种子球形。花期 3—4 月,果熟期6—7 月。

生态习性

山麻杆为阳性树种,喜光照,稍耐阴,喜温暖湿润的气候环境,对土壤的要求不高,以深厚肥沃的沙质壤土生长最佳;萌蘖性强,抗旱能力低。

繁殖要点

山麻杆多以分株繁殖为主,也可扦插或播种。选 1 年生枝条作插穗,采用常规方法扦插,成活容易。贮藏种子可在早春播种,但种子不易采得。由于以观叶为主,可利用其萌蘖性强的特

性不断进行更新。

栽培管理

初春或秋末可依植株树形选取健壮萌蘖枝条连根掘起分栽。山麻杆性强健,分栽后生长迅速,可很快形成景观。大苗移栽须带土球。夏季追肥以氮肥为主,可促秋叶色艳。定植的植株 2~3 年高度即可达 3 m,为提高观赏效果,可进行截干更新。

观赏应用

山麻杆茎干丛生,茎皮紫红,早春嫩叶紫红,后转红褐,是良好的观茎、观叶树种,丛植于庭院、路边、山石之旁具有丰富色彩的效果。但因其畏寒怕冷,北方地区宜选向阳温暖之地定植。

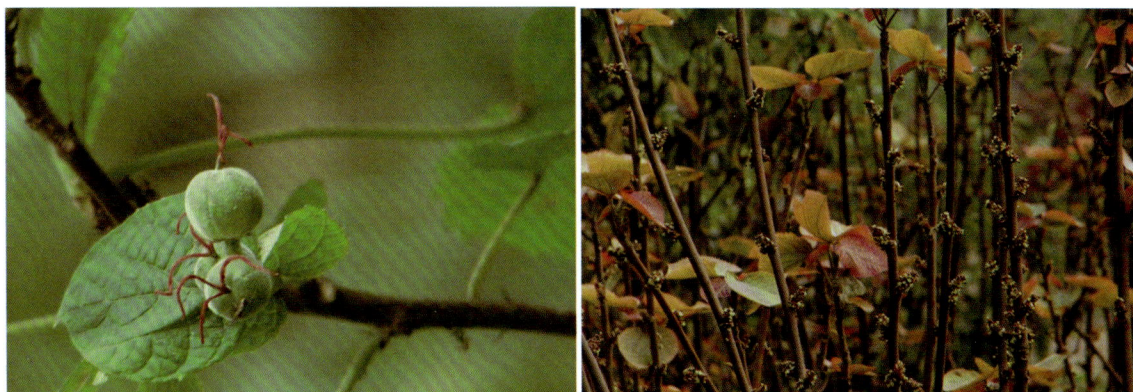

小知识

山麻杆的茎皮纤维是造纸、纺人造棉的材料;种子榨油可供工业用;叶药用或作饲料。

木槿

Hibiscus Syriacus Linn.

木槿，又名木棉、荆条、木槿花，锦葵科木槿属落叶灌木等。原产东亚，我国东北南部至华南各地有栽培。夏秋开花，单朵花为"朝开暮落"花，花期长而花朵大，且有许多不同花色、花型的变种和品种，是优良的园林观花树种。木槿的主要变种有白花重瓣木槿、粉紫重瓣木槿、牡丹木槿、大花木槿、紫花重瓣木槿、白花单瓣木槿、短苞木槿和长苞木槿等。

形态特征

木槿高 3~4 m，小枝密被黄色星状绒毛。叶菱形至三角状卵形，具深浅不同的 3 裂或不裂，先端钝，基部楔形，边缘具不整齐齿缺，下面沿叶脉微被毛或近无毛；上面被星状柔毛；托叶线形，疏被柔毛。花单生于枝端叶腋间，蒴果卵圆形，密被黄色星状绒毛；种子肾形，背部被黄白色长柔毛。花期 7—10 月。

生态习性

木槿喜光而稍耐阴，喜温暖、湿润气候，较耐寒，但在北方地区栽培需保护越冬；好水湿又耐旱，对土壤要求不高，在重黏土中也能生长；萌蘖性强，耐修剪。

繁殖要点

（1）扦插。在当地气温稳定高于 15 ℃以后，选择 1~2 年生健壮、未萌芽的枝，切成长 15~20 cm 的小段，扦

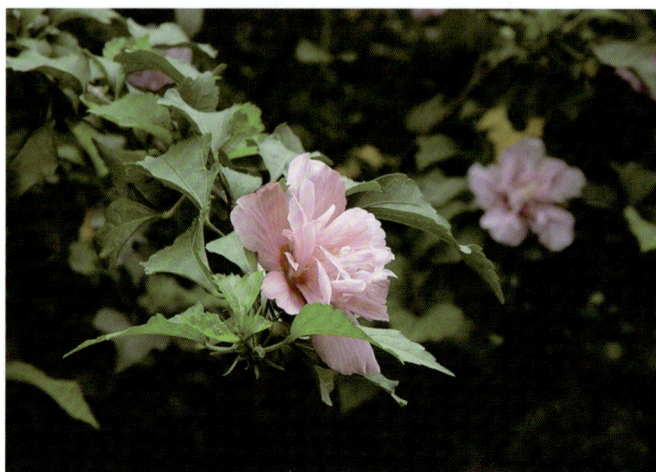

插时备好一根小棍，按株、行距在苗床上插小洞，再将木槿枝条插入，压实土壤，入土深度 10~15 cm，即入土深度达插条的 2/3 为宜，插后立即灌足水。扦插时不必施任何基肥。室内盆栽扦插时，选 1~2 年生健壮枝条，长 10 cm 左右，去掉下部叶片，上部叶片剪去一半，扦插于以粗沙为基质的小钵里，用塑料罩保湿，保持较高的湿度，在 18~25 ℃ 的条件下，20 d 左右即可生根。

（2）分株繁殖。在早春发芽前，将生长旺盛的成年株丛挖起，以 3 根主枝为 1 丛，按株、行距50 cm×60 cm 进行栽植。

栽培管理

（1）肥水管理。当枝条开始萌动时，应及时追肥，以速效肥为主，促进营养生长；现蕾前追施磷、钾肥，促进植株孕蕾；盛花期间结合除草、培土进行追肥，以磷钾肥为主，辅以氮肥，以保持花量及树势；冬季休眠期间进行除草清园，在植株周围开沟或挖穴施肥，以农家肥为主，辅以适量无机复合肥，以供应来年生长及开花所需养分。长期干旱无雨天气，应注意灌溉，而雨水过多时要排水防涝。

（2）整形修剪。新栽植的木槿植株较小，在前 1~2 年可放任其生长或进行轻修剪，即在秋冬季将枯枝、病虫弱枝、衰退枝剪去。树体长大后，应对木槿植株进行整形修剪，整形修剪宜在秋季落叶后进行，修剪口涂抹愈伤防腐膜，防病菌感染侵袭。

观赏应用

木槿是夏、秋季的重要观花灌木，南方园林中多作花篱、绿篱，或丛植于草坪、林缘、池畔、庭院各处，并常植于城市街道的分车带中。北方作庭园点缀及室内盆栽。木槿对二氧化硫、氯化物等有害气体具有很强的抗性，同时还具有很强的滞尘功能，是有污染工厂的主要绿化树种。

小知识

如果空气中的有毒物质，如二氧化硫达到十万分之一时，人就不能长时间工作；当它的浓度达到万分之四时，人就会中毒死亡。而有些植物却有自行解毒的功能，能将有毒物质在体内分解，转化为无毒物质，木槿就是其中的一种。生态学家曾采集了 9 种抗污能力较强的植物叶片进行分析，发现木槿叶片中的含氯量及黏附在叶片上的氯量最高。它对二氧化硫有很强的抗性，二氧化硫对木槿的叶肉细胞危害极小。木槿叶片的滞尘量在 18 种植物中名列第三，因此，人们常常把木槿当作环境保护的帮手加以种植。

木槿种子可入药，称"朝天子"。它还是韩国的国花，在北美洲又有沙漠玫瑰的雅称。

木芙蓉

Hibiscus Mutabilis Linn.

木芙蓉，又名芙蓉花、拒霜花、木莲、地芙蓉和华木，锦葵科木槿属落叶灌木或小乔木。原产于我国西南部，华南至黄河流域以南广泛栽培，成都最盛，故称"蓉城"。秋季开花，花大而美，其花色、花型随品种不同富于变化，是一种很好的观花树种。

形态特征

木芙蓉（原变型）高 2~5 m；小枝、叶柄、花梗和花萼均密被星状毛与直毛相混的细绵毛。叶宽卵形至圆卵形或心形，常 5~7 裂，裂片三角形，先端渐尖，具钝圆锯齿，上面疏被星状细毛和点，下面密被星状细绒毛；托叶披针形，常早落。花单生于枝端叶腋间。蒴果扁球形，直径约 2.5 cm，被淡黄色刚毛和绵毛，果爿 5；种子肾形，背面被长柔毛。

生态习性

木芙蓉喜光，稍耐阴，喜温暖湿润气候，不耐寒。喜肥沃湿润而排水良好的沙壤土；生长较快，萌蘖性强；在长江流域以北地区露地栽植时，冬季地上部分常冻死，但第二年春季能从根部萌发新条，秋季能正常开花；对二氧化硫抗性特强，对氯气和盐酸气体也有一定的抗性。

繁殖要点

木芙蓉的繁殖方法有扦插、压条、分株等。

（1）扦插。多在秋末冬初进行，等植株落叶后，将枝条离地面 5~10 cm 处剪断，截成 10~15 cm 的插条，每 50 根捆成一束，在背风向阳处挖沟（坑）贮藏，沟深 40 cm，宽 50 cm，捆好的枝条在坑内垂直排列整齐，上面覆盖 10~20 cm 的干净湿沙，以后保持沙土湿润。翌年春天，其基部已经形成愈合组织，扦插很容易成活。也可在春季的 3—4 月剪取枝条扦插，

插穗宜选取一年生健壮而充实的枝条,每段长 10~
15 cm,插于沙土中 1/2 左右。在北方地区应罩上塑
料薄膜保温保湿,约 1 个月左右可生根。

(2)压条。压条在 6—7 月进行,将植株外围的
枝条弯曲,压入土中,由于生根容易,不必刻伤,约
1 个月后生根,2 个月后与母株分离,连根掘起,上
盆在温室或地窖内越冬,翌年春天栽种。

(3)分株。分株在 2—3 月进行,将植株的根挖
出后分开,采用湿土干栽的方法,栽后压实,5 d 后
浇一次透水。当年生长很快,到 10 月就能开花。

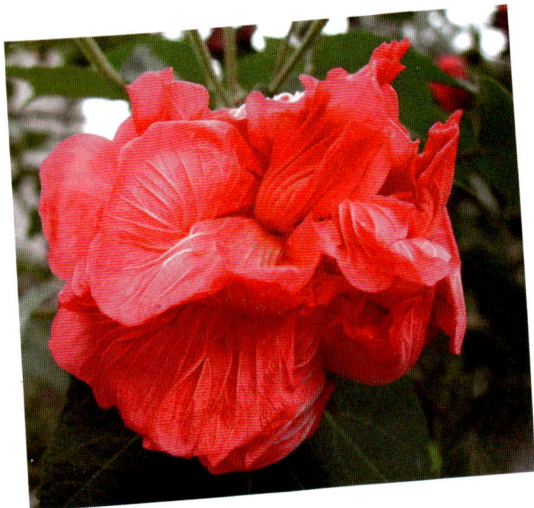

栽培管理

(1)肥水。采用打孔施肥,即在树冠附近均匀打孔施入。花前肥在开始开花之际施入尿素加适
当磷肥,每株约撒 0.5 kg,撒在树冠根部,然后浇水,可使花色更加艳丽。炎夏季节应多浇
木芙蓉在春季萌芽期需满足其水分需求,特别是在北方旱季,需经常灌水。随着气温的降低,入秋后适量减少
水,以保持湿润,水源困难的地方可用稻草覆盖,保湿效果良好。采用盆栽的木芙
水分,一般在花蕾透色时应适当控水,以控制其叶片生长,使养分集中在花朵上。蓉宜选用较大的瓷盆或素烧盆,盆土要求疏松肥沃、排水透气性好,生长季节要有足够的水分。冬
季移至背风向阳处即可保证其充分休眠。

(2)光照。木芙蓉性畏寒,喜阳光,寒冷地区应选背风向阳处栽植,过分荫蔽则生长缓慢,枝条
细长,影响花芽分化。盛夏宜略加遮阴。秋季孕蕾开花期需充足的光照,如此时光照不足,加之阴雨
连绵,易引起落花落蕾。

观赏应用

与其他园林植物一样,木芙蓉的枝、干、芽、叶有其自然生长规律,形成了四季中的不同形态,
主要表现在春季梢头嫩绿,一派生机盎然的景象;夏季绿叶成荫,浓荫覆地,消除炎热带来清凉;秋
季拒霜宜霜,花团锦簇,形色兼备;冬季褪去树叶,尽显扶疏枝干,寂静中孕育新的生机。一年四季,
各有风姿和妙趣。

由于花大而色丽,中国自古以来多在庭园栽植,可孤植、丛植于墙边、路旁、厅前等处。特别适
合配植于水滨,开花时波光花影,相映益妍,分外妖娆,所以《长物志》云:"芙蓉宜植池岸,临水为
佳",因此有"照水芙蓉"之称。此外,植于庭院、坡地、路边、林缘及建筑前,或栽作花篱,都很合适。
在寒冷的北方也可盆栽观赏。

小知识

(1)固土护坡。木芙蓉在防止水土流失的生态防护中作用十分显著,因其拥有盘根错节
的根系,也有能向土壤内部伸展的侧根,使根系与土壤接触的面积不断增大,同时根系与土
壤的固着强度也大大增加,从而有助于边坡稳定性的增强。

(2)净化大气。木芙蓉小枝、叶片、叶柄、花萼均密被星状毛和短柔毛,能有效地吸附大
气中飘净的固体颗粒物。它不仅是优良的园林观花树种,同时也是工厂周边环境绿化净化
的理想树种,适合在精密仪器厂、自来水厂、电视机厂等周边环境尘埃少、要求空气洁净的
地点种植。

(3)药用。木芙蓉花、叶均可入药,有清热解毒,消肿排脓,凉血止血之效。

青桐

Firmiana simplex
(L.)W.F. Wight.

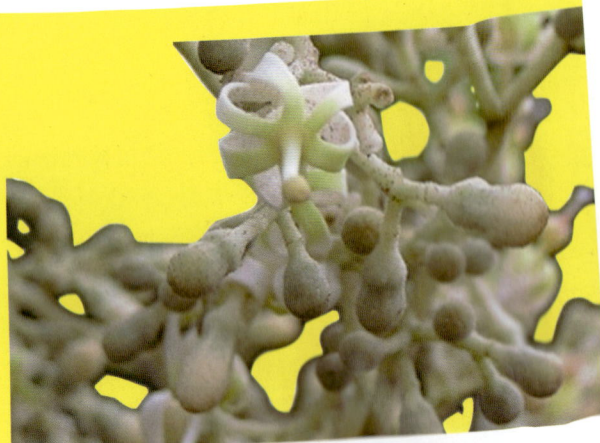

青桐,别名梧桐、青皮梧桐,梧桐科梧桐属落叶乔木。原产于中国及日本,中国华北至华南、西南各地区广泛栽培。

形态特征

青桐高 15~20 m,树冠卵圆形。树干端直,树皮灰绿色,通常不裂;侧枝每年阶状轮生;小枝粗壮,翠绿色。叶 3~5 掌裂,基部心形,裂片全缘,先端渐尖,表面光滑,背面有星状毛;叶柄约与叶片等长。花期 6—7 月,果 9—10 月成熟。

生态习性

青桐喜光,喜温暖湿润气候,耐寒性不强,在北京栽培,幼枝常因干冻而枯死;喜肥沃、湿润、深厚而排水良好的土壤,在酸性、中性及钙质土上均能生长,但不宜在积水洼地或盐碱地种植,又不耐草荒;积水易烂根,受涝 5 d 即可致死;深根性,直根粗壮,萌芽力弱,一般不宜修剪。

繁殖要点

青桐通常用播种法繁殖,秋季果熟时采收,晒干脱粒后当年秋播,也可干藏或沙藏至次年春播。条播行距 25 cm,覆土厚约 1.5 cm,每亩播量约 15 kg。沙藏种子发芽较整齐,播后 4~5 周发芽。干藏种子常发芽不齐,可在播前先用温水浸种催芽。正常管理下,当年生苗高可达 50 cm 以上,翌年分栽培养,3 年生苗即可出圃。

栽培管理

青桐栽培容易,管理简单,一般不需要特殊修剪。病虫害常有梧桐木虱、霜天蛾、刺蛾等食叶害虫,要注意及早防治。在北方,冬季对幼树要包草防寒。如条件许可,每年入冬前和早春各施肥、灌

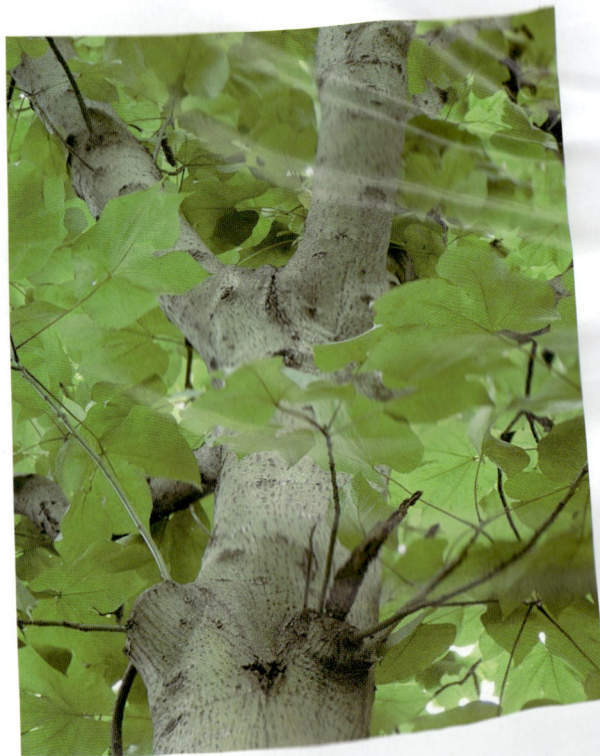

水 1 次。

观赏应用

青桐干形端直,干皮光绿,叶大荫浓,清爽宜人,自古以来即为著名的庭荫树种,栽植于庭前、屋后、草地、池畔等处极显幽雅清静。如与竹子、棕榈、芭蕉相配,亦色彩调和,甚感适宜。因其对各种有毒气体的抗性很强,适于厂矿绿化。

青桐木材轻软,为制木匣、乐器和胶合板的良材。

小知识

古代殷实之家常在院子里栽种此树,不但有气势,而且是祥瑞的象征。

山茶花
Camellia japonica L.

山茶花,又被分为华东山茶、川茶花和晚山茶,别名山茶、茶花,古名海石榴,另有玉茗花、耐冬或曼陀罗等,山茶科山茶属常绿灌木或小乔木。原产于我国和日本。茶花是中国传统的观赏花卉,"十大名花"中排名第七,亦是世界名贵花木之一。因其开花期正值其他花较少的季节,故更为珍贵。

形态特征

山茶花嫩枝无毛。叶革质,椭圆形,先端略尖或急短尖,偶有钝尖头,基部阔楔形,正面深绿色,干后发亮,无毛,背面浅绿色,无毛,边缘有相隔 2~3.5 cm 的细锯齿。叶柄长 0.8~1.5 cm,无毛。花顶生,红色,无柄;苞片及萼片约 10 片,组成长约 2.5~3 cm 的杯状苞被,半圆形至圆形,外面有绢毛,脱落;花瓣 6~7 片。蒴果圆球形,2~3 室,每室有种子 1~2 个,3 爿裂开,果爿厚木质。花期 1—4 月。

生态习性

山茶花喜半阴,忌烈日,喜温暖气候,生长适温为 18~25 ℃,始花温度为 2 ℃;略耐寒,一般品种能耐-10 ℃的低温;耐暑热,但超过 36 ℃生长受抑制;喜空气湿度大,忌干燥,宜在年降水量 1 200 mm 以上的地区生长;喜肥沃、疏松的微酸性土壤,pH 值以 5.5~6.5 为佳。一年有 2 次枝梢抽生,春梢于 3—4 月抽生,夏梢于 7—9 月抽生。山茶花花期长,多数品种为 1~2 个月,单朵花期一般为 7~15 天。

繁殖要点

山茶花繁殖方法有扦插、嫁接、压条、播种和组培。

（1）扦插。以 6 月中旬和 8 月底左右最为适宜。选树冠外部组织充实、叶片完整、叶芽饱满的当年生半熟枝为插条，长 8~10 cm，先端留 2 片叶。剪取时，基部尽可能带一点老枝，插后易形成愈伤组织，发根快。插条清晨剪下，要随剪随插，插入基质 3 cm 左右，扦插时要求叶片互相交接，插后用手指按实。以浅插为好，这样透气，愈合生根快。插床需遮阴，每天喷雾叶面，保持湿润，温度维持在 20~25 ℃，插后约 3 周开始愈合，6 周后生根。当根长 3~4 cm 时移栽上盆。扦插时使用0.4%~0.5%吲哚丁酸溶液浸蘸插条基部 2~5 s，有明显促进生根的效果。

（2）嫁接。常用于扦插生根困难或繁殖材料少的品种，以 5—6 月、新梢已半木质化时进行嫁接成活率最高，接活后萌芽抽梢快。砧木以油茶为主，10 月采种，冬季沙藏，翌年 4 月上旬播种，待苗长至 4~5 cm，即可用于嫁接。采用嫩枝劈接法，用刀片将芽砧的胚芽部分割除，在胚轴横切面的中心，沿髓心纵劈一刀，然后取山茶接穗一节，也将节下基部削成正楔形，立即将削好的接穗插入砧木裂口的底部，对准两边的形成层，用棉线缚扎，套上清洁的塑料口袋。约 40 d 后去除口袋，60 d 左右才能萌芽抽梢。

（3）压条。梅雨季选用健壮 1 年生枝条，离顶端 20 cm 处进行环状剥皮，宽 1 cm，用腐叶土缚上后包以塑料薄膜，约 60 d 后生根，剪下可直接盆栽，成活率高。

（4）播种。适用于单瓣或半重瓣品种。种子 10 月中旬成熟，即可播种。以浅播为好，用蛭石作基质，覆盖 6 mm，室温 21 ℃，每晚照光 10 h，能促进种子萌发，播后 15 d 开始萌发，30 d 内苗高达到 8 cm，幼苗具 2~3 片叶时移栽。

（5）组培。外植体常用实生苗，先消毒后切成 1 cm 长接种在添加 1 mg/L 激动素、1 mg/L 6-苄氨基腺嘌呤和 0.1 mg/L 吲哚乙酸的 MS 培养基上，经 4 周培养只形成愈伤组织，而不形成芽。再转移到新的培养基后，开始形成 4 cm 的单个枝条，然后在 0.5 mg/L 吲哚丁酸溶液中浸泡 20 min，再转移到 1/2 MS 培养基上，4 周后长根。在长根培养基上生长 8 周后将苗移栽到装有珍珠岩和泥炭的盆中。

栽培管理

（1）施肥。施肥要掌握好 3 个关键时期，即 2—3 月间施追肥，以促进春梢和花蕾的生长；6 月间施追肥，以促使二次枝生长，提高抗旱力；10—11 月施基肥，提高植株抗寒力，为翌春新梢生长打下良好的基础。

（2）病虫害防治。清洁园地是防治病虫害、增强树势的有效措施之一。冬耕可消灭越冬害虫。山茶花的主要虫害有茶毛虫、茶细蛾、茶二叉蚜等，主要病害有茶轮斑病、山茶藻斑病及山茶炭疽病等。防治方法是清除枯枝落叶，消灭侵染源；加强栽培管理，以增强植株抗病力，并通过药物防治。

（3）中耕除草。全年需进行中耕除草 5~6 次，但夏季高温季节应停止中耕，以减少土壤水分蒸发。

观赏应用

山茶花叶色翠绿而有光泽，四季常青，花朵大，花色美，观赏期长达5个月。山茶花耐阴，配置于疏林边缘，生长最好；假山旁植可构成山石小景；亭台附近散点三、五株，格外雅致；若辟以山茶园，花时艳丽如锦；庭院中可于院墙一角，散植几株，自然潇洒；如选杜鹃、玉兰相配置，则开花时，红白相间，争奇斗艳；森林公园也可于林缘路旁散植或群植一些性健品种，花时可为山林生色不少。山茶花适于盆栽观赏，置于门厅入口、会议室、公共场所都能取得良好效果；植于家庭的阳台、窗前，显春意盎然。

在家中客厅摆放一两株山茶花的盆栽，可使您家中更加绿意盎然。山茶花在几乎所有的花朵都枯萎的冬季里开花，令人觉得温暖又生意盎然，使人充满活力。

小知识

山茶花花姿丰盈，端庄高雅，为中国传统十大名花之一，也是世界名花之一。被中国重庆市、温州市、金华市、昆明市选为市花。

油茶

Camellia oleifera Abel.

油茶,别名茶子树、茶油树、白花茶,山茶科山茶属常绿小乔木。因其种子可榨油(茶油)供食用,故名。分布于我国长江流域及以南各省。是重要的木本油料树种。

形态特征

油茶嫩枝有粗毛。叶革质,椭圆形、长圆形或倒卵形,先端尖而有钝头,有时渐尖或钝,基部楔形,有时较长,上面深绿色,发亮,中脉有粗毛或柔毛,下面浅绿色,无毛或中脉有长毛,侧脉在上面能见,在下面不很明显,边缘有细锯齿,有时具钝齿。花顶生。蒴果球形或卵圆形,木质;中轴粗厚,粗大,有环状短节。花期冬春间。

生态习性

油茶喜温暖,怕寒冷,要求年平均气温为 16~18 ℃,花期平均气温为 12~13 ℃,突然降温或晚霜会造成落花、落果,要求有较充足的阳光,否则只长枝叶,少结果,含油率低。要求水分充足,年降水量一般在 1 000 mm 以上,但花期连续降雨,影响授粉。要求在坡度缓和、侵蚀作用弱的地方栽植,对土壤要求不甚高,一般适宜土层深厚的酸性土,而不适于石块多和土质坚硬的地方。

繁殖要点

油茶以种子、插条或嫁接繁殖。为保持亲本的优良性状,多采用插条或嫁接育苗,然后进行栽植造林,最适合造林季节是立春到惊蛰,也有在 10 月份进行的。直播造林以冬季最好。

（1）播种育苗。油茶的播种育苗工作在冬季和春季都可以进行,采用条播的方式比较适宜。一般水稻土、重黏土及碱性反应土等不适合作为油茶的圃地,最好选择地势平坦、避

风向阳、质地肥沃且保水与排水性能良好的微酸性土壤分布区。在播种前做好苗床并施足基肥,在播种后覆盖一层细肥土并在其上盖一层薄草,以便保持土壤的湿润,使种子尽快发芽、出土。当种子发芽出土后,需要在阴天或者是傍晚的时候揭开薄草,并及时进行除草和松土工作。

(2) 扦插育苗。虽说油茶可以在春秋季以及夏季进行扦插,但是最好是进行夏插。采穗比较适合在清晨进行,应该选择已经木质化、叶片完整、腋芽饱满且没有病虫害的枝条,然后将其截成长度约 4 cm 且带有一叶一芽的插穗。在进行扦插前,为了促进生根需要用 ABT 生根粉对其进行处理。在扦插时,要保证插穗直立、叶面朝上,且株行间距为 5 cm×15 cm 左右。在扦插完成后需要浇透水,并注意搭棚遮阴。

一般油茶在扦插之后的 1~2 个月内就逐渐愈合发根,而在油茶发根前,由于插穗没有根系,所以必须及时对其进行浇水,从而加速内部细胞的分裂活动,尽快萌发新根。在油茶发根之后,要在早晚或者是阴天的时候揭开荫棚,以增加光照,促进油茶的生长和发育。

(3) 嫁接育苗。应用较多的是断砧拉皮接和不断砧皮下枝接。应用断砧拉皮接时,要保留原树冠的一部分营养枝,视砧木的大小每砧应对称接 2~4 个接穗。

栽培管理

(1) 选种。油茶采种要把好片选、株选、果选和籽选这四关,选取粒大、饱满、种壳黑褐色、无病斑、有光泽的新鲜优质种子。茶果采回后,不能堆沤,不能曝晒,应薄薄地摊在空气流通、干燥的地方,让其自然开裂脱粒,种子室内阴干贮藏。一般多用湿沙在地面上层积贮藏,也可采用窖藏。

(2) 细致整地。在造林前一年的夏、秋季节进行整地。在山区,整地前要进行砍山、炼山,整地方式有全面整地、带状整地、块状整地等,要因地制宜地采用合适的整地方式。

(3) 备耕。在适宜种植的地方,按 2 m×3.3 m 的株行距开穴备耕,先将直播地整理成 40 cm×40 cm 的平台,再在平台内侧开一个 10~15 cm 深的长形小穴,目的是利于蓄水,防止干旱。

(4) 点播。在平台内的小穴内放置 3 粒种子,呈三角形散放,注意种子一定要贴紧实土,利于种子吸水发芽,播后覆土宜浅,盖土要细,防止人畜危害和水分蒸发。另外为防止兽、鼠危害,可用药剂拌种。

(5) 管理。种子发芽后,生长到 20 cm 高时,可以间苗,在 3 株苗中留下最壮实的一株,去掉其他两株或另种到其他地方,以备后用。

观赏应用

油茶叶色亮绿,四季常青,可作园林栽培供观赏之用。因其对二氧化硫抗性强,抗氟和吸氯能力也很强,具有保持水土、涵养水源、调节气候的生态功能。

小知识

　　油茶树与油棕、油橄榄和椰子并称为世界四大木本食用油料植物,是中国特有的一种纯天然高级油料。种子含油 30% 以上,供食用及润发、调药,可制蜡烛和肥皂,也可作机油的代用品。茶饼既是农药,又是肥料,可提高农田蓄水能力和防治稻田害虫。果皮是提制栲胶的原料。茶籽壳除可制成糠醛、活性炭等,还是一种良好的食用菌培养基。油茶皂素有抑菌和抗氧化作用。此外,油茶还是优良的冬季蜜粉源植物。

杜鹃

Rhododendron simsii
Planch.

杜鹃,又名杜鹃花、映山红、山踯躅、山石榴,主要变种有白花杜鹃、紫斑杜鹃、彩纹杜鹃等,杜鹃花科杜鹃属落叶灌木。原产于我国长江流域及珠江流域,现在世界各公园中均有栽培。杜鹃花冠鲜红色,为著名的花卉植物,具有较高的观赏价值。

形态特征

杜鹃高 2 m,分枝多而纤细,密被亮棕褐色扁平糙伏毛。叶革质,常集生枝端,卵形、椭圆状卵形、倒卵形或倒卵形至倒披针形,先端短渐尖,基部楔形或宽楔形,边缘微反卷,具细齿,上面深绿色,疏被糙伏毛,下面淡白色,密被褐色糙伏毛,中脉在上面凹陷,下面凸出;密被亮棕褐色扁平糙伏毛。花芽卵球形,鳞片外面中部以上被糙伏毛,边缘具睫毛。花冠漏斗形,蒴果卵球形,长达 1 cm,密被糙伏毛;花萼宿存。花期 4—5 月,果期 6—8 月。

生态习性

杜鹃原产于高海拔地区,喜凉爽、湿润气候,忌酷热干燥,要求富含腐殖质、疏松、湿润及 pH 值为 5.5~6.5 的酸性土壤。杜鹃花对光有一定要求,但不耐曝晒,夏秋应有落叶乔木或荫棚遮挡烈日,并经常以水喷洒地面,最适宜的生长温度为 15~20 ℃,气温超过 30 ℃或低于 5 ℃则生长停滞。杜鹃花耐修剪,根系浅,寿命长。生于海拔 500~1 200 m 的山地疏灌丛或松林下,为中国中南及西南典型的酸性土指示植物。

繁殖要点

杜鹃的繁殖,可以用扦插、嫁接、压条、分株和播种 5 种方法,其中以扦插法最为普遍,繁殖量最大;压条成苗最快,嫁接繁殖最复杂,只有扦插不易成活的品种才用嫁接;播种主要用于培育品种。

(1)扦插。此法应用最广,优点是操作简便、成活率高、生长迅速、性状稳定。① 时间。西鹃在 5 月下旬至 6 月

上旬,毛鹃在6月上中旬,春鹃、夏鹃在6月中下旬,此时枝条老嫩适中,气候温暖湿润。②插穗。取当年生刚木质化的枝条,带踵掰下,修平毛头,剪去下部叶片,保留顶部3~5片叶,保湿待插。③扦插管理。扦插基质可用兰花土、高山腐殖土、黄心土、蛭石等。扦插深度以穗长的1/3~1/2为宜,扦插完成后要喷透水,加盖薄膜保湿,给予适当遮阴,一个月内始终保持扦插基质湿润。毛鹃、春鹃、夏鹃约一个月即可生根,西鹃约需60~70 d。采用扦插繁殖,扦插盆以20 cm口径的新浅瓦盆为好,其透气性良好,易于生根。可用20%腐殖园土、40%马粪屑、40%的河沙混合而成的培养土为基质。扦插的时间在春季(5月)和秋季(10月)最好,这时气

温在20~25 ℃之间,最适宜扦插。扦插时,选用当年生半木质化发育健壮的枝梢作插穗,用极锋利的剪切刀,带节切取6~10 cm,切口要求平滑整齐,剪除下部叶片,只留顶端3~4片小叶。购买维生素B$_{12}$针剂1支,打开后,把扦插条在药液中蘸一下,取出晾一会即可进行扦插。插前,应在前一天用喷壶将盆内培养土喷潮,但不可喷得过多,到第二天正好湿润,最适合扦插。扦插的深度为3~4 cm。插时,先用筷子在土中钻个洞,再将插穗插入,用手将土压实,使盆土与插穗充分接触,然后浇一次透水。插好后,花盆最好用塑料袋罩上,袋口用带子扎好,需要浇水时再打开,浇完后重新扎好。扦插过的花盆应放置在无阳光直晒处,扦插的盆土10 d内每天都要喷水,除雨天外,阴天可喷1次,气候干燥时宜喷2次,但每天喷水量都不宜过多。10 d后仍要经常注意保持土壤湿润。4~5星期内要遮阴,直至萌芽以后才可逐渐让其接受一些阳光。一般约需2个月后生根。此后只需要在中午遮阴2~3 h,其余时间可任其接受光照,以利其光合作用自行制造养分。

(2)压条。一般采用高枝压条。杜鹃压条常在4—5月间进行。具体操作法是:先在盆栽的杜鹃母株上取2~3年生的健壮枝条,离枝条顶端10~12 cm处用锋利的小刀割开约1 cm宽的一圈环形枝皮,将切皮部的筛管轻轻剥离干净,切断叶子向下输送有机物的渠道,使之聚集,以加速细胞分裂而形成瘤状突起,萌发根芽。然后用一块长方形塑料薄膜松松地包卷两圈,在环形切口下端2~3 cm处用细绳扎紧,留塑料薄膜上端张开成喇叭袋子状,随即将潮湿的泥土和少许苔藓填入,再把袋形的上端口扎紧,将花盆移到阳光直射不到的地方进行日常管理。浇水时应向叶片喷水,让水沿着枝干下流,慢慢渗入袋中,保持袋内泥土经常湿润,以利枝条上伤口愈合,使之及早萌生新的根须。大约在3~4个月后根须长至2~3 cm长时,即可切断枝条,使其离开母株,栽入新的盆土中。

(3)嫁接。嫁接生长快,株形好,成活率高,可一砧接多穗,多品种。①时间。5—6月间,采用嫩梢劈接或腹接法;②砧木。选用2年生的毛鹃,要求新梢与接穗粗细得当,砧木品种以毛鹃"玉蝴蝶"、"紫蝴蝶"为好。③接穗。在西鹃母株上剪取3~4 cm长的嫩梢,去掉下部的叶片,保留端部的3~4片小叶,基部用刀片削成楔形,削面长0.5~1.0 cm。④嫁接方法。在毛鹃当年生新梢2~3 cm处截断,摘去该部位叶片,纵切1 cm,插入接穗楔形端,皮层对齐,用塑料薄膜带绑扎接合部,套正塑料袋扎口保湿;置于荫棚下,忌阳光直射和暴晒。接后7 d,只要袋内有细小水珠且接穗不萎蔫,即有可能成活;2个月后去袋,翌春再解去绑扎带。

(4)播种。杜鹃绝大多数都能结实采种,仅有重瓣不结实。一般种子的成熟期从每年的10月至翌年1月,当果皮由青转黄至褐色时,果的顶端裂开,种子开始散落,此时要随时采收。未开裂变褐

的也采下来,放在室内通风处摊凉,使之自然开裂,再去掉果壳等杂质,装入纸袋或布袋中,保存在阴凉通风处。如果有温室条件,随采随播发芽率高。一般播种时间为3—4月份,采用盆播。因为种子小,把盆里外洗干净,放在阳光下晒干,灭菌消毒,土壤也灭菌消毒。装盆土要选择通透性好、湿润肥沃含有丰富有机质的酸性土。为了出苗均匀,种子掺些细土,撒入盆内,上面再盖一层薄细土。浇水采用窨水法渗入盆内,把盆放在前窗台上,盖一层玻璃或塑料薄膜,目的是提高盆内温度。小苗出土后,逐渐减少覆盖时间。因苗嫩小,应注意温度变化及强光照射。起初,苗长得很慢,5—6月份才长出2~3片真叶,这时在室内做第一次移栽,株行距2~3 cm,苗高2~3 cm(此时大约11月份)。在10 cm盆中大苗移栽1株,小苗栽3株,用细喷壶浇水和淡肥水。播种后第二年春季移出花房,放在荫棚下养护。6月换至13.3 cm盆中,第三年植株有20 cm高,几个分枝已有花蕾出现,换至16.7 cm盆中,以后根据植株的大小,逐年换盆。

栽培管理

杜鹃最适宜在初春或深秋时栽植,如在其他季节栽植,必须架设荫棚。定植时必须使根系和泥土匀实,但又不宜过于紧实,而且应使根颈附近土壤面呈弧形状态,这样既可保护植株浅表层的根系不受严寒的冻害,又有利于排水。

杜鹃对土壤干湿度要求是润而不湿。一般春秋季节,对露地栽种的杜鹃可以隔2~3 d浇1次透水;在炎热夏季,每天至少浇1次水。日常浇水,切忌用碱性水;浇水时还应注意水温不宜过冷,尤其在炎热夏天,用过冷水浇透,会造成土温骤然降低,影响根系吸水,干扰植株生理平衡。栽植和换土后浇1次透水,使根系与土壤充分接触,以利根部成活生长。生长期注意浇水,从3月开始,逐渐加大浇水量,特别是夏季不能缺水,经常保持盆土湿润,但勿积水,9月以后减少浇水,冬季入室后则应待盆土干透再浇。

观赏应用

杜鹃枝繁叶茂,绮丽多姿,萌发力强,耐修剪,根桩奇特,是优良的盆景材料。园林中最宜在林缘、溪边、池畔及岩石旁成丛成片栽植,也可于疏林下散植。杜鹃也是花篱的良好材料,还可经修剪培育成各种形态。成片杜鹃极具特色,在花季绽放时,总是给人热闹而喧腾的感觉,不是花季时,叶色深绿,也很适合栽种在庭园中作为矮墙或屏障。

小知识

杜鹃雅称"山客",与山茶花、仙客来、石腊红和吊钟海棠并称"盆花五姐妹",具有较高的观赏价值,在世界各地的公园中多有栽培。江西、安徽、贵州均以杜鹃花为省花,以杜鹃为市花的城市多达七八个。1985年5月杜鹃花被评为中国十大名花,位居第六。

黄色杜鹃的植株和花内均含有毒素,误食后会引起中毒;白色杜鹃的花中含有四环二萜类毒素,中毒后会引起呕吐、呼吸困难、四肢麻木等。

金丝桃

Hypericum monogynum L.

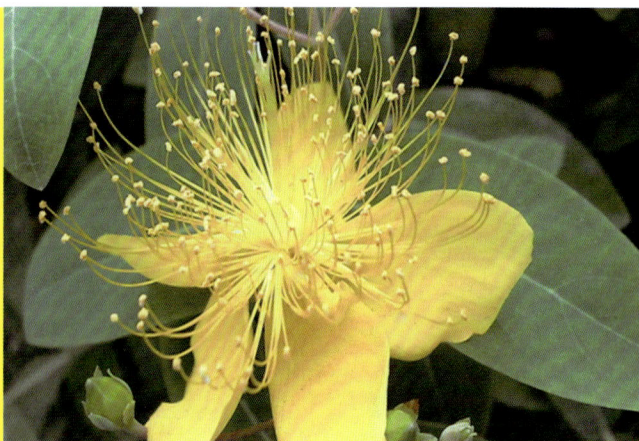

金丝桃,别名土连翘,又叫狗胡花、金线蝴蝶、过路黄、金丝海棠、金丝莲,藤黄科金丝桃属半常绿小乔木或灌木。分布于我国山东、河南以南至华中、华东、华南、西南至四川。金丝桃花似桃花,花丝金黄,仲夏叶色嫩绿,黄花密集,是南方庭院中常见的观赏花木。

形态特征

金丝桃高 0.5~1.3 m,丛状或通常有疏生的开张枝条。茎红色,幼时具 2~4 纵线棱及两侧压扁,很快为圆柱形;皮层橙褐色。叶对生,无柄或具短柄,柄长达 1.5 mm;叶片倒披针形或椭圆形至长圆形,或较稀为披针形至卵状三角形或卵形,先端锐尖至圆形,通常具细小尖突,基部楔形至圆形或上部者有时截形至心形,边缘平坦,坚纸质,上面绿色,下面淡绿但不呈灰白色。分枝,常与中脉分枝不分明,第三级脉网密集,不明显,腹腺体无,叶片腺体小而点状。花常 3~7 朵集合成聚伞花序生于枝顶,金黄色,雄蕊花丝呈束状,纤细,金黄色。蒴果宽卵珠形或稀为卵珠状圆锥形至近球形。种子深红褐色,圆柱形,长约 2 mm,有狭的龙骨状突起,有浅的线状网纹至线状蜂窝纹。花期 5—8 月,果期 8—9 月。

生态习性

金丝桃为温带树种,喜湿润半荫之地。因金丝桃不甚耐寒,北方地区应将植株种植于向阳处,并于秋末寒流到来之前在它的根部壅土,以保护植株安全越冬。

繁殖要点

(1) 分株。宜于 2—3 月进行,极易成活。

(2) 播种。宜在春季 3 月下旬至 4 月上旬进行。因种子细小,覆土宜薄,以不见种子为度,否则出苗困难。播后要保持湿润,3 周左右可以发芽,苗高 5~10 cm 时可以分栽,翌年能开花。

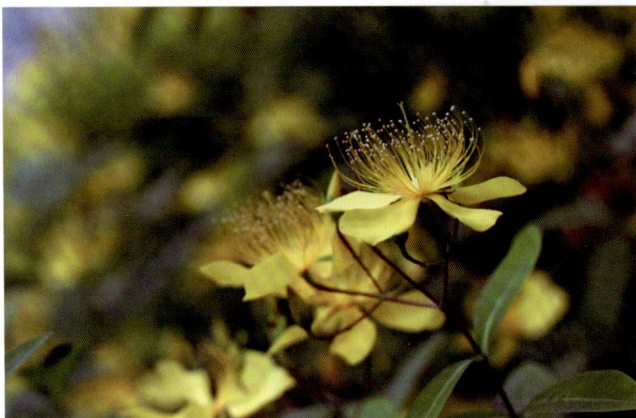

(3) 扦插。夏季用嫩枝带踵扦插效果最好，也可在早春或晚秋进行硬枝扦插。一般在梅雨季节行嫩枝扦插。将一年生粗壮的嫩枝剪成 10~15 cm 长的插条，顶端留 2 片叶子，其余均应修剪掉。介质宜用清洁的细河沙或蛭石珍珠岩混合配制(1:1)，然后插入苗床，扦插深度以插穗插入土中 1/2 为准。插后遮阴，保持湿润，第二年即可移栽。

栽培管理

金丝桃不论地栽或盆栽，管理都不很费事。盆栽时用一般园土加一把豆饼或复合肥作基肥。春季萌发前对植株进行一次整剪，促其多萌发新梢和促使植株更新。在花后，对残花及果要剪去，这样有利于生长和观赏。生长季土壤要以湿润为主，但盆中不可积水，要做到不干不浇。春秋二季要让它多接受阳光，盛夏宜放置在半阴处，并喷水降温增湿，不然就会出现叶尖焦枯现象。如每月能施 2 次粪肥或饼肥等液肥，则可生长得花多叶茂，即使在无花时节，观叶也能给人带来美感。

观赏应用

金丝桃花叶秀丽，花冠如桃花，雄蕊金黄色，细长如金丝，绚丽可爱。叶子很美丽，长江以南冬夏常青，是南方庭院中常见的观赏花木，常植于庭院假山及路旁、林荫树下，或点缀于草坪或者庭院角隅等。华北多盆栽观赏，也可做切花材料。该植物的果实为常用的鲜切花材——"红豆"，常用于制作胸花、腕花。

小知识

金丝桃是一种中草药，根茎叶花果均可入药，具有抗抑郁、镇静、抗菌消炎、收敛创伤的功效，尤其是抗病毒作用突出，能抗 DNA、RNA 病毒，可用于艾滋病的治疗。以金丝桃提取的金丝桃素贵若黄金，应用于美容医疗。

枸骨

Ilex cornuta Lindl.et Paxt.

枸骨,又名鸟不宿、猫儿刺、老虎刺等,冬青科冬青属常绿灌木或小乔木。我国长江中下游各省均有分布。

形态特征

枸骨树皮灰白色。幼枝具纵脊及沟,沟内被微柔毛或变无毛,二年枝褐色,3 年生枝灰白色,具纵裂缝及隆起的叶痕,无皮孔。叶片厚革质,二型,四角状长圆形或卵形,先端具 3 枚尖硬刺齿,中央刺齿常反曲,基部圆形或近截形,两侧各具 1~2 刺齿,有时全缘(此情况常出现在卵形叶),叶面深绿色,具光泽,背淡绿色,无光泽,两面无毛,主脉在上面凹下,背面隆起,于叶缘附近网结,在叶面不明显,在背面凸起,网状脉两面不明显;上面具狭沟,被微柔毛;托叶胼胝质,宽三角形。果球形,成熟时鲜红色。花期 4—5 月,果期 10—12 月。

生态习性

枸骨生于海拔 150~1 900 m 的山坡、丘陵等的灌丛、疏林中以及路边、溪旁和村舍附近。它耐干旱,喜肥沃的酸性土壤,不耐盐碱;较耐寒,长江流域可露地越冬,能耐–5 ℃的短暂低温;喜阳光,也能耐阴,宜放于阴湿的环境中生长。夏季需在荫棚下或林荫下养护,冬季需入室越冬。

繁殖要点

枸骨的繁殖多采用播种法和扦插法,也可采用嫁接法。由于其种皮坚

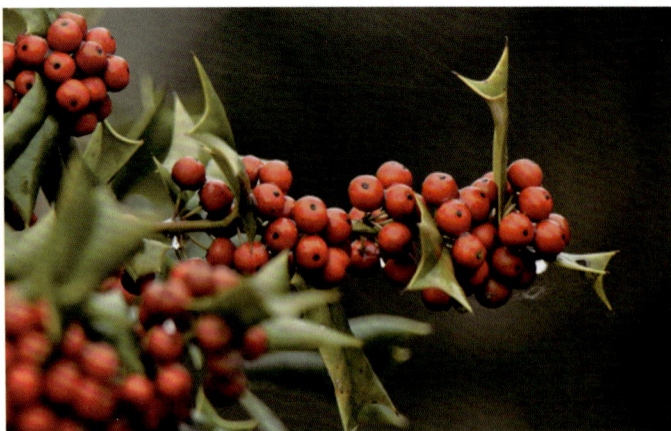

硬,种胚休眠,秋季采下的成熟种子需在潮湿低温条件下贮藏至翌年春天播种。

（1）播种。可于 9—10 月间采下成熟种子,种子要后熟 3 个月才能发芽,用沙层积贮藏,于翌年 3—4 月播种,出苗率较高。

（2）扦插。硬枝、嫩枝扦插均可,一般于雨季进行嫩枝扦插,成活率高。插条剪自结果丰富、生长健壮的植株,长 12~15 cm,留上部叶 3~4 片,每片叶剪去 1/2,插深 8~10 cm,插后遮阴保湿。为促进生根,提高插穗的繁殖效果,在扦插前对插穗进行一定的处理。有条件的话,扦插时采用 ABT 2 号生根粉,可大大提高生根率。

（3）嫁接。主要用于叶片具彩色斑纹种类的繁殖,通常于春季萌芽前进行。以枸骨为砧木,采用切接法或芽接法,成活率高。

栽培管理

（1）浇水。生长旺盛时期需勤浇水,一般需保持盆土湿润、不积水,夏季需常向叶面喷水,以利蒸发降温。

（2）施肥。一般春季每 2 周施一次稀薄的饼肥水,秋季每月追肥一次,夏季可不施肥,冬季施一次肥。

（3）修剪。枸骨萌发力很强,很耐修剪,对成景的作品,平时可剪去不必要的徒长枝、萌发枝和多余的芽,以保持一定的树型。对需加工的树材,可根据需要保留一定的枝条,以利加工造型。

（4）翻盆。枸骨盆景通常 2~3 年翻盆一次,常于春季 2—3 月进行,也可在秋后树木进入休眠期时进行。翻盆时可修去部分老根,施足基肥,保留 1/2 旧土,重新上盆。

观赏应用

枸骨枝叶稠密,叶形奇特,深绿光亮,入秋红果累累,经冬不凋,鲜艳美丽,是良好的观叶、观果树种,宜作基础种植及岩石园材料,也可孤植于花坛中心,对植于前庭、路口,或丛植于草坪边缘。同时又是很好的绿篱(兼有果篱、刺篱的效果)及盆栽材料,选其老桩制作盆景亦饶有风趣。果枝可供瓶插,经久不凋。

小知识

枸骨常见的品种有无刺枸骨、小叶枸骨、黄果枸骨、多刺冬青等。其叶、果实和根都供药用,叶能治肺结核、潮热和咯血;果实常用于白带过多和慢性腹泻;根常用治风湿痛和黄疸肝炎;种子含油,可作肥皂原料;树皮可作染料和提取栲胶;木材软韧,可用作牛鼻栓;叶含皂苷、鞣质、苦味质等;树皮含生物碱等。

冬青

Ilex chinensis Sims.

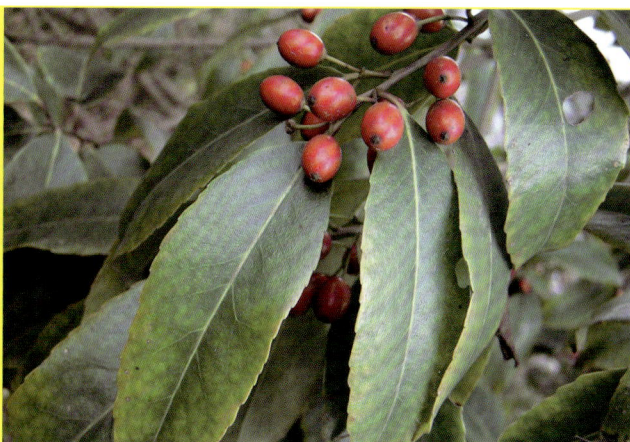

冬青,又名北寄生、槲寄生、桑寄生、柳寄生或黄寄生,冬青科冬青属常绿乔木或灌木。分布于我国长江流域及其以南,西至四川,南达海南。冬青枝叶繁茂,果实红若丹珠,分外艳丽,是优良的庭园观赏树种,也可作绿篱。

形态特征

冬青一般高达 13 m;树皮灰色或淡灰色,有纵沟,小枝淡绿色,无毛。当年生小枝浅灰色,圆柱形,具细棱;二至多年生枝具不明显的小皮孔,叶痕新月形,凸起。冬青单叶互生,稀对生;叶片革质、纸质或膜质,长圆形、椭圆形、卵形或披针形,托叶小,胼胝质,通常宿存。先端渐尖,基部楔形或钝,或有时在幼叶为锯齿,具柄或近无柄。叶面绿色,有光泽,干时深褐色,背面淡绿色,主脉在叶面平,背面隆起,在叶面不明显,叶背明显,无毛,或有时在雄株幼枝顶芽、幼叶叶柄及主脉上有长柔毛;叶柄上面平或有时具窄沟。花瓣紫红色或淡紫色,向外反卷。花期 4—6 月,果期 7—12 月。冬青果为浆果状核果,通常球形,成熟时红色,稀黑色,外果皮膜质或坚纸质,中果皮肉质或明显革质,内果皮木质或石质。

生态习性

冬青为亚热带树种,喜温暖气候,有一定耐寒力;适生于肥沃湿润、排水良好的酸性土壤;较耐阴湿,萌芽力强,耐修剪;对二氧化碳抗性强。常生于海拔 500~1 000 m 的山坡常绿阔叶林中和林缘。

繁殖要点

冬青采用播种和扦插繁殖。

(1)播种。在秋季果熟后采收,搓去果皮,漂洗干净,将种子用湿沙低温层积处理进行催芽,在次年春季 3 月前播种。幼苗期生长缓慢,要精心加以养护管理。冬青种子如不催芽处理,往往要隔

年才能发芽。

（2）扦插。宜在梅雨季节采取嫩枝扦插，插穗长 6~8 cm，剪去下部叶片，只留 1~2 叶片并短截，插深 1/2，需用沙土为基质，插后搭棚遮阴，经常喷水，保持湿润，约 1 个月后即可生根。可先从树冠中上部斜剪，取 5~10 cm 长、生长旺盛的侧枝剪除下部小叶，上部叶片全部保留。然后用生根粉处理，剪口向下扦插于苗床内。苗床地宜选择在通风、耐阴之处，亦可遮阳扦插，成活率极高。

栽培管理

当年栽植的小苗一次浇透水后可任其自然生长，视墒情每 15 d 灌水一次，结合中耕除草每年春、秋两季适当追肥 1~2 次，一般施以氮为主的稀薄液肥。冬青每年发芽长枝多次，极耐修剪。夏季要整形修剪一次，秋季可根据不同的绿化需求进行平剪或修剪成球形、圆锥形，并适当疏枝，保持一定的冠形枝态。冬季较寒冷的地方可采取堆土防寒等措施。

观赏应用

冬青枝繁叶茂，四季常青。由于树形优美，枝叶碧绿青翠，是公园篱笆绿化首选苗木，所以多被种植于庭园作美化用途，或应用于公园、庭园、绿墙和高速公路中央隔离带。冬青移栽成活率高，恢复速度快，是园林绿化中使用最多的灌木，其本身清脆油亮，生长健康旺盛，观赏价值较高，是庭园中的优良观赏树种，宜在草坪上孤植，门庭、墙边、园道两侧列植，或散植于叠石、小丘之上，葱郁可爱。冬青采取老桩或抑制生长使其矮化，以制作盆景。

小知识

冬青的果实，具有在整个冬季都不会从树枝上掉下来的特性。种子及树皮供药用，为强壮剂，叶有清热解毒作用，可治气管炎和烧烫伤；树皮可提取栲胶；木材坚硬，可作细工材料。

大叶冬青

Ilex latifolia Thunb.

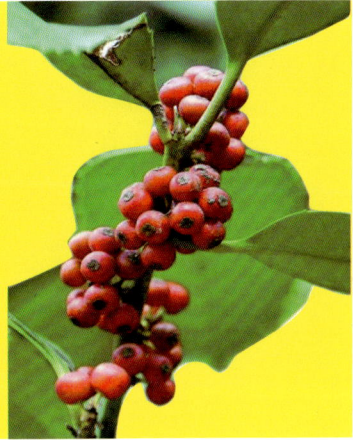

　　大叶冬青,别名大苦酊、宽叶冬青、波罗树,冬青科冬青属常绿大乔木。生于海拔250~1 500 m的山坡常绿阔叶林、灌丛或竹林中,分布于长江流域各地及福建、广东、广西。树姿优美,可栽培观赏。

形态特征

　　大叶冬青高达20 m,全体无毛;树皮灰黑色;分枝粗壮,具纵棱及槽,黄褐色或褐色,光滑,具明显隆起、阔三角形或半圆形的叶痕。叶生于1~3年生枝上,叶片厚革质,长圆形或卵状长圆形,先端钝或短渐尖,基部圆形或阔楔形,边缘具疏锯齿,齿尖黑色,叶面深绿色,具光泽,背面淡绿色,中脉在叶面凹陷,在背面隆起,在叶面明显,背面不明显;叶柄粗壮,近圆柱形,上面微凹,背面具皱纹;托叶极小,宽三角形,急尖。由聚伞花序组成的假圆锥花序生于2年生枝的叶腋内,无总梗;雄花序每一分枝有花3~9朵,雌花序每一分枝有花1~3朵;花瓣椭圆形,基部连合,长约为萼裂片的3倍。果球形,成熟时红色,外果皮厚,平滑。分核4,具不规则的皱纹和尘穴,背面具明显的纵脊,内果皮骨质。花期4月,果期9—10月。

生态习性

　　大叶冬青属暖温带树种,喜光,亦耐阴,喜暖湿气候,耐寒性不强;喜深厚肥沃、排水好的沙质的土壤,不耐积水;生长缓慢,适应性较强;耐修剪,抗有害气体。

繁殖要点

　　(1)播种。种子采集与处理:每年10—11月份采集成熟果实。采收回的果实经搓揉、漂洗,去果皮,捞取下沉饱满的种粒,阴干再风净,便得纯种。种子需用湿沙储存1~1.5年,要变温处理。用40 ℃的温水浸泡12 h,置于5 ℃低温下处理24 h,再用40 ℃的温水浸泡10 h,用0.3%的高锰酸钾溶液浸种20~30 min,取出用清水

泡 8~10 h,置于沙床内催芽。经 3 个月左右,种子陆续萌动。此法,种子可提前 9~12 个月发芽,发芽率达 30%左右。苗期管理与常规相同。

(2) 扦插。① 整修插床和插壤。插床床面宽 100 cm,高 30 cm 左右,长度以方便工作为宜。插壤成分和比例按蛭石粉:河沙:火烧土为3:5:2混合均匀,铺平床面。② 插穗的准备。插穗以幼龄树为好,选取当年生木质化或半木质化的优良枝条。插穗长度一般 4 cm 左右,每段最少留 2~3 个腋芽(潜伏芽),切口要靠近节间,或在叶腋的下方。采取横断面切口,愈合快,可使横切面的四周出根,移植易成活。插穗应留叶片,这是成活的关键,一般一叶留 1/2~2/3。③ 植物激素处理。大叶冬青是难生根的树种,植物激素处理好坏直接影响根的生长及成活率,使用 ABT 1 号生根粉,效果较理想,速蘸插穗浓度 1 000 mg/L 左右,处理时间几秒到 30 s;慢浸插穗浓度 100 mg/L 左右,浸泡时间为 1 h。④ 扦插。选择阴雨天或傍晚,以叶面不重叠为度,将插穗直插入基质,深度为插穗部长的 2/3,短小的插穗,宜深不宜浅。⑤ 插后管理。遮阴,采用双层 90%的遮阳网盖顶,避免阳光直射插床,控制棚内气温过高和水分蒸发,有利于插穗成活生根。保湿,搭高 50 cm 塑料薄膜拱棚,保持插床湿润,相对湿度在 95%以上,直到插穗伤口形成愈合组织,并发出新根,注意床面应通风透气、不积水。⑥ 移植。扦插 2~3 个月后,腋芽开始萌生 3~4 mm 时,插穗已经生根,继续管护培育一段时间,新根长到 1~2 cm,即可移植到营养薄膜袋,等苗高 26~30 cm,则可定植。

栽培管理

(1) 施肥。主要是在幼苗生长旺期施肥。4 月份每隔5 d 叶面喷施 0.1%~0.3%的过磷酸钙和磷酸二氢钾溶液 1 次,促进根系生长发育和茎木质化。7—8 月每隔 5 d 叶面喷施 0.1%的尿素溶液 1 次。苗木生长后期,每隔 5~7 d 叶面喷施 0.3%的磷酸二氢钾溶液或 0.2%~0.3%的硫酸钾溶液 1 次,促进苗木木质化,增强越冬抗寒性。

(2) 防寒。秋后增施钾肥,促进苗木木质化。后期适当缩短遮阴时间。从 9 月上旬起,逐步揭除遮阳网,增加光照。冬季极端气温来临前,搭拱棚盖膜,防寒保苗。

观赏应用

大叶冬青叶、花、果色相变化丰富,萌动的幼芽及新叶呈紫红色,正常生长的叶片为青绿色,老叶呈墨绿色。5 月花为黄色,秋季果实由黄色变为橘红色,挂果期长,十分美观,具有很高的观赏价值。大叶冬青适应性强,较耐寒、耐阴,萌蘗性强,生长较快,病虫害少,是城市理想的第 3 代绿化树种。

小知识

江浙一带把女贞也称为冬青,其实它们是不同科的植物。大叶冬青的木材可作细工原料;树皮可提栲胶;冬青油用于配制有冬青气味和滋味的香精,用于食品以提高品质和赋予其风味,主要用于配制沙司、可乐和胶姆糖等型香精。大叶冬青可制成苦丁茶,是一种很好的保健饮料。药用方面,冬青入药味苦、涩,性凉,具有抗菌、消炎、抗肿瘤等作用,还可治疗冠心病、心绞痛。

石榴

Punica granatum L.

石榴，又名安石榴、山力叶、丹若、若榴木等，石榴科石榴属落叶小乔木或灌木。原产地中海地区，我国黄河流域以南均有栽培。石榴树姿优美，枝繁叶茂，花果期长达4~5个月，且对有毒气体抗性较强，为有污染地区的重要观赏树种之一，也是盆景和桩景的好材料。

形态特征

石榴树冠丛状自然圆头形。树根黄褐色，生长强健，根际易生根蘖。树高可达5~7 m，一般3~4 m，但矮生石榴仅高约1 m或更矮。树干呈灰褐色，上有瘤状突起，干多向左方扭转。树冠内分枝多，嫩枝有棱，多呈方形。小枝柔韧，不易折断。一次枝在生长旺盛的小枝上交错对生，具小刺。旺树多刺，老树少刺。芽色随季节而变化，有紫、绿、橙三色。叶对生或簇生，呈长披针形至长圆形，或椭圆状披针形，顶端尖，表面有光泽，背面中脉凸起；有短叶柄。花两性，依子房发达与否，有钟状花和筒状花之别，前者子房发达善于受精结果，后者常凋落不实；一般一朵至数朵着生在当年新梢顶端及顶端以下的叶腋间；萼片硬、肉质，管状，5~7裂，与子房连生，宿存；花瓣倒卵形，与萼片同数而互生，覆瓦状排列。花有单瓣、重瓣之分。重瓣品种雌雄蕊多瓣花而不孕，花瓣多达数十枚；花多红色，也有白色和黄、粉红、玛瑙等色。果实成熟后变成大型而多室、多子的浆果，每室内有多数籽粒；外种皮肉质，呈鲜红、淡红或白色，多汁，甜而带酸，即为可食用的部分；内种皮为角质，也有退化变软的，即软籽石榴。果石榴花期5—6月，榴花似火，果期9—10月；花石榴花期5—10月。

生态习性

石榴喜阳光、温暖气候，有一定的耐寒能力，在-17~-18℃时即受冻害；喜湿润肥沃的石灰质土

壤,较耐瘠薄和干旱,不耐水涝;萌蘖力强。石榴是中国栽培历史悠久的果树,分布范围广泛,既宜于大田栽培,也适于庭院栽培,还宜于盆栽;既能生产果实,又可供作观赏。石榴在北方为落叶性灌木或小乔木,在热带地区则为常绿果树。

繁殖要点

石榴采用插枝和压条繁殖。

(1)插枝。短枝插:萌芽前,从树势健壮的母株上剪取无病虫的一二年生枝条作为种条, 将种条截成有2~3节的短插枝,插枝下端近节处剪成光滑斜面,剪截后将其浸入40%多菌灵300倍液或5%菌毒清300倍液中浸泡10~15 s做杀菌处理。之后把插条下端放在生根粉水溶液中浸5 s,或在0.05%吲哚乙酸溶液中浸2 s,或在0.05%萘乙酸溶液中浸3 s后扦插。按30 cm×12 cm的行株距,将插条斜面向下插入土中,上端的芽眼距地1~2 cm。插完一厢后立即浇水,厢面稍干划锄以提高地温。灌水后可用地膜或麦糠覆盖保墒。

长枝插:多用于直接建园或庭院内少量繁殖。定植点挖直径60~70 cm、深50~60 cm的栽植坑,坑外用腐熟土杂肥5 kg左右与表层土混合备用,每坑插2~3支1~2年生80~100 cm长的插条,插条与地面夹角成50°~60°,插入坑内40~50 cm深。然后边填土边踏实,最后灌水并修好树盘,覆盖地膜或覆草保墒。

(2)压条。萌芽前将母树根际较大的萌蘖从基部环割造伤促发生根,然后培土8~10 cm,保持土壤湿度。秋后将生根植株断离母株成苗。也可将萌蘖条于春季弯曲压入土中10~20 cm并用刀刻伤数处促发新根,上部露出顶梢并使其直立,后切断与母株的联系,带根挖苗栽植即可。或在石榴生长季节,把石榴近地面的枝条向下弯曲,将其中的一段埋入土中,埋入土中的部分用刀刻伤,以促进生根,生根后切离母株即成一株新的石榴苗。压条时以埋入土中15 cm为好,过深温度低,不利生根,过浅易风干也不利生根。对于珍稀品种,可以采用空中压条的方法进行繁殖。

栽培管理

秋季落叶后至翌年春季萌芽前均可栽植或换盆。地栽应选向阳、背风、略高的地方,土壤要疏松、肥沃、排水良好。盆栽选用腐叶土、园土和河沙混合的培养土,并加入适量腐熟的有机肥。栽植时要带土团,地上部分适当短截修剪,栽后浇透水,放背阴处养护,待发芽成活后移至通风、阳光充足的地方。

(1)土壤。土壤条件的优劣,直接影响石榴的生长和结果,因此,必

须根据石榴对土壤条件的要求采取深翻、中耕除草、间作和地面覆盖等措施改善土壤结构和理化性状，促使土壤中水、肥、气相互协调，以利于树体的生长，保证高产、稳产、优质。

（2）施肥。合理施肥对满足石榴生长结果对营养物质的要求，促进树体发育、花芽形成、增强树体抗性、提高产量、增进品质具有显著的效果。在石榴树体急需营养时必须及时进行追肥。一般应在开花前5月上中旬施入速效氮肥，配合磷肥，促进营养生长。在花后生果期、幼果膨大期追施 N、P、K 复合肥，促使幼果迅速增长，同时促进花芽形成。同时在生长季还应进行多次根外追肥，用 0.3%~0.5% 的尿素或 1% 的磷酸二铵喷布叶片。当微量元素缺乏症显示时要及时喷微肥。在石榴初花期，用 0.5% 尿素溶液、1% 过磷酸钙浸出液、0.3% 磷酸二氢钾溶液或 0.3% 硼砂溶液进行叶面喷施，可使坐果率提高 7%~10%。

（3）水分。石榴灌水与排涝的管理不仅影响石榴的生长和结果，而且影响到树的寿命。石榴在不同物候期，对水有不同的需求。保证生长期的前期水分供应有利于生长与结果；而后期要控制水分，使石榴适时进入休眠。石榴需水的4个重要时期：封冻水、萌芽水、花后水和催果水。石榴喜旱怕涝，必须做好石榴园的排涝工作，让石榴园处于旱可灌涝可排的条件下，才能生产出优质果品。

观赏应用

石榴树姿优美，枝叶秀丽，初春嫩叶抽绿，婀娜多姿；盛夏繁花似锦，色彩鲜艳；秋季累果悬挂。既可孤植或丛植于庭院、游园之角，对植于门庭之出处，列植于小道、溪旁、坡地、建筑物之旁，也宜做成各种桩景和瓶插花观赏。

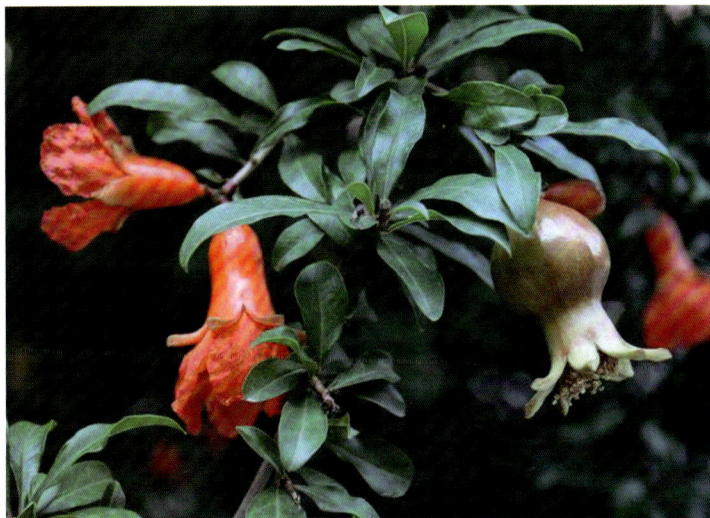

小知识

石榴果实外形独特，皮内百籽同房，籽粒晶莹，酸甜清新可口，营养丰实，不仅是生食鲜果，还可制作清凉饮料。石榴的药用价值非常大，据历代医学家及中医临床经验证明，石榴具有生津化食、抗胃酸过多、软化血管、止泻、解毒、降温等多种功能。另外，果皮及根皮泡茶有收敛止泻、杀虫的作用，也可作黑色染料；叶炒后可代茶叶；石榴花泡水洗眼，可明目；果皮可驱虫。中国传统文化视石榴为吉祥物，是多子多福的象征。

枣

Ziziphus jujuba Mill.

　　枣,别名枣树、枣头、枣股、枣吊,鼠李科枣属落叶乔木,稀灌木。分布于我国东北南部、黄河、长江流域以南各地,华北、华东、西北地区是枣的主要产区。枣花小多蜜,是一种蜜源植物。

形态特征

　　枣树高超过 10 m;树皮褐色或灰褐色;有长枝,短枝和无芽小枝(即新枝)之分,长枝光滑,紫红色或灰褐色,呈"之"字形曲折,具 2 个托叶刺,粗直,短刺下弯;短枝短粗,矩状,自老枝发出;当年生小枝绿色,下垂,单生或 2~7 个簇生于短枝上。叶纸质,卵形,卵状椭圆形,或卵状矩圆形;顶端钝或圆形,稀锐尖,具小尖头,基部稍不对称,近圆形,边缘具圆齿状锯齿,上面深绿色,无毛,下面浅绿色,无毛或仅沿脉多少被疏微毛,基生三出脉;无毛或有疏微毛;托叶刺纤细,后期常脱落。花黄绿色,两性,5 基数,无毛,具短总花梗,单生或 2~8 个密集成腋生聚伞花序;花梗长 2~3 mm;萼片卵状三角形;花瓣倒卵圆形,基部有爪,核果矩圆形或长卵圆形,成熟时红色,后变红紫色,中果皮肉质,厚,味甜,核顶端锐尖,基部锐尖或钝,2 室,具 1 或 2 种子,种子扁椭圆形,长约 1 cm,宽 8 mm。花期 5—7 月,果期 8—9 月。

生态习性

　　枣喜光,适应性强,耐寒,喜干冷气候,也耐湿热;对土壤要求不高,耐干旱瘠薄和盐碱,轻度盐碱土上枣的糖度增加, 对酸碱度的适应范围在 pH 值 5.5~8.5 之间, 以肥沃的微碱性或中性沙壤土生长最好;耐烟尘及有害气体,抗风沙,根系发达,根蘖性强;耐烟熏,不耐水雾。

繁殖要点

　　枣繁殖方法以嫁接、断根归圃、根插和扦插为主,有些品种也可播种。
　　(1)嫁接。利用酸枣实生苗或本砧嫁接所需品种获得苗木。嫁接方法主要有木质芽接和枝接(枝接多采用皮下接)。其嫁接技术要点,归纳起来为六字要领:"鲜"——接穗保持新鲜,无失水;"平"——接穗削面要平;"准"——接穗和砧木形成层要对准;"紧"——接好后要缠严绑紧;"快"——操作速度要快;"湿"——嫁接后要埋土或套塑料袋保持湿度。同时在嫁接前 5~7 d,对砧木苗圃进行灌水,使易于离皮。

(2)断根归圃。选择优良品种的自根植株,发芽前在树冠外围挖宽 30~40 cm 以下、深 50 cm 左右的沟,切断直径 2 cm 以下的根,在断根沟内施有机肥料,随即回填。生长季节可发出根蘖苗,第二年春季挖出根蘖苗,采用 ABT 生根粉或其他激素处理,归圃栽植,培育壮苗。

(3)根插。在秋末结合秋耕从健壮枣树上采根,剪成长 20~30 cm,直径 1~4 cm 的根段,在地窖内沙藏。第二年春季开沟育苗,根穗以倾斜 45°插入沟内,上部露出地面 2 cm,插后随即浇水。根穗采用生根激素处理,塑料薄膜覆盖,其效果更好。

(4)嫩枝扦插。选取半木质化枝条,剪截插穗长为 15~20 cm,粗度为 0.3~0.5 cm,保留上部 1/3 的叶片或侧枝。扦插前先将沙床湿润,扦插时一边用小木棒在沙床上打孔,一边将插穗蘸生根剂扦插,扦插深度为 3 cm 左右,扦插后插孔要挤紧,让河沙和插穗紧密结合。扦插后用洒壶将叶片均匀洒湿,并立即在弓棚架上覆盖棚膜并压严周边。生根前每天注意喷水保湿。

栽培管理

(1)松土除草。土壤解冻后在枣树周围 2 m 范围内进行深翻,改善土壤通气状况。及时给枣树松土除草,春翻宜浅、秋翻宜深。

(2)施肥管理。秋末封冻前施基肥,春季发芽前施追肥,一般单株产 50 kg 鲜枣的施粗肥 100 kg 或氮、磷肥各 1.5 kg,钾肥 0.5 kg 混合沟施。施肥时在距树干 1~1.5 m 处挖 40 cm×40 cm 的环状沟施入肥料。在花期和幼果生长期每株采取放射沟法追施尿素 0.5~1 kg/株。

(3)水分管理。在有灌溉条件的地方分别在花期前、坐果期、果实膨大期及时灌水。

观赏应用

枣栽培历史悠久,自古就用作庭荫树、园路树,是园林结合生产的好树种。枣也是我国北方果树及林粮间作树种。枣树枝梗劲拔,翠叶垂荫,红果挂枝,老树干枝古朴,可孤植、丛植于庭院、墙角、草地,在庭园、路旁散植或成片栽植,居民区的房前屋后丛植几株亦能添景增色。其老根古干可作树桩盆景。

小知识

枣的果实营养丰富,富含维生素 C,可鲜食或加工成多种食品,还可入药,并能提高人体免疫力,抑制癌细胞;核壳可制活性炭。去水分的红枣肉还是加工红糖的原料。成熟的大红枣含有天然的果糖成分,还含有蛋白质、钙、铁、镁、胡萝卜素,以及维生素 C、B$_1$、B$_2$ 等人体需要的微量元素。枣树木材坚硬细致,不易变形,适合制作雕刻品。枣木擀面杖是质量最好的擀面杖。

雀梅
Sageretia theezans.

雀梅,别名对节刺、雀梅藤、刺冻绿、碎米子、对角刺,鼠李科雀梅藤属落叶藤状或直立灌木。原产于我国长江流域及东南沿海各省。雀梅自古以来就是制作盆景的重要材料,素有盆景"七贤"之一的美称。

形态特征

雀梅小枝具刺,互生或近对生,褐色,被短柔毛。叶纸质,近对生或互生,通常椭圆形、矩圆形或卵状椭圆形,稀卵形或近圆形,顶端锐尖、钝或圆形,基部圆形或近心形,边缘具细锯齿,上面绿色,无毛,下面浅绿色,无毛或沿脉被柔毛,上面不明显,下面明显凸起;叶柄被短柔毛。花无梗,黄色,有芳香。核果近圆球形,成熟时黑色或紫黑色,具1~3分核,味酸;种子扁平,二端微凹。花期7—11月,果期翌年3—5月。

生态习性

雀梅喜温暖、湿润气候,不甚耐寒;对土质要求不高,酸性、中性和石灰质土均能适应,适应性强,耐旱、耐水湿、耐瘠薄,喜阳也较耐阴;根系发达,萌发力强,耐修剪。它常生长于山坡路旁、灌木丛中。

繁殖要点

雀梅繁殖采用播种和扦插方式。

(1)播种。种子于次年4—5月成熟,采后堆放腐熟,水洗取净,略加阴干,随即播种,覆以细土,盖以稻草,待发芽出土后,揭去稻草,及时搭棚遮阴。平时加强水、肥管理,一年后苗木即可分栽。

(2)扦插。于3月份选用一年生枝条为插穗,长10~15 cm,齐节剪平,插入土中,将土压紧,充分浇水,搭棚遮阴,经常保持土壤湿润,即可

生根成苗。梅雨季节也可采用当年生半木质化的嫩枝扦插,基部须带少许去年枝为踵。插法同上,插后用塑料薄膜罩盖,可提高扦插苗的成活率。实生苗或扦插苗均须留床一年再分栽。

栽培管理

(1)湿度。雀梅喜欢湿润的气候环境,要求生长环境的空气相对湿度在70%~80%,空气相对湿度过低,下部叶片黄化、脱落,上部叶片无光泽。

(2)温度。由于雀梅原产于热带地区,喜欢高温高湿环境,因此,对冬季温度的要求很高,当环境温度在10 ℃以下时停止生长,在霜冻出现时不能安全越冬。

(3)光照。雀梅喜欢半阴环境,在秋、冬、春3季可以给予充足的阳光,但在夏季要遮阴50%以上。放在室内养护时,尽量放在有明亮光线的地方,如采光良好的客厅、卧室、书房等场所。在室内养护一段时间后(1个月左右),就要把它搬到室外有遮阴(冬季有保温条件)的地方养护一段时间(1个月左右),如此交替调换。

(4)肥水。对于盆栽的植株,除了在上盆时添加有机肥料外,在平时的养护过程中,还要进行适当的肥水管理。

观赏应用

雀梅多用于盆景制作。由于雀梅枝密具刺,在南方常栽培作绿篱,园林中可作假山岩石园的绿化。

小知识

雀梅根干自然奇特,树姿苍劲古雅,是中国树桩盆景主要树种之一,为岭南盆景中的五大名树之一,也是中国入世后出口美国的盆景植物之一。雀梅果可食,味酸甜,故名酸梅果,嫩叶可代茶。

枳椇

Hovenia acerba Lindl.

枳椇,别名拐枣、鸡爪树、鸡爪果、鸡脚爪、万字果、万寿果、桔扭子、鸡爪梨、梨爪子等,鼠李科枳椇属落叶乔木。为中国特产,主产于长江和黄河中下游各省,大部分省份均有零星分布。

形态特征

枳椇高 10~25 m；小枝褐色或黑紫色,被棕褐色短柔毛或无毛,有明显白色的皮孔。叶互生,厚纸质至纸质,宽卵形、椭圆状卵形或心形,顶端长渐尖或短渐尖,基部截形或心形,稀近圆形或宽楔形,边缘常具整齐浅而钝的细锯齿,上部或近顶端的叶有不明显的齿,稀近全缘,上面无毛,下面沿脉或脉腋常被短柔毛或无毛；叶柄长 2~5 cm,无毛。二歧式聚伞圆锥花序,顶生和腋生,被棕色短柔毛；花两性。浆果状核果近球形,无毛,成熟时黄褐色或棕褐色；果序轴明显膨大；种子暗褐色或黑紫色。花期 5—7 月,果期 8—10 月。

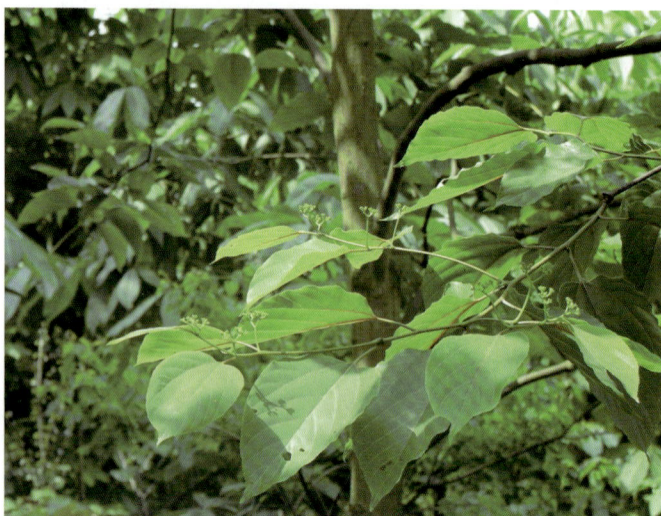

生态习性

枳椇喜温暖湿润的气候,不耐空气过于干燥；喜阳光充足,生长适温 20~30 ℃；对土壤要求不高,酸性、碱性地均能生长,适应性较强；深根性树种,萌芽力强,在适生地生长迅速。

繁殖要点

枳椇繁殖方式以播种繁殖为主,

兼用压条。

（1）播种。在11月成熟时收取种子，种皮红褐色，一个果实含3粒种子。种皮革质，胚黄白色，不易吸收水分。采种后用湿沙层积法催芽，一层种子一层湿沙堆藏，50~60 d即可出现胚根凸起，翻整好苗床(小畦)，点播或条播，深2~3 cm，4月初即可出苗。待苗长出3~5片真叶时间苗，留强去弱。苗期要经常浇水、施肥，促进生长。当年冬季长到70~100 cm时，可移栽到挖好的坑内。

（2）压条。在春季将枝条拉下，割一1/3的小口，压于地下，保持湿润，夏季可形成愈伤组织、生根，冬季或翌年春天可以移栽。

栽培管理

（1）幼树管理。幼苗生长缓慢，要加强幼树的管理。一般5~6年才开始挂果。每年春夏杂草生长时要松土除草，干旱时要及时浇水。春季3月，夏季6月，冬季11月施3次肥料，促进生长。按现代矮化拉枝技术，可以提前到3~4年挂果。栽后第二年，小树长到1~1.5 m时把主杆拉弯，让其分生二级枝条，再用同法拉枝，在第三级和四级枝条上即可开花结果，并且树枝向四面展开，实现早结果、多结果，提高经济收入。

（2）病虫害防治。枳椇的生命力比较强，抗病性能好，苗期常见有叶枯病和蚜虫。叶枯病在发病前和发病初用1∶1∶400的波尔多液防治。蚜虫危害嫩梢和嫩芽，用40%乐果的2 000倍水溶液喷洒，即可取得满意的防治效果。

观赏应用

枳椇树干挺直，枝叶秀美，叶大荫浓，花淡黄绿色，是良好的园林绿化和观赏树种，用作庭荫树、行道树和草坪点缀树种较为适宜；果梗肉质肥厚，多分枝，弯曲不直，形似鸡爪，呈红褐色，肉质鲜嫩，甘甜爽口可生食，亦具药用价值，木材材质良好。

小知识

枳椇系落叶乔木，浑身是宝。木材纹理粗而美观，收缩率小，不易反翘，材质坚硬，适合做家具及装饰用材；树皮、叶、根、果实和种子均可药用。树皮主治腓肠肌痉挛，小儿秋食等；叶是止渴解燥的佳品；果实、种子为清凉利尿药，还可以解酒毒等。

柿

Diospyros kaki Thunb.

柿,别名朱果、猴枣,柿科柿属落叶大乔木。原产于中国长江流域,是我国特有树种,以华北栽培最多。

形态特征

柿树高达 10~14 m,胸径可达 65 cm。树皮深灰色至灰黑色,或者黄灰褐色至褐色,沟纹较密,裂成长方块状。树冠球形或长圆球形,枝开展,带绿色至褐色,无毛,散生纵裂的长圆形或狭长圆形皮孔;嫩枝初时有棱,有棕色柔毛或绒毛或无毛。叶纸质,卵状椭圆形至倒卵形或近圆形,通常较大,先端渐尖或钝,基部楔形、钝、圆形或近截形,很少为心形,新叶疏生柔毛,老叶上面有光泽,深绿色,无毛,下面绿色,有柔毛或无毛,中脉在上面凹下,有微柔毛,在下面凸起,上面平坦或稍凹下,下面略凸起,下部的脉较长,上部的较短,向上斜生,稍弯,将近叶缘网结,小脉纤细,在上面平坦或微凹下,连接成小网状;叶柄变无毛,上面有浅槽。花期 5—6 月,果期 9—10 月,果卵圆形或扁球形,熟时黄色;萼宿存,称"柿蒂"。

生态习性

柿树是深根性树种,又是阳性树种,喜温暖气候,充足阳光和深厚、肥沃、湿润、排水良好的土壤,适生于中性土壤,耐寒,较耐瘠薄,抗旱性强,不耐盐碱土;对有毒气体抗性较强;根系发达,寿命长,300年生的古树还能结果。

繁殖要点

柿树的繁殖主要用嫁接法。通常用栽培的柿子或野柿作砧木。

(1)接穗。从优良品种的母株上,选择一年生的秋梢或当年的春梢,粗0.3~0.5 cm,取芽充实饱满的枝条作插穗。

(2)嫁接。柿树嫁接方法很多,春季枝接,可采用劈接、切接和腹接;芽接法,在柿树整个生长期均可进行,其中以新梢接近停止生长时成活率最高。

① 劈接。砧木除去生长点及心叶,在两子叶中间垂直向下切削8~10 mm长的裂口;接穗子叶下约1 cm处用刀片在幼茎两侧将其削成8~10 mm长的双面楔形,把接穗双楔面对准砧木接口轻轻插入,使二切口贴合紧密,用嫁接夹固定。

② 方块芽接。柿树芽接多采用方块芽接、双开门芽接及套接法,其中以方块芽接成活率最高。具体做法是选用优良品种的结果母枝基部未萌发的休眠芽作接芽,用芽接刀或双刃刀将接芽切成1.5 cm见方的芽片,使接芽位于芽片中央,然后取下接芽;用1~3年生的君迁子作砧木,在砧木距地面30 cm处光滑的一面,切去与接芽片大小的方块皮层,然后把所取芽片贴在砧木切口上,使四边紧密结合,再用麻皮或塑料条将接口绑紧即可。此法的优点是,加大接芽的面积,使芽能维持较长时间的生机;增强砧木接穗的愈合能力,提高成活率。

栽培管理

(1)土壤。柿树喜深厚疏松土壤,除在定植时挖大穴外,随树龄增长,根系的扩大,应做好深翻扩穴、熟化土壤工作,土层瘠薄应压土,以增厚土层。春季要浅刨树盘,疏松土壤,刨后耙平保墒。雨后或灌水后,特别是干旱时,要经常中耕松土以减少土壤水分蒸发,并在柿园地面覆草,以保持土壤水分,稳定地温,增加土壤有机质,促进根系生长。

(2)施肥。基肥秋施为宜。柿果成熟采收较晚,秋施应在采收前(9月份)以堆肥、河塘泥等有机肥料为主,加入少量速效化肥。沟施、穴施皆可,也可结合深翻扩穴施入。幼树追肥每年萌芽期进行一次,结果树追肥应避开萌芽期,以免造成新梢旺长而导致严重落蕾。第一次追肥应在新梢停长后至开花前,有利于提高坐果和促进花芽分化;第二次在前期生理落果高峰以后,可促进果实膨大,提高产量。生长势衰弱的结果树,为促进生长,应在萌芽期追肥。

(3)水分。柿树灌水时间和数量应根据树势、气候和土壤含水量确定。一定要保证萌芽期、开花期和果实膨大期3个时期土壤内有足够的水分。在这3个时期,如久旱不雨、土壤干燥,要及时灌水。灌水量依土壤墒情和树体大小而定,以浸透根系集中分布层为宜。

观赏应用

柿树寿命长,可达300年以上。树冠广展如伞,叶大荫浓,秋末冬初,霜叶染成红色;冬月,落叶后,柿子果实殷红不落,一树满挂累累红果,增添优美景色,是优良的风景树。因此广泛应用于城市绿化,在园林中孤植于草坪或旷地,列植于街道两旁,尤为雄伟壮观,又因其对多种有毒气体有较强抗性,对粉尘有较强的吸滞能力,常被用于城市及工矿区绿化,用于街坊、工厂、道路、广场、校园绿化也颇为适合。

小知识

柿子可提取柿漆(又名柿油或柿涩),用于涂渔网、雨具,填补船缝和作建筑材料的防腐剂等。柿漆过去还是纸伞、纸扇的涂料。

柿树木材的边材含量大,收缩大,干燥困难,耐腐性不很强,但致密质硬,强度大,韧性强,施工不很困难,表面光滑,耐磨损,可作纺织木梭、芋子、线轴,又可作家具、箱盒、装饰用材和小用具、提琴的指板和弦轴等。

君迁子

Diospyros lotus L.

君迁子,别名软枣、黑枣、牛奶柿、野柿子、丁香枣、椑枣、小柿等,柿科柿属落叶乔木。在我国分布较广,北自河北长城以南,西北至陕西、甘肃南部,南至东南沿海、两广及台湾,以及西南三省均有分布。

形态特征

君迁子高可达 30 m,胸径可达 1.3 m;树皮暗褐色,深裂或成不规则厚块状剥落,小枝褐色或棕色,有纵裂的皮孔,嫩枝平滑或有时有黄灰色短柔毛。叶椭圆形至长圆形,长 5~13 cm,宽 2.5~6 cm,初时有柔毛后脱落,下面绿色或粉绿色。花淡黄色或红色,簇生叶腋;花萼钟形,密生柔毛,4 深裂,裂片卵形。果实近球形,直径 1~2 cm,熟时蓝黑色,有白蜡层。花期 5—6 月,果熟期 10—11 月。

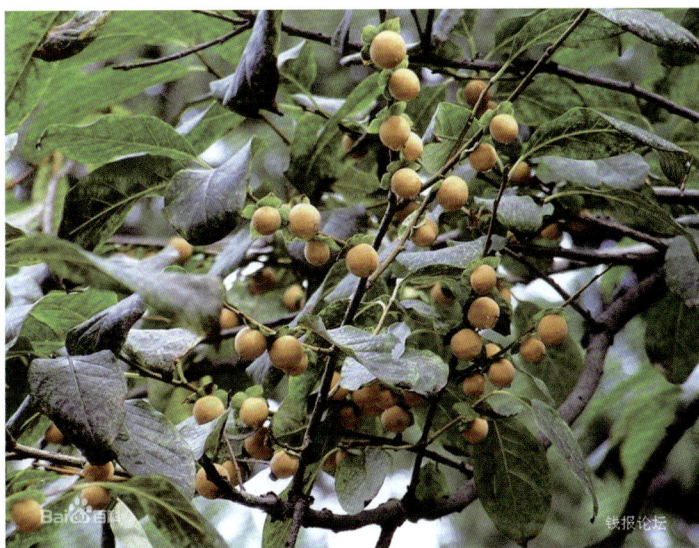

生态习性

君迁子生性强健,喜光,也耐半阴,较耐寒,既耐旱,也耐水湿;喜肥沃深厚的土壤,较耐瘠薄,对土壤要求不高,有一定的耐盐碱力,在 pH 值 8.7、含盐量 0.17% 的轻度盐碱土中能正常生长;寿命较长,浅根系,但根系发达,移栽头 3 年内生长较慢,3 年后则长势迅速;抗二氧化硫的能力较强。

繁殖要点

君迁子的繁殖一般采取播种法。果实成熟后,在干形好、树形端正的植株上采摘果实,将果实置于阴凉干燥处摊开进行晾干,然后将种子取出,洗净晾干后装入干净布袋中保存。翌年 3 月下旬将种子浸泡在 40 ℃温水中两天,种子膨胀后再进行播种。苗床应选择阳光充足,且排水良好处。播种后覆土 0.5 cm,用脚轻踩后立即用浸灌法浇一次透水,苗子出齐 30 d 后,可选择阴天进行间苗,然后追施氮肥。育苗期应加强水肥管理、病虫害防治和锄草、松土等基础工作。第二年春天可进行移栽,第三年可进行二次移栽,栽植株行距为 4 m×6 m。

栽培管理

君迁子在幼龄期长势较慢,充足的肥料可以加速植株生长。一般来说,栽植时可施用经烘干的鸡粪或经腐熟发酵的牛马粪作基肥,基肥需与栽植土充分拌匀,种植当年的六七月份追施一次三要素复合肥,可促使植株长枝长叶,扩大营养面积。秋末结合浇冻水,施用一次半腐熟的牛马粪,这次肥可以浅施,也可以直接撒于树盘。翌年春季萌芽后追施一次尿素,初夏追施一次磷钾肥,秋末按头年方法施用有机肥;第三年起只需每年秋末施用一次农家肥即可,但用量应大于头两年。照此方法施肥,有利于提高植株的长势。

观赏应用

君迁子树干挺直、树冠圆整、适应性强,是园林绿化的好树种,可应用作行道树或庭荫树。

小知识

君迁子材质优良,可作一般用材;树皮和枝皮含鞣质,可提取栲胶,亦可作纤维原料;果实可作饲料和酿酒,种子还可榨油。君迁子树能作柿的砧木,也可作嫁接胡桃的砧木。

黄菠萝

Phellodendron Amurense
Rupr.

黄菠萝,又叫黄檗、黄柏,芸香科黄檗属落叶乔木。产于中国东北小兴安岭南坡、长白山区及河北省北部。黄菠萝全身是宝,综合利用价值较高,是珍贵树种中的精品,被列为国家一级保护植物,人工栽培前景广阔。

形态特征

黄菠萝树皮灰褐色至黑灰色,木栓层发达、柔软,内皮鲜黄色。小枝橙黄色或淡黄灰色,裸芽生于叶痕内,黄褐色。奇数羽状复叶,对生或近互生。花单性,雌雄异株,聚伞状圆锥花序顶生;花小、黄绿色,花瓣长圆形,子房倒卵圆形,浆果状核果近球形,成熟时黑色,有特殊香气与苦味。种子半卵形,带黑色。

生态习性

黄菠萝性喜光,不耐阴,故树冠宽广而稀疏;耐寒,但5年生以下幼树之枝梢有时会有枯梢现象;喜适当湿润、排水良好的中性或微酸性壤土,在黏土及贫瘠土地上生长不良;对水、肥敏感,是喜肥喜湿性树种;深根性,主根发达,抗风力强;萌生能力也很强,生长速度中等,寿命可达300年。在自然界常生于山间、河谷、溪流附近,或混生于杂木林中。

繁殖要点

黄菠萝主要采用播种繁殖。

(1)采收种子。黄菠萝种子采集时间为9月下旬至10月上旬,果皮由黄变黑,果实成熟后,即可采集。采集后的浆果堆放腐烂,除去果皮、果枝及残渣,得到的净种堆放在背阴通风处及时阴干,然后置于干燥、通风、凉爽的室内贮藏,避免阳光直射。

(2)种子沙藏处理。黄菠萝种子具有休眠特性,低温层积2~3个月能打破其休眠。种子处理时,可采取越冬混沙露天埋藏法,在秋季上冻前,选择地势高燥、排水良好又背阴、地下水位低处,挖深宽各0.5 m,依据种子多少而定的长条坑。11月上旬将精选好的种子,用木醋液1 000倍液浸种

30 min,后用清水冲洗,再用凉水浸种 3~5 d,捞出控干后与 3 倍体积的干净湿细河沙混拌均匀。窖底部铺 1 层草帘或席子,上铺 10~20 cm 干净细河沙,窖四周用草帘片围好,将混沙的种子放入窖中。窖中间每隔 1 m 插入 1 个粗 15 cm 的秸秆把,以便通气。种子层厚度最好不超过 50 cm,上面盖10~20 cm 细沙,最上面盖 1 层草帘。最后用土封上,高出地面堆成土丘状。翌年 4 月上旬播种前10~15 d 取出,筛净沙子,摊放在背风向阳处,用草帘或塑料布盖上,日晒加温,适当浇水翻拌,当有 30%~40% 种子裂嘴时即可播种。

(3)播种。黄菠萝的播种时间一般在每年的 4 月初,播种时浇足底水,在苗床上按行距 30 cm、深 5 cm 开沟,播种后覆土 2 cm。稍加镇压,床面盖稻草保持湿润。

栽培管理

(1)间苗、定苗。出苗 80% 后要及时撤出覆盖物,清除杂草。一般在苗高 7~10 cm 时,按株距 3~4 cm 间苗,拔除弱苗和过密苗。苗高 17~20 cm 时,按株距 7~10 cm 定苗。

(2)喷洒木醋液。木醋液中所含的醋酸类物质具独特的杀菌、驱虫作用,苗木生长时期喷洒木醋液,可以有效地防治病虫害,增强苗木抗性,提高单位面积优质苗的出苗量。在不同时期,使用木醋液的浓度不同,具体使用方法:在黄菠萝幼苗期(4 月下旬至 6 月上旬),采用 1:200 倍木醋液分 2 次喷洒幼苗,每亩施用 3~5 kg,可有效防治各种病虫害;在黄菠萝播种苗的速生期(6 月中旬至 7 月上旬),可采用1:100 倍木醋液每隔 1 周喷洒苗木 1 次,每次施用量在 12~15 kg/亩。喷洒可以结合苗木追肥同步进行,能够起到增强肥效的作用。

(3)追肥。育苗期应结合间苗中耕除草追肥 3 次,每次在 6 月中上旬至 7 月中上旬追施氮肥 2 次,每次每亩追硫酸铵 10 kg,8 月下旬可追 1 次钾肥。

(4)排灌。黄菠萝播种后至定植前,应经常浇水,以保持土壤湿润。夏季高温也应及时浇水降温,以利幼苗生长。郁闭后可适当少浇或不浇。多雨积水时应及时排水,以防烂根。

观赏应用

黄菠萝树冠宽阔,秋季叶变黄色,非常美丽,故可植为庭荫树或成片栽植,在自然风景区中可与红松、兴安落叶松、花曲柳等混交。

> ### 小知识
>
> 黄菠萝木材坚实而有弹性,纹理美丽而有光泽,边材淡黄色,心材黄褐色,耐水、耐腐,不反翘伸缩,不变形,加工容易,是市场看好的极品,是制造高级家具,也是制作飞机、船舶、枪托、建筑、装饰及胶合板的良材;木栓层是制造软木塞的材料;果实可作驱虫剂及染料;种子含油 7.76%,可制肥皂和润滑油。

枳

Poncirus trifoliata（L.）Raf.

枳,别名枳实、铁篱寨、臭橘、枸橘李、枸橘、臭杞、橘红,芸香科枳属落叶灌木或小乔木,原产于我国华中,现河北、山东、山西以南都有栽培。

形态特征

枳高 1~5 m,树冠伞形或圆头形。枝绿色,嫩枝扁,有纵棱,刺长达 4 cm,刺尖干枯状,红褐色,基部扁平。叶柄有狭长的翼叶,通常指状 3 出叶,或杂交种的则除 3 小叶外尚有 2 小叶或单小叶同时存在,小叶等长或中间的一片较大,对称或两侧不对称,叶缘有细钝裂齿或全缘,嫩叶中脉上有细毛,花单朵或成对腋生,先叶开放,也有先叶后花的,有完全花及不完全花。果近圆球形或梨形,大小差异较大,果顶微凹,有环圈,果皮暗黄色,粗糙,也有无环圈,果皮平滑的,油胞小而密,果心充实,汁胞有短柄,果肉含黏液,微有香橼气味,甚酸且苦,带涩味,种子阔卵形,乳白或乳黄色,有黏液,平滑或间有不明显的细脉纹,长 9~12 mm。花期 5—6 月,果期 10—11 月。

生态习性

枳喜光,稍耐阴,喜温暖湿润气候,较耐寒,能耐-20~-28 ℃的低温;喜生于肥沃、深厚之微酸性土壤,不耐碱,对土壤不苛求;生长速度中等,发枝力强,耐修剪,主根浅,须根多;对二氧化硫、氯气抗性强,对氟化氢抗性差。

繁殖要点

枳采用播种和扦插繁殖。

（1）播种。10月采果,放于盆中,将盆埋于土中深约15 cm,闷烂果皮。次年春,于播种前取出,洗净阴干,然后畦播,覆土3 cm左右,1个月后可出苗,幼苗期需经常保持土壤湿润,2年后移栽。

（2）扦插。在六七月份采取当年生半木质化且无病虫害的枝条,剪成15 cm左右的插条,插入素沙土中,适当遮阴并保持70%以上的湿度,45 d左右即可生根,次年5月上旬可移栽。

栽培管理

（1）光照。枳喜微酸性土壤,中性土壤也可生长良好;性喜光,应栽种于光照充足处,光照不足易使植株生长衰退,枝叶稀疏。

（2）防寒。枳喜温暖环境,也较耐寒,冬季气温不低于-25 ℃即可安全越冬,但幼苗需采取防寒措施,可用稻草绑扎,成株则不需防寒。

（3）水分。枳喜湿润环境,但怕积水,夏季雨天应及时做好排水工作,以防水大烂根。因其根系较浅,遇高温天气应及时浇水,如缺水易导致叶片干枯。

（4）施肥。枳施肥可于春季萌芽时施一次三要素复合肥,坐果后也应追施两至3次圈肥,间隔时间为20 d左右。

观赏应用

枳易管理,耐修剪,多用作绿篱和分隔带,是较好的绿化树种。其枝条绿色而多刺,花于春季先叶开放,秋季黄果累累,可观花观果观叶,在园林中多栽作绿篱或者屏障树。因其耐修剪,可整形为各式篱垣及洞门形状,既有分隔园地的功能又有观花赏果的效果,是良好的观赏树木之一。

小知识

橘和枳是两种不同的植物。在植物分类学中,橘与枳同为芸香科但不同属:橘为柑橘属,枳为枳属。"南橘北枳"的说法实际上源于古人观察不周而造成的误会。早在春秋时期,我们的祖先就利用枳作砧木,橘作接穗,嫁接繁殖橘苗了。橘只能耐-9 ℃以上的低温,而枳能耐-20 ℃的低温。当人们把枳作砧木、橘作接穗嫁接培育橘苗,从淮南移到淮北,由于橘树忍受不了淮北冬季低于-9 ℃的低温,橘树地上部分冻死,而地下部分的枳砧却安然无恙。当次年春暖花开时,砧木树上的不定芽萌发长成了枳树,过几年就开花结实了。古人不明究竟,误认为是水土条件不同导致橘变成了枳,这才是"南橘北枳"的真相。

枳味苦,可作中药;种子可榨油;叶、花及果皮可提芳香油。

臭椿

Ailanthus altissima
(Mill.)Swingle.

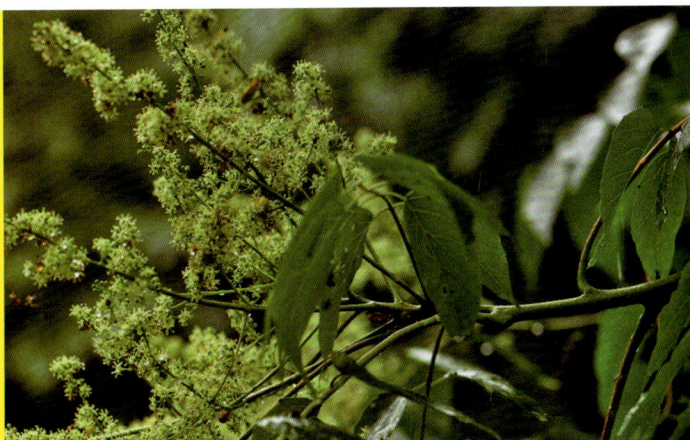

臭椿,原名樗,又名椿树、木砻树、臭椿皮、大果臭椿,因叶基部腺点发散臭味而得名,苦木科臭椿属落叶乔木。原产于我国华南、西南、东北南部各地,现华北、西北分布最多。是中国北部地区黄土丘陵、石质山区主要造林先锋树种。

形态特征

臭椿高可达 20 m,树皮平滑而有直纹;嫩枝有髓,幼时被黄色或黄褐色柔毛,后脱落。叶为奇数羽状复叶,有小叶13~27;小叶对生或近对生,纸质,卵状披针形,先端长渐尖,基部偏斜,截形或稍圆,两侧各具 1 或 2 个粗锯齿,齿背有腺体 1 个,叶面深绿色,背面灰绿色,揉碎后具臭味。翅果长椭圆形,种子位于翅的中间,扁圆形。花期 4—5 月,果期 8—10 月。

生态习性

臭椿为阳性树种,喜光,不耐阴,适应性强,对土壤要求不高,除黏土外,中性、酸性及钙质土都能生长,但在重黏土和积水区生长不良。适生于深厚、肥沃、湿润的沙质土壤;耐寒、耐旱,不耐水湿,长期积水会烂根死亡;耐微碱,pH 值的适宜范围为 5.5~8.2,对中性或石灰性土层深厚的壤土或沙壤土最为适应;对氯气抗性中等,对氟化氢及二氧化硫抗性强;生长快,根系深,萌芽力强。

臭椿垂直分布在海拔 100~2 000 m 范围内。在年平均气温 7~19 ℃、年降雨量 400~2 000 mm 范围内生长正常;年平均气温 12~15 ℃、年降雨量 550~1 200 mm 范围内最适生长。臭椿喜生于向阳山坡或灌丛中。

繁殖要点

臭椿一般用播种繁殖。播种育苗容易,以春季播种为宜。早春采用条播。先去掉种翅,用始温 40 ℃的水浸种 24 h,捞出后放置在温暖的向阳处混沙催芽,温度 20~25 ℃之间,夜间用草帘保温,约 10 d 种子

香椿

臭椿

有 1/3 裂嘴即可播种。通常用低床或垄作育苗,行距 25~30 cm,覆土 1~1.5 cm,略镇压,每亩播种量 5 kg 左右。4~5 d 幼苗开始出土,留苗 8~10 株/m,1.2~1.6 万株/亩,当年生苗高 60~100 cm。最好移植一次,截断主根,促进侧须根生长。臭椿的根蘗性很强,也可采用分根、分蘗等方法繁殖。

栽培管理

(1)间苗。幼苗易发生大小两极分化现象,间苗时去除弱苗和徒长苗,使苗木发育整齐、生长一致。

(2)肥水。幼苗生长快,在速生期要加强肥水管理、松土除草,梅雨季节注意排涝。生长后期停止水肥供应,促使苗木木质化,以便安全越冬。

(3)断根。实生苗主根发达、侧根细弱,在苗高 20 cm 左右时进行截根,深度为 10~15 cm。一年生苗高 1.5 m。

观赏应用

臭椿树干通直高大,春季嫩叶紫红色,秋季红果满树,是良好的观赏树和行道树,可孤植、丛植或与其他树种混栽,适宜于工厂、矿区等绿化。

小知识

臭椿树姿端庄,适应性强,抗风力强,耐烟尘,木材纹理细,质坚,具光泽,易加工,能耐水,是建筑、桥梁、家具制作的优良用材。茎皮纤维可制人造棉和绳索,茎皮含树胶,叶可饲椿蚕,浸出液可作土农药。臭椿的木材坚韧,纤维长,是优良的造纸原料。种子含脂肪油 30%~35%,为半干性油,残渣可作肥料。根含苦楝素、脂肪油及鞣质。

臭椿生长迅速,容易繁殖,病虫害少,材质优良,用途广泛,同时耐干旱、瘠薄。臭椿适应性强,萌蘗力强,根系发达,属深根性树种,是水土保持的良好树种。同时耐盐碱,也是盐碱地绿化的好树种。

臭椿是工矿区绿化的良好树种,具有较强的抗烟能力,对二氧化硫、氯气、氟化氢、二氧化氮的抗性极强。

楝树

Melia azedarach L.

楝树，别名苦楝、紫花树、森树等，楝科楝属落叶乔木。分布于我国山西、河南、河北南部，山东、陕西、甘肃南部，长江流域及以南各地。

形态特征

楝树高达 10 m；树皮灰褐色，纵裂。分枝广展，小枝有叶痕。叶为 2~3 回奇数羽状复叶，小叶对生，卵形、椭圆形至披针形，顶生一片，通常略大，先端短渐尖，基部楔形或宽楔形，多少偏斜，边缘有钝锯齿，幼时被星状毛，后两面均无毛，广展，向上斜举。楝树花并不招人眼，但花期很长，有的年份能持续开放一个多月。花朵很小，花瓣白中透紫，在衰败的过程中，逐渐变白，四下弯曲分散。花蕊呈紫色棒状，花蕊头似喇叭口，周围呈紫色，蕊心呈黄色，布满了花粉，随着蕊的成熟，花蕊逐渐中空。受粉后的雌蕊，日后会长出楝树豆来。楝树豆先青后黄，长成后有指头大小，薄薄的软层中间包裹着豆核。核果球形至椭圆形，种子椭圆形。花期 4—5 月，果期 10—12 月。

生态习性

楝树喜温暖、湿润气候，喜光，不耐庇荫，较耐寒，华北地区幼树易受冻害；在酸性、中性和碱性土壤中均能生长，在含盐量 0.45% 以下的盐渍地上也能良好生长；耐干旱、瘠薄，也能生长于水边，但以在深厚、肥沃、湿润的土壤中生长较好。

繁殖要点

（1）播种。播种前将种子在阳光下曝晒 2~3 d，再放入 60~70 ℃ 的热水中浸泡，适当沤制，使果皮变软，再将其揉搓，用水将果肉淘洗干净。另一种方法是在播种前用 0.5% 高锰酸钾溶液浸泡 2~3 min，用清水冲洗干净即可。播种地要求排水良好、平坦。播种前做好平整圃地、打垄、碎土等工

作,播种时期在3月下旬至4月上中旬,播种量为20~30 g/m²,行距为20~25 cm,沟深3~5 cm。播种后覆土,轻轻镇压。有条件的可采用地膜覆盖,播种后10~15 d出苗。楝树每个果核内有种子4~6粒,出苗后呈簇生状。当小苗长至5~10 cm时间苗,按株距15 cm定苗,每簇留1株壮苗即可。

(2)扦插。每年的2月下旬或3月上旬选取直径为0.5 cm的苗根或枝条,剪成长15 cm的插条后再进行扦插。插条上口平截,下口斜截。扦插株距为15~20 cm、行距为30~40 cm,深度为长度的1/3,扦插后将周围土壤按实。4月上旬,插穗上的不定芽相继萌发出土。当苗长到5~8 cm时,只保留1个萌蘖,培养成苗干,其余的萌蘖抹去。

栽培管理

(1)适时灌溉。不同的育苗方式,需不同的灌溉方式,苗圃地育苗在播种后浇水,盖上覆盖物来保持土壤温度,一般不需要浇水。抽去覆盖物后,根据苗圃地的干旱情况适度浇水,做到"见干见湿"。营养钵育苗,无覆盖物,水分蒸发快,要在每天的清晨和傍晚喷水一次,喷水时要做到少量勤喷。高温季节要适当多喷,阴雨天气要少喷或不喷,切忌中午高温时喷水。

(2)合理追肥。合理追肥是培育大苗壮苗的基础,苗期追肥应以基肥为主,为使苗木生长健壮,在苗木生长期应追肥加以补充。追肥以速效性肥料为主,应掌握分期追肥、看苗巧施的原则。幼苗期,应以氮肥、磷肥为主,以促进苗木根系的生长。苗木速生期氮、磷、钾适当配合,因该期苗木生长最快,需肥水最多,应加强松土、除草。苗木硬化期,应以钾肥为主,停施氮肥。

(3)冬季管理。对于新植的幼树,前3年的冬季要采取根颈培土、草绳包裹枝干或搭风障等防冻保温措施。

观赏应用

楝树树形优美,叶形秀丽,春夏之交开淡紫色花朵,颇为美丽,且有淡香,是优良的庭荫树、行道树。它耐烟尘、抗二氧化硫,因此也是良好的城市及工矿区绿化树种。楝与其他树种混栽,能起到对树木虫害的防治作用,在草坪中孤植、丛植或配置于建筑物旁都很合适,也可种植于水边、山坡、墙角等处。

小知识

楝树在印度被誉为"神树",在欧美国家被誉为"健康及其赐予者之树"。楝材质优良,木材淡红褐色,纹理细腻美丽,有光泽,坚软适中,白度高,抗虫蛀,易加工,是制造高级家具、木雕、乐器等的优良用材。从楝叶、枝、皮和果的皮肉中分离、提炼出的楝素可用于生产牙膏、肥皂、洗面奶、沐浴露等产品。楝的树皮、叶中含鞣质,可提取制栲胶。树皮纤维可制人造棉及造纸;楝花可提取芳香油;果核、种子可榨油,也可炼制油漆;果肉含岩藻糖,可用于酿酒;花、叶、种子和根皮均可入药。

香椿

Toona sinensis (A.Juss.)
Roem.

香椿,又名香椿芽、香桩头、大红椿树、椿天、香椿铃、香椿子等,在安徽地区也叫春苗,楝科香椿属落叶乔木。原产于我国中部,现辽宁南部、黄河及长江流域各地普遍栽培,是华北、华东、华中低山丘陵或平原地区重要用材树种,有"中国桃花心木"之称。

形态特征

香椿树皮粗糙,深褐色,片状脱落。叶具长柄,偶数羽状复叶,小叶 16~20,对生或互生,纸质,卵状披针形或卵状长椭圆形,先端尾尖,基部一侧圆形,另一侧楔形,不对称,边全缘或有疏离的小锯齿,两面均无毛,无斑点,背面常呈粉绿色,平展,与中脉几成直角开出,背面略凸起。圆锥花序顶生,花白色,芳香。蒴果红褐色,有小而苍白色的皮孔,种子基部通常钝,上端具翅。花期 6—8 月,果期 10—12 月。

生态习性

香椿喜温,适宜在平均气温 8~10 ℃的地区栽培,抗寒能力随苗树龄的增加而提高。用种子直播的一年生幼苗在 -10 ℃左右可能受冻。香椿喜光,耐水湿,适宜生长于河边、宅院周围肥沃湿润的土壤中,一般以沙壤土为好,适宜的土壤酸碱度为 pH 值 5.5~8.0。其对有害气体抗性强;萌蘖性、萌芽力强,耐修剪。

繁殖要点

香椿采用播种和分株(也称根蘖繁殖)两种方式繁殖。

(1)播种。由于香椿种子发芽率较低,因此,播种前,要将种子加新高脂膜在 30~35 ℃温水中浸泡 24 h,捞起后,置于 25 ℃处催芽,至胚根露出米粒大小时播种(播种时的地温最低在 5 ℃左右)。出苗后,待 2~3 片真叶长出时间苗,4~5 片真叶长出时定苗。行株距为 25 cm×15 cm。

（2）分株。可在早春挖取成株根部幼苗，植在苗地上，当次年苗长至 2 m 左右，再行定植。也可采用断根分蘖方法，于冬末春初，在成树周围挖 60 cm 深的圆形沟，切断部分侧根，而后将沟填平。由于香椿根部易生不定根，因此断根先端萌发新苗，次年即可移栽。移栽后喷施新高脂膜，可有效防止地上水分蒸发，苗体水分蒸腾，隔绝病虫害，缩短缓苗期。

香椿苗育成后，都在早春发芽前定植。大片营造香椿林的行株距为 7 m×5 m。植于河渠、宅后的，都为单行，株距 5 m 左右。定植后要浇水 2~3 次，以提高成活率。

栽培管理

香椿的田间管理虽属粗放，但为了使之生长快、产量高，还要注意肥水和病虫害防治工作。如天气干旱，应及时浇水；每年要中耕松土，在行间最好套种绿肥，5 月间翻压入土或者浇施人畜粪尿。

观赏应用

香椿树干通直，树冠开阔，枝叶浓密，嫩叶红艳，常用作庭荫树、行道树、"四旁"绿化树。香椿是华北、华东、华中低山丘陵或平原地区重要用材树种，园林中配置于疏林，作上层骨干树种，其下栽耐阴花木。

香椿嫩芽、嫩叶可食，可培育成灌木状以利采摘嫩叶，因此是重要的经济林树种。

小知识

香椿木材黄褐色而具红色环带，纹理美丽，质坚硬，有光泽，耐腐力强，不翘、不裂、不易变形，易施工，为家具、室内装饰品及造船的优良木材，素有"中国桃花心木"之美誉。树皮可造纸，果和皮可入药，还可作为蔬菜栽植，价值很高。

香椿有"树上青菜"之称，具有独特香味，营养价值丰富，很适合春末夏初时吃。但香椿中亚硝酸盐含量较高，所以吃时要选嫩芽，吃前须焯烫。中国人食用香椿久已成习，汉代就有大江南北食用香椿的记载。椿芽营养丰富，并具有食疗作用，主治外感风寒、风湿痹痛、胃痛、痢疾等。

栾树

Koelreuteria paniculata
Laxm.

栾树,别名木栾、栾华、乌拉、乌拉胶、黑色叶树、石栾树等,无患子科栾树属落叶乔木或灌木。产于我国华北、东北南部至长江流域及福建,西到甘肃、四川等。

形态特征

栾树树皮厚,灰褐色至灰黑色,老时纵裂;皮孔小,灰至暗褐色。叶丛生于当年生枝上,平展,一回、不完全二回或偶有为二回羽状复叶,无柄或具极短的柄,对生或互生,纸质,卵形、阔卵形至卵状披针形,顶端短尖或短渐尖,基部钝至近截形,边缘有不规则的钝锯齿,齿端具小尖头,有时近基部的齿疏离呈缺刻状,或羽状深裂达中肋而形成二回羽状复叶,上面仅中脉上散生皱曲的短柔毛,下面在脉腋具髯毛,有时小叶背面被茸毛。蒴果圆锥形,具3棱,顶端渐尖,果瓣卵形,外面有网纹,内面平滑且略有光泽;种子近球形,直径6~8 mm。花期6—8月,果期9—10月。

生态习性

栾树是一种喜光,稍耐半阴的植物,耐寒,但是不耐水淹,耐干旱和瘠薄,对环境的适应性强,喜欢生长于石灰质土壤中,耐盐渍及短期水涝;具有深根性,萌蘖力强,生长速度中等,幼树生长较慢,以后渐快,有较强抗烟尘能力;抗风能力较强,可抗−25 ℃低温,对粉尘、二氧化硫和臭氧均有较强的抗性。多分布在海拔1 500 m以下的低山及平原,最高可达海拔2 600 m。

繁殖要点

栾树采用播种和扦插繁殖。

(1)播种。栾树果实于9—10月成熟。选生长良好,干形通直,树冠开阔,果实饱满,处于壮龄期的优良单株作为采种母树,在果实显红褐色或橘黄色而蒴果尚未开裂时及时采集,不然将自行脱落。但也不宜采得过早,否则种子发芽率低。

果实采集后去掉果皮、果梗,应及时晾晒或摊开阴干,待蒴果开裂

后，敲打脱粒，用筛选法净种。种子黑色，圆球形，径约 0.6 cm，出种率约 20%，千粒重 150 g 左右，发芽率 60%~80%。

栾树种子的种皮坚硬，不易透水，如不经过催芽管理，第二年春播常不发芽或发芽率很低。所以，当年秋季播种，让种子在土壤中完成催芽阶段，可省去种子贮藏、催芽等工序。经过一冬后，第 2 年春天，幼苗出土早而整齐，生长健壮。

在晚秋，选择地势高燥、排水良好、背风向阳处挖坑，坑宽 1~1.5 m，深在地下水位之上，冻层之下，大约 1 m，坑长视种子数量而定。坑底可铺 1 层 10~20 cm 厚的石砾或粗沙，坑中插 1 束草把，以便通气。将消毒后的种子与湿沙混合，放入坑内，种子和沙体积比为 1：3 或 1：5，或 1 层种子 1 层沙(沙子湿度以用手能握成团、不出水、松手触之即散开为宜)交错层积，每层厚度 5 cm 左右。装到离地面 20 cm 左右为止，上覆 5 cm 河沙和 10~20 cm 厚的秸秆等，四周挖好排水沟。

栾树一般采用大田育苗。播种地要求土壤疏松透气，整地要平整、精细，对干旱少雨地区，播种前宜灌好底水。栾树种子的发芽率较低，用种量宜大，一般需 50~100 g/m²。

春季 3 月，取出种子直接播种。在选择好的地块上施基肥，撒呋喃丹颗粒剂或锌硫磷颗粒剂每亩 3 000~4 000 g 用于杀虫。采用阔幅条播，既利于幼苗通风透光，又便于管理。干藏的种子播种前 45 d 左右，采用阔幅条播。播种后，覆一层 1~2 cm 厚的疏松细碎土，防止种子干燥失水或受鸟兽危害。随即用小水浇一次，然后用草、秸秆等材料覆盖，以提高地温，保持土壤水分，防止杂草滋长和土壤板结，约 20 d 后苗出齐，撤去稻草。

（2）扦插。① 插条的采集：在秋季树木落叶后，结合 1 年生小苗平茬，把基径 0.5~2 cm 的树干收集起来作为种条，或采集多年生栾树的当年萌蘖苗干、徒长枝作种条，边采集边打捆。整理好后立即用湿土或湿沙掩埋，使其不失水分以备作插穗用。② 插穗的剪取：取出掩埋的插条，剪成 15 cm 左右的小段，上剪口平剪，距芽 1.5 cm，下剪口在靠近芽下剪切，斜剪。③ 插穗的冬藏：冬藏地点应选择不易积水的背阴处，沟深 80 cm 左右，沟宽和长视插穗而定。在沟底铺一层深 2~3 cm 的湿沙，把插穗竖放在沙藏沟内。注意叶芽方向向上，单层摆放，再覆盖 50~60 cm 厚的湿沙。④ 扦插：插壤以含腐殖质较丰富、土壤疏松、通气性、保水性好的壤质土为好，施腐熟有机肥。插壤应在秋季准备好，深耕细作，整平整细，翌年春季扦插。株行距 30 cm×50 cm，先用木棍打孔，直插，插穗外露 1~2 个芽。⑤ 插后管理：保持土壤水分，适当搭建荫棚并施氮肥、磷肥，进行适当灌溉并追肥，苗木硬化期时，控水控肥，促使木质化。

栽培管理

（1）日常管理。要经常松土、除草、浇水，保持床面湿润，秋末落叶后大部分苗木可高达 2 m，地径粗在 2 cm 左右。将苗子掘起分级，第二年春移植，移植前将根稍剪短一些，移植结束后从根颈处截去苗干，即从地表处平茬，随即浇透水。发芽后要经常抹芽,只留最强壮的一芽培养成主干。生长期经常松土、锄草、浇水、追肥,至秋季就可养成通直的树干。

(2) 施肥管理。施肥是培育壮苗的重要措施。幼苗出土长根后,宜结合浇水勤施肥。在年生长旺期,应施以氮为主的速效性肥料，促进植株的营养生长。入秋,要停施氮肥,增施磷、钾肥,以提高植株的木质化程度,提高苗木的抗寒能力。冬季,宜施农家有机肥料作为基肥,既为苗木生长提供持效性养分,又起到保温、改良土壤的作用。随着苗木的生长,要逐步加大施肥量,以满足苗木生长对养分的需求。第一次追肥量应少,每亩 2 500~3 000 g 氮素化肥,以后隔 15 d 施一次肥,肥量可稍大。

观赏应用

栾树为落叶乔木,树形端正,枝叶茂密而秀丽,春季嫩叶多为红叶,夏季黄花满树,入秋叶色变黄,果实紫红,形似灯笼,十分美丽。栾树适应性强、季相明显,是理想的绿化、观叶树种,宜作庭荫树、行道树及园景树。栾树也是工业污染区配植的好树种,同时也作为居民区、村旁绿化树种。

小知识

栾树,一年能占十月春。此树春季枝叶繁茂秀丽,叶片嫩红可爱;夏季树叶渐绿,而黄花满树,实为金碧辉煌;秋来夏花落尽,即有蒴果挂满枝头,如盏盏灯笼,绚丽多彩。如此佳木,为上等、绿化风景树,确实招人喜爱。栾树,除了可作城市景观树之外,还因其栾果能做佛珠用,故寺庙多有栽种。

栾树可提制栲胶,花可作黄色染料,种子可榨油;木材黄白色,易加工,可制家具;叶可作蓝色染料;花供药用,亦可作黄色染料。

无患子

Sapindus mukorossi Gaertn.

无患子，别名黄金树、木患子、油患子、苦患树、油罗树、洗手果等，无患子科无患子属落叶乔木。分布在我国淮河流域以南各省。

形态特征

无患子高可达 20 m，树皮灰褐色或黑褐色；嫩枝绿色，无毛。叶轴稍扁，上面两侧有直槽，无毛或被微柔毛，通常近对生；叶片薄纸质，长椭圆状披针形或稍呈镰形，顶端短尖或短渐尖，基部楔形，稍不对称，腹面有光泽，两面无毛或背面被微柔毛；侧脉纤细而密，近平行。花序顶生，圆锥形；花小，辐射对称，花梗常很短。果近球形，橙黄色，干时变黑。花期春季，果期夏秋。

生态习性

无患子喜光，稍耐阴，耐寒能力较强；对土壤要求不高，深根性，生长较快，抗风力强；不耐水湿，能耐干旱；萌芽力弱，不耐修剪；对二氧化硫抗性较强，是工业城市生态绿化的首选树种。5~6 年长成，一年一结果，生长快，易种植养护。100~200 年树龄，寿命长。

繁殖要点

无患子采用播种、扦插和压条繁殖。

（1）播种。秋季果熟时采收，及时去皮净种。因种壳坚硬，既可当年秋播，也可用湿沙层积埋藏越冬春播。育苗圃地要求土层深厚、肥沃，排水良好。整地要求深翻细耕，施足基肥，开好排水沟。播种以点播为宜，行距 25 cm，株距 12~15 cm，盖土厚度以 5 cm 为好。亩用种 50~60 kg，亩产苗 1~1.2万株。苗木出圃高度 60~100 cm，地径 0.8 cm 左右。无患子病虫害较少，发芽期重点防治地下害虫，小苗期重点防治天牛。

（2）扦插。嫩枝扦插在春末至早秋植株生长旺盛时，选用当年生粗壮枝条作为插穗。把枝条剪下后，选取壮实的部位，剪成 5~15 cm 长的一段，每段要带 3 个以上的叶节。剪取插穗时需注意剪口在最上一个叶节上方约 1 cm 处平剪，下面剪口在最下面的叶节下方约0.5 cm 处斜剪，上下剪口都要平整(刀要锋利)。硬枝扦插在早春气温回升后,选取去年的健壮枝条做插穗,每段插穗通常保留3~4个节,剪取的方法同嫩枝。

(3)压条。选取健壮的枝条,从顶梢以下15~30 cm处把树皮剥掉一圈,剥后的伤口宽度在1 cm左右,深度以刚刚把表皮剥掉为限。剪取一块长10~20 cm、宽5~8 cm的薄膜,上面放些淋湿的园土,像裹伤口一样把环剥的部位包扎起来,薄膜的上下两端扎紧,中间鼓起。4~6周后生根,生根后,把枝条连根系一起剪下,就成了一棵新的植株。

栽培管理

(1)松土除草。造林初期幼林抵抗力弱,抚育次数宜多,后期逐渐减少。一般造林第一二年,每年松土除草2~3次,第三年,每年松土除草1~2次。具体应根据幼林年生长规律、土壤的水分、养分动态及杂草生活习性而定。一般松土除草时间应在5—6月和8—9月进行。

(2)施肥。幼树期以营养生长为主,施肥主要以氮肥为主,配合磷、钾肥,并根据树龄大小逐年提高施肥量。幼树定植成活后1个月左右,开始施肥,一年可施2次,5月份、8月份各施肥一次。

(3)水分。无患子怕渍水,雨季要注意排水,以防止叶片凋萎脱落。无患子在7—9月大量挂果,果实膨大和油脂转化时会消耗大量水分,应注意合理增加灌水。

(4)整形修剪。整形修剪采用自然式。树冠可促进枝繁叶茂,要特别注意保护顶芽,切忌碰伤,除密生枝和病虫枝要及时修剪外,其余应任其生长。定植如有侧枝萌发要及早抹除,以利主干通直。要特别注意顶端一层侧枝的修剪,确保中心主干顶端延长枝占绝对优势。

观赏应用

无患子树干通直,枝叶广展,绿荫稠密。到了冬季,满树叶色金黄,故又名黄金树,算是彩叶树种之一。到了10月,果实累累,颜色橙黄,十分美观。无患子是绿化的优良观叶、观果树种,宜作庭荫树及行道树,若与其他秋色叶树种及常绿树种配植,更可为园林秋景增色。

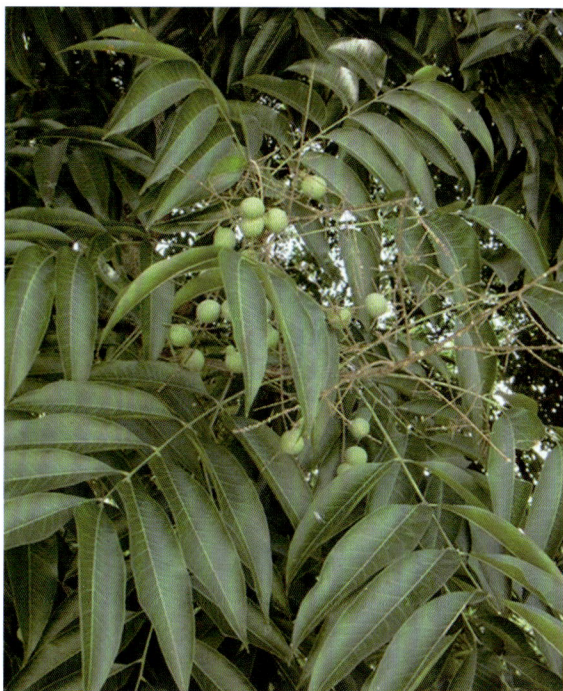

小知识

无患子果皮含无患子皂苷等三萜皂苷,可制造"天然无公害洗洁剂",用于餐具清洁、美容、洗发、皮肤保健。这一类天然植物洗洁用品,在中国台湾,以及日本、韩国、美国等国家已经相当流行,特别是在欧洲,人们更喜欢将无患子果皮包裹在棉织袋子内,泡水搓挤,使其产生泡沫,直接用于洗衣、洗头、洗身。

果核可用于制作天然工艺品及佛教念珠。

种仁含油量高,可用来提取油脂,制造天然滑润油。最新科研成果表明:用无患子种仁提取油脂,可用来制造生物柴油。

南酸枣

Choerospondias axillaris
(Roxb.)Burtt et Hill.

南酸枣,又叫五眼果、四眼果、酸枣树、连麻树和山枣树,漆树科南酸枣属落叶乔木。原产于我国华南及西南,是亚热带低山、丘陵及平原常见树种。

形态特征

南酸枣高 8~20 m,树皮灰褐色,片状剥落,小枝粗壮,暗紫褐色,无毛,具皮孔。奇数羽状复叶,叶轴无毛,叶柄纤细,基部略膨大;小叶膜质至纸质;叶卵形或卵状披针形或卵状长圆形,先端长渐尖,基部多少偏斜,阔楔形或近圆形,全缘或幼株叶边缘具粗锯齿,两面无毛或稀叶背脉腋被毛,小叶柄纤细。核果椭圆形或倒卵状椭圆形,成熟时黄色,顶端具 5 个小孔。

生态习性

南酸枣喜光,喜温暖、湿润的气候,不耐寒;喜土层深厚、排水良好的酸性及中性土壤,不耐水淹和盐碱;萌芽力强,生长快,宜植于山谷、沟边等地;适应性强,对二氧化硫和氯气有较强抗性;寿命长树龄可达 300 年以上。

繁殖要点

南酸枣采用播种和嫁接繁殖。

(1) 播种。秋季果熟时采收,堆沤十余天后洗去果肉,晾干拌沙贮藏,翌春播种。播种前用 50 ℃温水浸种1~2 d 催芽。若当年秋播,可省去贮藏环节,且可提早出苗。一般采用条播,条距约 30 cm,每亩播种量40~50 kg。播时注意种子有孔的一端朝上。1 年生苗高可达 1.5 m 左右。

（2）嫁接。在2月中旬至3月上旬，将贮藏好的种子用温水浸泡24 h后捞起晾干播种，经过1年的培育，次年就可以作为嫁接用的砧木。

选择树势旺盛的优良结实母树，采集树冠外围生长健壮、无虫害的1年生枝(南酸枣是雌雄异株，采集接穗时要特别注意只能采集雌株枝条，如作行道树或庭荫树则采集雌株枝条)。采集的接穗要采取一定的保湿措施，用密封的塑料袋装好，放入阴凉、潮湿的空屋或冰箱中。树液开始流动时嫁接。在2月下旬至3月上旬，取嫁接前采集的接穗的饱满健芽，采用芽接方法进行嫁接，成活率达85%以上。芽接成活后，及时松绑。

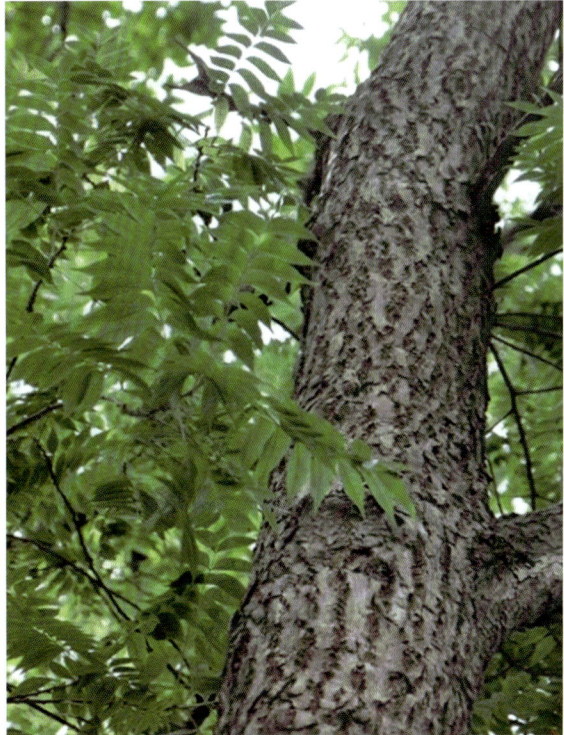

栽培管理

南酸枣抗寒力不强，宜于3月上中旬随起随栽。种植时施足基肥，栽植后两年内，每年要进行松土、除草、抗旱等抚育工作1~2次。苗期常见的病虫害有立枯病、枣疯病和枣瘿蚊、枣步曲和红蜘蛛等，注意早期防治，成年树病虫害较少。

观赏应用

南酸枣树体高大端直，冠大形美，生长迅速，是优良的园林绿化和行道树种，孤植或丛植于草坪、坡地、水畔或与其他树种混交成林，也适合于厂矿的绿化。

小知识

南酸枣是我国南方优良速生用材树种，其木材结构略粗，心材宽，淡红褐色，边材狭，白色至浅红褐色，花纹美观，刨面光滑，材质柔韧，收缩率小，可加工成工艺品。其果实甜酸，可生食、酿酒和加工酸枣糕；果核可作活性炭原料；树叶可作绿肥；茎皮纤维可作绳索；树皮和果入药，有消炎解毒、止血止痛之效，外用治大面积水火烧烫伤；树皮还可作为鞣料和栲胶的原料。

南酸枣的果核较大且非常坚硬，因其顶端有5个眼，自古以来就有"五福临门"的意思。

黄连木

Pistacia chinensis Bunge.

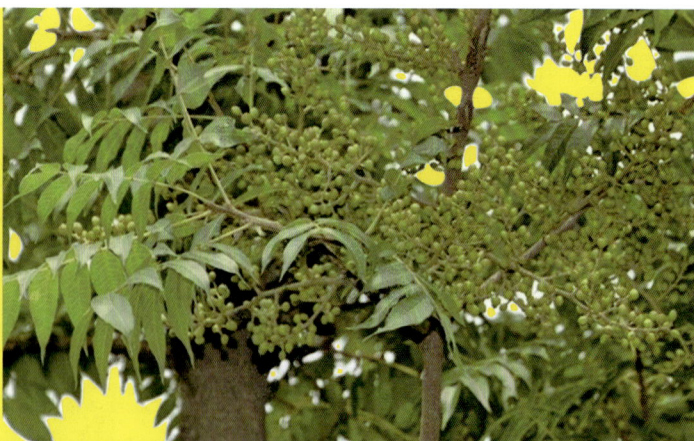

黄连木,别名楷木、楷树、黄楝树、药树、药术,漆树科黄连木属落叶乔木。我国黄河流域至华南、西南地区均有分布,泰山亦有栽培。

形态特征

黄连木高达 25~30 m,树干扭曲。树皮暗褐色,呈鳞片状剥落,幼枝灰棕色,具细小皮孔,疏被微柔毛或近无毛。奇数羽状复叶互生,有小叶 5~6 对,叶轴具条纹,被微柔毛,叶柄上面平,被微柔毛;小叶对生或近对生,纸质,披针形或卵状披针形或线状披针形,先端渐尖或长渐尖,基部偏斜,全缘,两面沿中脉和侧脉被卷曲微柔毛或近无毛,侧脉和细脉两面突起;小叶柄长 1~2 mm。核果倒卵状球形,略压扁,径约 5 mm,成熟时紫红色,干后具纵向细条纹,先端细尖。

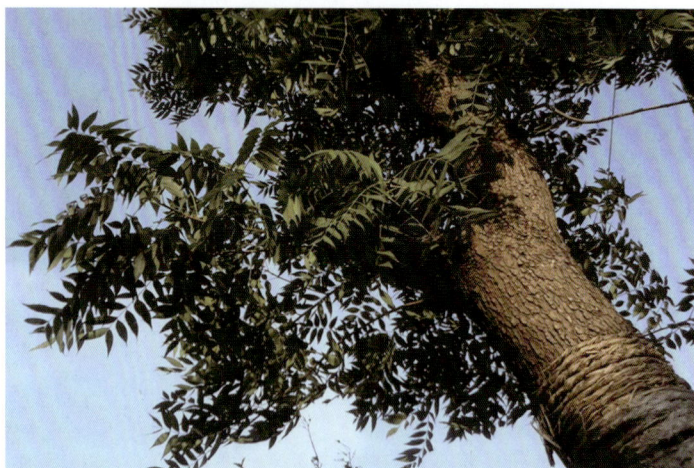

生态习性

黄连木喜光,幼时稍耐阴,喜温暖,畏严寒;耐干旱瘠薄,对土壤要求不高,微酸性、中性和微碱性的砂质、黏质土均能适应,并以在肥沃、湿润、排水良好的石灰岩山地生长最好;深根性,主根发达,抗风力强;萌芽力强,生长较慢,寿命可长达 300 年以上;对二氧化硫、氯化氢和煤烟的抗性较强。

繁殖要点

黄连木可采用种子繁殖,分秋冬播和春播。秋冬播种子可随采随播,不进行催芽处理,也可以经选种后,清水浸泡 2 d 搓去果肉并进行驱避剂等药剂处理,以防鸟兽危害。春播种子需处理,处理方法有两种:(1) 经过冬季沙藏的种子。经过冬季沙藏的种子可直接播种,也可再经过催芽待 1/3 露白时播种。(2) 没有经过冬季沙藏的种子。在播种前,将干藏的果实用 35~45 ℃的草木灰温水浸泡 2~3 d,洗去果肉,然后在太阳下暴晒种子 2~5 h,70%以上的种子开裂后即可播种。秋冬播掌握在土壤上冻前进行,播后浇封冻水。春播应在 3 月上旬至 4 月中旬进行,采用开沟条播,行距 20~30 cm,株距 5~10 cm,播种深度 1~2 cm,人工撒播或机械播种,播后覆土。冬播种子应在翌年春季去除较厚表土约 1 cm,根据土壤墒情浇水 1~2 次,无灌溉条件应于早春覆地膜保湿。春播种子,宜乘墒覆地膜(兼防鸟害)、草、松针均可。如播后墒情不好,先浇水后覆膜。

栽培管理

(1)间苗。种子出苗前,要保持土壤湿润,一般 20~25 d 左右出苗。为提高成活率,要早间苗,第一次间苗在苗高 3~4 cm 时进行,去弱留强。以后根据幼苗生长发育间苗 1~2 次,最后一次间苗应在苗高 15 cm 时进行。

(2)施肥。根据幼苗的生长情况施肥,生长初期即可开始追肥,但追肥浓度应根据苗木情况由稀渐浓,量少次多。幼苗生长期,以施氮肥、磷肥为主;速生期,氮肥、磷肥、钾肥混用;苗木硬化期,以施钾肥为主,停施氮肥。10 月中旬后抽的新梢易受霜冻危害,因此,8 月下旬后必须停止施肥,以控制抽梢。

(3)除草。及时松土除草,且多在雨后进行,行内松土深度要浅于覆土厚度,行间松土可适当加深。一般一年生苗高可达 60~80 cm,产苗 2~2.5 万株/亩。

观赏应用

黄连木先叶开花,树冠浑圆,枝叶繁茂而秀丽,早春嫩叶红色,入秋叶又变成深红或橙黄色,红色的雌花序也极美观,是城市及风景区的优良绿化树种,宜作庭荫树、行道树及观赏风景树,也常作"四旁"绿化及低山区造林树种。在园林中常植于草坪、坡地、山谷或于山石、亭阁之旁配植无不相宜。若要构成大片秋色红叶林,可与槭类、枫香等混植,效果更好。

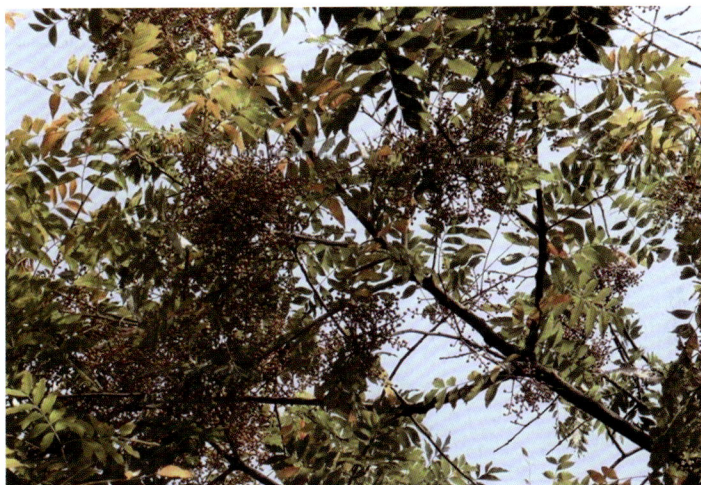

小知识

黄连木是一种极具开发前景的木本生物质能源树种。黄连木在出油率、转化率、生物柴油品质、地域分布、适应性、经济收益期等方面有着其他树种不可替代的综合优势。木材坚硬致密,可作雕刻用材;种子可榨油。

黄栌
Cotinus coggygria Scop.

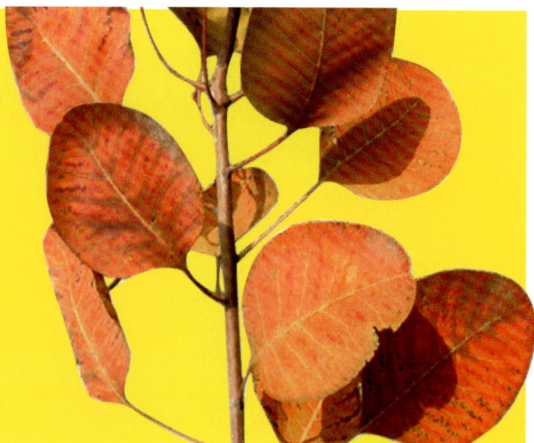

黄栌,别名红叶、红叶黄栌、黄道栌、黄栌木、黄栌树、黄栌台、黄栌材和黄栌会等,漆树科黄栌属落叶小乔木或灌木。原产于我国西南、华北、西北,以及浙江、安徽。

形态特征

黄栌树冠圆形,高可达 3~5 m,木质部黄色,树汁有异味;单叶互生,叶片全缘或具齿,叶柄细,无托叶,叶倒卵形或卵圆形。圆锥花序疏松、顶生,花小;不育花的花梗花后伸长,被淡紫色羽状长柔毛。核果小,干燥,肾形扁平,绿色,侧面中部具残存花柱;外果皮薄,具脉纹,不开裂;内果皮角质;种子肾形,无胚乳。花期 5—6 月,果期 7—8 月。

生态习性

黄栌性喜光,也耐半阴,耐寒,耐干瘠薄和碱性土壤;不耐水湿,要求土壤排水良好,宜植于土层深厚、肥沃而排水良好的沙质壤土中;生长快,根系发达,萌蘖性强;对二氧化硫有较强抗性。秋季当昼夜温差大于 10 ℃时,叶色变红。

繁殖要点

黄栌采用播种、分株和扦插繁殖。

(1)播种。6—7 月,果实成熟后,即可采种,经湿沙贮藏 40~60 d 播种。幼苗抗寒力较差,入冬前需覆盖树叶和草秸防寒。也可在采种后沙藏越冬,翌年春季播种。

一般以低床育苗为主,为了便于采光,南北向作床,苗床宽 1.2 m,常视地形条件而定。床面低于步道 10~15 cm,播种时间以 3 月下旬至 4 月上旬为宜。播前 3~4 天用福尔马林或多菌灵进行土壤消毒,灌足底水。待水落干后按行距 33 cm,拉线开沟,将种沙混合物稀疏撒播,每亩用种量 6~7 kg。下种后覆土 1.5~2 cm,轻轻

镇压、整平后覆盖地膜。同时在苗床四周开排水沟,以利秋季排水。注意种子发芽前不要灌水。一般播后 2~3 周苗木出齐。

(2)分株。黄栌萌蘖力强,春季发芽前,选树干外围生长好的根蘗苗,连须根掘起,栽入圃地养苗,然后定植。

(3)扦插。春季用硬枝扦插,需搭塑料拱棚,保温保湿。生长季节在喷雾条件下,用带叶嫩枝扦插,用 400~500 mg/L 吲哚丁酸处理剪口,30 d 左右即可生根。生根后停止喷雾,待须根生长时,移栽成活率较高。

栽培管理

(1)灌溉与排水。苗木出土后,根据幼苗生长的不同时期对水分的需求,确定合理的灌溉量和灌溉时间。一般在苗木生长的前期灌水要足,但在幼苗出土后 20 d 以内严格控制灌水,在不致产生旱害的情况下,尽量减少灌水,间隔时间视天气状况而定,一般 10~15 d 浇水一次。后期应适当控制浇水,以利蹲苗,便于越冬。在雨水较多的秋季,应注意排水,以防积水,导致根系腐烂。

(2)间苗、定苗。由于黄栌幼苗主茎常向一侧倾斜,故应适当密植。间苗一般分 2 次进行:第一次间苗,在苗木长出 2~3 片真叶时进行;第二次间苗在叶子相互重叠时进行,留优去劣,除去发育不良、有病虫害、有机械损伤和过密的,同时,使苗间保持一定距离。另外,可结合一、二次间苗进行补苗,最好在阴天或傍晚进行。

(3)追肥。追肥本着"少量多次、先少后多"的原则。幼苗生长前期以氮肥、磷肥为主,苗木速生期应以氮肥、磷肥、钾肥混合,苗木硬化期以钾肥为主,停施氮肥,以促进苗木木质化,提高苗木抗寒越冬能力。

(4)松土除草。松土结合除草进行,除草要遵循"除早、除小、除了"的基本原则,有草就除,谨慎作业,切忌碰伤幼苗,导致苗木死亡。

观赏应用

黄栌是中国重要的观赏树种,树姿优美,茎、叶、花都有较高的观赏价值,特别是深秋,叶片经霜变，色彩鲜艳，美丽壮观；其果形别致，成熟果实颜色鲜红、艳丽夺目。著名的北京香山红叶、济南红叶谷、山亭抱犊崮的红叶树就是该树种。黄栌花后久留不落的不孕花的花梗呈粉红色羽毛状，在枝头形成似云似雾的景观，远远望去，宛如万缕罗纱缭绕树间，历来被文人墨客比作"叠翠烟罗寻旧梦"和"雾中之花"，故黄栌又有"烟树"之称。夏赏"紫烟"，秋观红叶，加之其极耐瘠薄的特性，更使其成为石灰岩营建水土保持林和生态景观林的首选树种。

黄栌在园林造景中最适合在城市大型公园、天然公园、半山坡上、山地风景区内群植成林，可以单纯成林，也可与其他红叶或黄叶树种混交成林，造景宜表现群体景观。黄栌同样还可以应用在城市街头绿地，单位专用绿地、居住区绿地及庭园中，宜孤植或丛植于草坪一隅、山石之侧、常绿树树丛前或单株混植于其他树丛间以及常绿树群边缘，从而体现其个体美和色彩美。黄栌夏季可赏紫烟，秋季能观红叶，这些特点，完全符合现代人的审美情趣，可以极大地丰富园林景观的色彩，形成令人赏心悦目的图画。在北方由于气候等原因，园林树种相对单调，色彩比较缺乏，黄栌可谓是北方园林绿化或山区绿化的首选树种。

野生黄栌是利用价值较大的资源型植物。其木材黄色，可提取黄色的工业染料，树皮和叶片还可提栲胶，在化工方面已有将其作为鞣化剂的研究报道，木材还是制作家具器具或建筑装饰、雕刻的原料；叶片含有芳香油，可做调香原料，并且黄栌叶片中丰富的花青素含量逐渐引起人们的重视，越来越多的学者开始进行黄栌色素方面的研究，有望开发为新的天然食用色素。

黄栌枝叶可入药，有清热、解毒、消炎之功能。

漆

Toxicodendron vernicifluum
(Stokes)F.A.Barkl.

漆,又名漆树、干漆、大木漆、小木漆、山漆、植苴、瞎妮子,漆树科漆树属落叶乔木。以我国湖北、湖南、四川、贵州和陕西为分布中心,在印度、朝鲜和日本也有分布。

形态特征

漆树高达 20 m。树皮灰白色,粗糙,呈不规则纵裂。小枝粗壮,被棕黄色柔毛,后变无毛,具圆形或心形的大叶痕和突起的皮孔。顶芽大而显著,被棕黄色绒毛。奇数羽状复叶互生,常螺旋状排列,有小叶 4~6 对,叶轴圆柱形;被微柔毛,近基部膨大,半圆形,上面平。小叶膜质至薄纸质,卵形或卵状椭圆形或长圆形,先端急尖或渐尖,基部偏斜,圆形或阔楔形,全缘,叶面通常无毛或仅沿中脉疏被微柔毛,叶背沿脉上被平展黄色柔毛,稀近无毛,两面略突;上面具槽,被柔毛。

圆锥花序长 15~30 cm,与叶近等长,被灰黄色微柔毛,序轴及分枝纤细,花黄绿色。核果肾形或椭圆形,不偏斜,略压扁,长先端锐尖,基部截形;外果皮黄色,无毛,具光泽,成熟后不裂;中果皮蜡质,具树脂道条纹;果核棕色,与果同形,坚硬。花期 5—6 月,果期 7—10 月。

生态习性

漆喜光,不耐庇荫,喜温暖湿润气候及深厚肥沃而排水良好之土壤,在酸性、中性及钙质土上均能生长;不耐干风和严寒,以向阳、避风的山坡、山谷处生长为好;不耐水湿,土壤过十黏重特别是土内有不透水层时,容易烂根,甚至造成死亡。在适生地区,生长尚快,15 年生树高约 8 m,胸径 40 cm。通常 5~8 年生,胸径达 15 cm 时即可采割漆液。约 40 年后生长逐渐衰退,漆一般能活七八十年以上,少数寿命可超过百年。萌芽力较强,树木衰老后可萌芽更新;侧根发达,主根不明显。

繁殖要点

漆采用播种、树根和苗根繁殖。

(1) 播种。九十月份漆树种子成熟,及时采集,去掉种子外部的果皮,播种前用热水烫种,每50 kg 热水加烧碱 1~1.5 kg,洗去种子外面全部蜡质,然后把沉底的好种子装到竹箩里,盖上稻草,放在温暖避风处催芽。每天要用温水淋洒,2 天淘洗一次,约半月种子出芽,即可播种。播种以早春为好,可实行条播,每亩播 7.5 kg 种子,播后要盖土锄草,一个月就可以出苗。苗期要及时松土除草,旱了要浇水,每月施一次人粪,促使快速生长。

(2) 树根。也叫漆树埋根繁殖法。首先选择背风向阳、排水良好的沙壤地,在头年秋、冬整好地,经冻垡垡使土壤疏松,以利于漆树生长。其次,从漆树周围挖取 2~3 年生的嫩根,根粗 1 cm (如香烟粗),截成 15~21 cm 长根条,斜插于土中,1 穴 1 根,覆土 3~4 cm,每亩插 122 根,时间在惊蛰前后。母树的品种以小木漆为好,随挖随埋。也有把从母树取来的根,剪成若干小节,春分前后取出,在苗床上分开排根育苗。操作前,要先挖好排苗沟,随取随排,不使根芽暴晒。排根要大头向上,盖土要实,土面与小树根上端切面要整齐。半个月左右出苗,只留一个壮苗,随时抹掉多余的苗。苗期管理方法与种子育苗的管理相同。采用此法,每亩可产苗 6 000 株。

(3) 苗根。是一种新的育苗方法,就是当采用种子育苗或树根育苗方法育出的苗木长成后,在起苗出圃时,把它的苗根剪下一部分,重新埋入苗床,进行育苗。采用这种方法,出苗率高,又快又齐。具体做法与树根育苗基本相同,只是剪根时不宜剪得太多,一般不要超过根系的 1/2,要剪大留小,剪长留短,也可剪半截留半截。剪留下的根,还可再剪成小截育苗。

栽培管理

（1）选择好造林地。漆树是阳性树种,喜温暖湿润、背风向阳环境,造林地选在土壤肥沃疏松、水分供应充足,且能排水,相对湿度较大的地方。凡能长麻栎、白杨、化香、核桃、杉木等树木的地方,一般都可种。山顶瘠薄地、迎风坡地、低湿地和黏重土壤,不宜种漆树。

（2）注意栽种方法。种漆树以晚秋和早春季节为好,冬季不宜栽种。种前先整地,挖大穴栽植,一般大木漆树每亩栽80株,小木漆树每亩栽120~150株。可以混交栽种,在漆树幼林地,可林粮或林油间种。头3年可以间种一些花生、黄豆、绿豆、蚕豆、油菜等,从而增加地的肥力,并促进漆树生长。在停止间种后,要注意锄草、松土、施肥,一般在4~5年后,漆树就可以长成,开刀割漆。

（3）加强管理。头几年,幼林抵抗能力弱,要及时抚育管理,做好松土、除草、施肥、抹芽等工作。漆树的嫩皮、幼芽,牛羊都喜欢啃吃,应严禁在幼林地里放牧。

观赏应用

漆树秋天叶色变红,非常美丽,可用于园林栽培观赏。但是其漆液有刺激性,有些人会产生皮肤过敏反应,故园林中需慎用。另外,漆树可割取乳液加工成漆,因此,具有一定的经济价值。

小知识

漆树是中国主要采漆树种,已有2 000余年的栽培历史。割取的乳液即是生漆,是优良的涂料和防腐剂,易结膜干燥,耐高温,可用以涂饰海底电缆、机器、车船、建筑、家具及工艺品等;种子可榨油,种子油可制油墨、肥皂;果皮可取蜡,做蜡烛、蜡纸;木材可做家具及装饰品用材,或供建筑用;叶可提栲胶;叶、根可做土农药;干漆、漆叶、漆花都可入药。因此,漆树是一种全身是宝的多用途经济树木,故有"国宝"之称。

火炬树

Rhus typhina Nutt.

　　火炬树,别名鹿角漆,漆树科盐肤木属落叶小乔木。原产于北美,现我国黄河流域以北各省区栽培较多。

形态特征

　　火炬树高达 12 m。柄下芽、小枝密生灰色长绒毛。奇数羽状复叶互生,小叶 19~23 片,长椭圆状至披针形,长 5~13 cm,缘有锯齿,先端长渐尖,基部圆形或宽楔形,上面深绿色,下面苍白色,两面有茸毛,老时脱落,叶轴无翅。雌雄异株,圆锥花序顶生、密生茸毛,花淡绿色,雌花花柱有红色刺毛。核果深红色,密生绒毛,花柱宿存,密集成火炬形。花期 6—7 月,果期 8—9 月。

生态习性

　　火炬树喜光,耐寒,对土壤适应性强,耐干旱瘠薄,耐水湿,耐盐碱,主要用于荒山绿化兼作盐碱荒地风景林树种;根系发达,繁殖速度快,萌蘖性强,4年内可萌发30~50萌蘖株;浅根性,生长快,寿命短,约15年后开始衰老。中国1959年由中国科学院植物研究所引种,1974年以来向全国各省区推广。

繁殖要点

火炬树采用播种、根插和根蘖繁殖。

(1)播种。火炬树种子较小,种皮坚硬,其外部被红色针刺毛。播前用碱水揉搓,去其种皮外红色绒毛和种皮上的蜡质。然后用85 ℃热水浸烫5 min,捞出后混湿沙埋藏,置于20 ℃室内催芽,视水分蒸发状况适量洒水,20 d露芽时即可播种。每亩播种量0.35~0.5 kg,行距35 cm。将种子撒入深2 cm的沟内,再覆细土,做成小埂,以利保墒。要适当喷水,保持土壤湿润。20 d后苗基本出齐。当年苗高80 cm,地径1~1.5 cm。

(2)根插。火炬树侧根多,且水平延伸。每年苗木出圃时,选择粗度在1 cm以上的侧根,剪成20 cm长的根段,按根的极性,顶部向上,茎部向下,以40 cm×30 cm的株距,直插在整好的圃地上。插后根段顶部覆2~4 cm厚的薄土,经常喷水保持湿润。一般是先发不定芽,破土长出新枝,然后生根成活。当年苗高1 m以上。

(3)根蘖。2年生以上的火炬树周围,常萌发许多根蘖苗,可按行距选留,注意修除根蘖及过多的侧枝,培育成树形良好的壮苗。当年苗高可达1.5~2 m。繁殖后第二年3月中旬即可移栽。定植株行距50 cm×40 cm,做好浇水、松土、除草工作,5—6月间各追肥一次,7月底前停止水肥。火炬树一般不发生病害。播种苗及根插苗3年,根蘖苗2年胸径可达3~5 cm,可供造林。

栽培管理

播种苗出苗后每隔10 d浇水1次,1个月后每半月浇水1次。一般追肥2次,以尿素为主,5~7.5 kg/亩,结合浇水进行。火炬树当年苗比较娇嫩,冬季易受冻害。因此,从7月底以后蹲苗,停止浇水、施肥和松土,对于过旺的枝叶,需打落一部分促进其木质化。4—5月,苗高3 cm左右时(3~4片真叶)进行间苗补苗,进行2~3次,当苗高10 cm时定苗,株行距30 cm×30 cm。

观赏应用

由于火炬树外形美观,其果穗类似火炬,因而得名。尤其是在深秋季节,其叶色金红,远望景色

十分壮观，无叶无花也动人，因而具有较高的观赏价值，是著名的秋色叶树种。火炬树可作为城市公路两侧、工厂、居民区、学校、水库、旅游地等绿化的风景树种，是美化环境、绿化荒山的优良树种之一。

小知识

　　火炬树不仅不会引"火"烧身，还可做防火树种。火炬树枝叶含水率分别为30%和62%，其含水量与木荷相差无几。火炬树树叶繁茂，表面有绒毛，能大量吸附大气中的浮尘及有害物质，牛羊不食其叶片，不受病虫危害。

　　火炬树能够适应严酷的立地条件。既能在肥沃的土壤中生长，也能在黄黏土加鹅卵石的土壤中生存，既能在瘠薄的土壤中生长，也能在建筑垃圾以及干旱缺水的煤渣垃圾上生长，耐旱性极强，抗寒性也极强，当气温达−36～−38 ℃，火炬树仍安然无恙。火炬树根部萌芽能力强，自然繁殖能力快，造林成活率高，在人为破坏及森林火灾后仍能以顽强的生命力重获新生，是一种良好的护坡、防火、固堤及封滩、固沙保土的先锋造林树种。由于火炬树用途多，适应性广，并具有很好的观赏价值，早为各国引种栽培，广泛应用于人工林营建、退化土地恢复和景观建设，主要用于荒山绿化兼作盐碱荒地风景林树种。

三角槭

Acer buergerianum Miq.

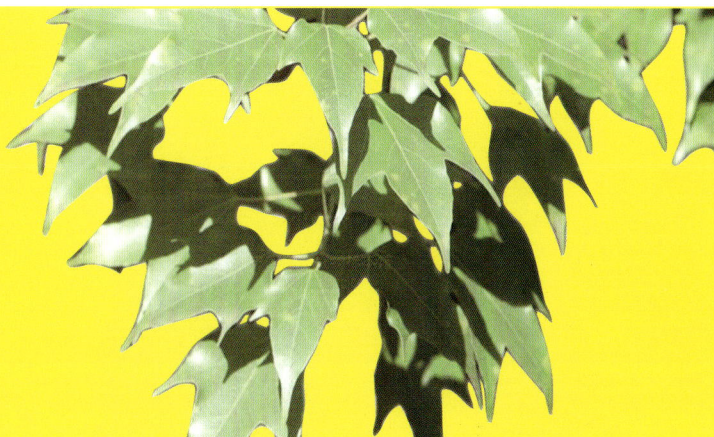

　　三角槭,别名三角枫,槭树科槭属落叶乔木,主产于我国长江中下游地区,黄河流域亦有栽培。

形态特征

　　三角槭高 5~10 m,稀达 20 m。树皮褐色或深褐色,粗糙,薄条片状剥落。小枝细瘦;当年生枝紫色或紫绿色,近于无毛;多年生枝淡灰色或灰褐色,稀被蜡粉。冬芽小,褐色,长卵圆形,鳞片内侧被长柔毛。叶纸质,基部近于圆形或广楔形,通常浅 3 裂,裂片向前延伸,稀全缘,中央裂片三角卵形,急尖、锐尖或短渐尖;侧裂片短钝尖或甚小,以至于不发育,裂片边缘通常全缘,稀具少数锯齿;裂片间的凹缺钝尖;上面深绿色,下面黄绿色或淡绿色,被白粉,略被毛,在叶脉上较密;初生脉 3 条,稀基部叶脉也发育良好,致成 5 条,在上面不显著,在下面显著;侧脉通常在两面都不显著;花多数常成顶生被短柔毛的伞房花序;翅果黄褐色;果核两面凸起,直径 6 mm;中部最宽,基部狭窄,张开成锐角或近于直立。花期 4 月,果期 8—9 月。

生态习性

　　三角槭为弱阳性树种,稍耐阴,喜温暖湿润气候及酸性、中性土壤,较耐水湿,有一定耐寒力,北京可露地越冬;萌芽力强,耐修剪,根系发达,耐移植。

繁殖要点

三角槭通过播种繁殖。秋季采种，去翅干藏，至翌年春天在播种前2周浸种、混沙催芽后播种，也可当年秋播。一般采用条播，条距25 cm，覆土厚1.5~2 cm。每亩播种量3~4 kg。幼苗出土后要适当遮荫，当年苗高约60 cm。三角槭根系发达，裸根移栽不难成活，但大树移栽要带土球。也可冬末嫁接，夏末芽接。

栽培管理

在深秋、早春季或冬季播种后，遇到寒潮低温时，可以用塑料薄膜把花盆包起来，以利保温保湿；幼苗出土后，要及时把薄膜揭开，并在每天上午的9：30之前，或者在下午的3：30之后让幼苗接受太阳的光照，否则幼苗会生长得非常柔弱；大多数的种子出齐后，需要适当间苗：把有病、生长不健康的幼苗拔掉，使留下的幼苗相互之间有一定的空间；当大部分的幼苗长出了3片或3片以上的叶子后就可以移栽。

观赏应用

三角槭枝叶浓密，夏季浓荫覆地，入秋叶色变成暗红，秀色可餐，宜孤植和丛植作庭荫树，也可作行道树及护岸树，在湖岸、溪边、谷地、草坪配植，或点缀于亭廊、山石间都很合适。其老桩常制成盆景，主干扭曲隆起，颇为奇特。此外，江南一带有栽作绿篱者，年久后枝条彼此连接密合，也别具风味。木材坚实优良，可供器具、家具及细木工用。

小知识

在湖南省溆浦县双井乡桂花村宝树组田坎上有株三角槭冬天不落叶，它生长地为海拔160 m的红壤区，树周均为水稻田。树高28 m，胸径105 cm，树冠覆盖面积180 m²。冬季树的叶子由绿变粉红、紫红或红绿相间等多种颜色，到来年春季又转为绿色。据传，这种叶色多变不落的奇异现象已有300多年，人们称此树为"宝树"。

茶条槭
Acer ginnala Maxim.

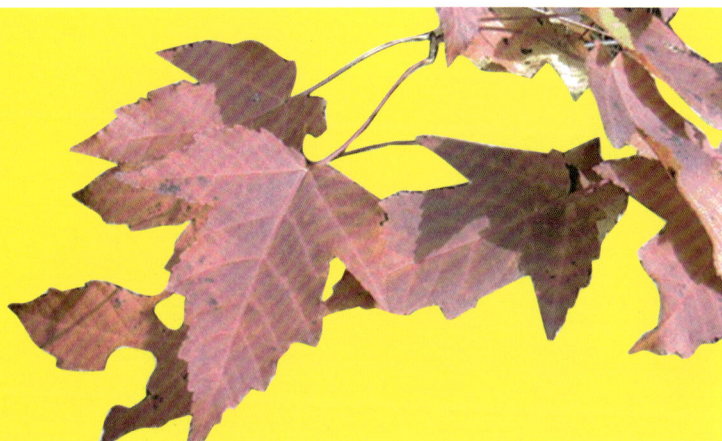

茶条槭,槭树科槭属落叶大灌木或小乔木。产于中国东北、内蒙古、华北及长江中下游各地;日本、朝鲜、俄罗斯西伯利亚东部也有分布。

形态特征

茶条槭高达 6 m,树皮灰褐色。幼枝绿色或紫褐色,老枝灰黄色。单叶对生,纸质,卵形或长卵状椭圆形,通常 3 裂或不明显 5 裂,或不裂,中裂片特大而长,基部圆形或近心形,边缘为不整齐疏重锯齿,近基部全缘;叶柄及主脉常带紫红色。花杂性同株,顶生伞房花序圆锥状,花淡绿色或带黄色。翅果果核两面突起,两翅直立,展开成锐角或两翅近平行,紫红色。花期 5—6 月,果熟期 9 月。

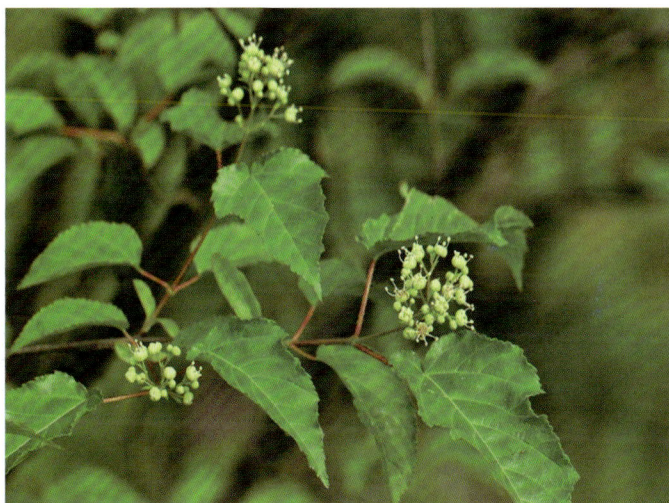

生态习性

茶条槭为弱阳性树种,耐半阴,耐寒,也喜温暖,喜湿润土壤,但耐干燥瘠薄;萌蘖性强,深根性,抗风雪;耐烟尘,抗病力强,适应性强,能适应城市环境。它常生于海拔 800 m 以下的向阳山坡、河岸或湿草地,散生或形成丛林,在半阳坡或半阴坡杂木林缘也常见。

繁殖要点

茶条槭通过播种繁殖,应选择土壤肥沃、排水良好的壤土、沙壤土地块,提前进行整地。春播前10 d 左右施肥和耙地,然后作床。苗床长 20~30 m、宽 1.1 m、高 0.15 m、步道宽 0.5 m。床面耙细整平,然后浇 1 次透水,待水渗透、床面稍干时即可播种。春播前种子用 60 ℃温水浸种 1 昼夜,捞出后混湿沙堆置室内催芽,待有部分种子发芽时再播。采用床面条播方法,播种量 50 g/m²,覆土厚1.5 cm,镇压后浇水,床面再覆盖细碎的草屑或木屑等覆盖物,保持床面湿润。

栽培管理

种子播后 15 d 左右即能发芽出土,当苗木长到 2 cm 高时即可进行第 1 次间苗,留苗 200 株/m²。当苗木长到高 4~5 cm 时定苗,留苗 150 株/m²。定苗后要及时浇水,2~3 d 后追施 1 次氮肥,以后要适时除草和松土。当年苗高 60~90 cm,产苗量 150 株/m²,5.4 万株/亩。1 年生苗木也可根据需要再留床生长 1~2 年,苗木在留床生长期间,要追施 2 次氮肥,适时除草和松土。2 年生苗木高 90~140 cm,3 年生苗木高 130~170 cm,4 年生苗木高 300~400 cm 时可出圃定植。

观赏应用

本种树干直,花有清香,夏季果翅红色美丽,秋叶又很易变成鲜红色,是良好的庭园观赏树种,尤其适合作为秋色叶树种点缀园林及山景,也可栽作绿篱和小型行道树。其萌蘖力强,可盆栽。

小知识

茶条械树形优美,可用于园林绿化;木材可供细木加工用;嫩叶加工制成茶叶,具有生津止渴、退热明目之功效;树皮纤维可代麻及做纸浆、人造棉等的原料;花为良好蜜源;种子榨油可供制肥皂等用。

鸡爪槭

Acer palmatum Thunb.

鸡爪槭,别名鸡爪枫,槭树科槭属落叶小乔木。广布于中国长江流域及朝鲜、日本。变种和品种甚多,如红枫、羽毛枫、红叶羽毛枫、黄枫等。

形态特征

鸡爪槭树冠伞形;树皮平滑深灰色;枝开张,小枝细瘦;当年生枝紫色或淡紫绿色,多年生枝淡灰紫色或深紫色。单叶对生,叶纸质,外貌圆形,基部心脏形或近于心脏形,稀截形,5~9掌状深裂,通常7裂,裂片长圆卵形或披针形,先端锐尖或长锐尖,边缘具紧贴的尖锐重锯齿;上面深绿色,无毛;下面淡绿色,在叶脉的脉腋被有白色丛毛;主脉在上面微显著,在下面凸起。伞房花序顶生,花紫色,杂性,雄花与两性花同株。翅果两翅展开成钝角,嫩时紫红色,成熟时淡棕黄色。花期5月,果期10月。

生态习性

鸡爪槭弱喜光,耐半阴,在阳光直射处孤植夏季易遭日灼之害;耐寒性不强,喜温暖湿润气候及肥沃、湿润而排水良好之土壤,酸性、中性及石灰质土均能适应;生长速度中等偏慢,多生于海拔200~1 200 m的林边或疏林中。

繁殖要点

鸡爪槭采用播种和嫁接繁殖。一般原种用播种法繁殖,而园艺变种常用嫁接法繁殖。

(1)播种。10月采收种子后即可播种,或用湿沙层积至翌年春播,条播行距15~20 cm,播后覆土1~2 cm,亩播种量4~5 kg。浇透水,盖稻草,3月下旬发芽出土,出苗后揭去覆草。幼苗怕晒,需适当遮阴,当年苗高30~50 cm。移栽要在落叶休眠期进行,小苗可露根移,但大苗要带土球移。

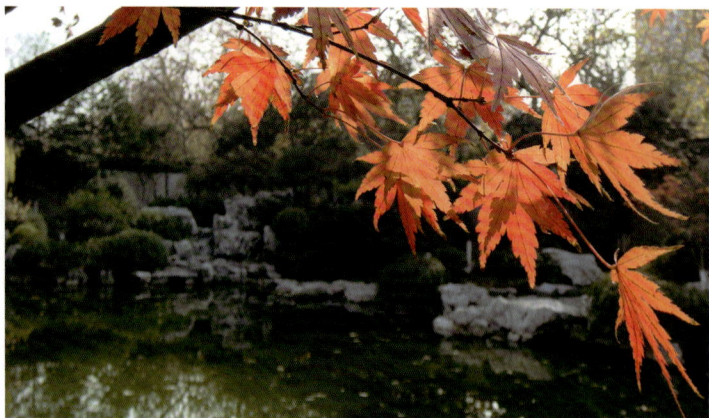

（2）嫁接。在砧木生长最旺盛时嫁接，可用切接、靠接及芽接等法。砧木一般常用3~4年生之鸡爪槭实生苗。切接在春季3—4月砧木芽膨大时进行，砧木最好在离地面50~80 cm处截断进行高接，这样当年能抽梢长达50 cm以上。靠接虽较麻烦，但易保证成活。根据有关经验，芽接时间以五六月间或9月中下旬为宜。五六月间正是砧木生长旺盛期，接口易于愈合，春天发的短枝上的芽正适合芽接；而夏季萌发的长枝上的芽正适合在9月中下旬接于小砧木上。秋季芽接应适当提高嫁接部位，多留茎叶，以提高成活率。

栽培管理

幼苗为防止烈日灼晒，7—8月要搭棚遮阴，浇水防旱，并追施稀薄腐熟的饼肥水，以促进幼苗的生长。鸡爪槭定植后，春夏间宜施2~3次速效肥，夏季保持土壤适当湿润，入秋后土壤以偏干为宜。

观赏应用

鸡爪槭叶形秀丽，树姿婆娑，入秋叶色红艳，是较为珍贵的观叶树种。在园林绿化中，常用不同品种配置于一起，形成色彩斑斓的槭树园；也可在常绿树丛中杂以槭类品种，营造"万绿丛中一点红"的景观；或植于山麓、池畔以显其潇洒、婆娑的绰约风姿；或配以山石，则具古雅之趣。鸡爪槭还可作行道和观赏树栽植，是较好的"四季"绿化树种。另外，它还可植于花坛中做主景树，植于园门两侧、建筑物角隅，装点风景；以盆栽用于室内美化，也极为雅致。

小知识

鸡爪槭最引人注目的观赏特性是叶色富于季相变化，是著名的秋色叶树种。红枫是鸡爪槭的变种，红枫常年红色，红枫的枝干粗而硬，鸡爪槭的枝干细而柔软。林下野生树苗，挖回盆栽，可加工造型成优美的观赏盆景。

色木槭

Acer mono Maxim.

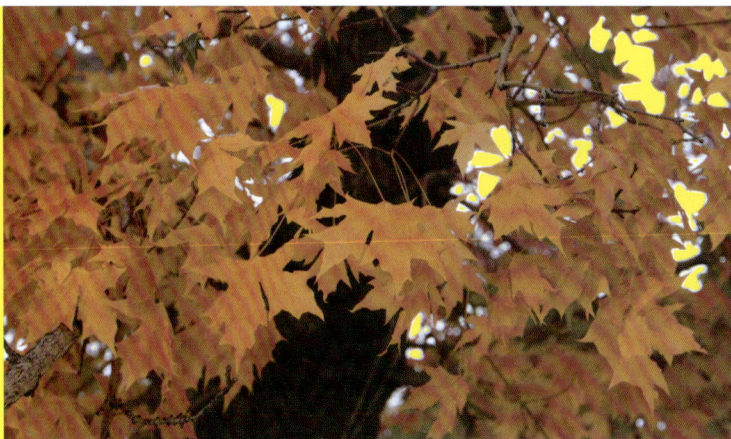

色木槭,别名五角枫、五角槭、色木,槭树科槭属落叶乔木。广布于我国东北、华北及长江流域各地。

形态特征

色木槭高达 15~20 m,胸径可达 1 m。树皮粗糙,常纵裂,灰色或灰褐色,小枝细瘦,无毛,当年生枝绿色或紫绿色,多年生枝灰色或淡灰色,具圆形皮孔。叶纸质,单叶对生,基部常为心形,网状脉两面明显隆起,叶掌状 5 裂,裂片卵状三角形,全缘,两面无毛或仅背面脉腋有簇毛,主脉 5 条,在上面显著,在下面明显凸起。花多数,杂性,常组成顶生的伞房花序:萼片淡黄绿色,花瓣黄绿色,子房平滑无毛。翅果嫩时紫绿色,成熟时淡黄色;果核扁平或微隆起,果翅展开成钝角,长为果核 2 倍。花期 4 月,果期 9—10 月。

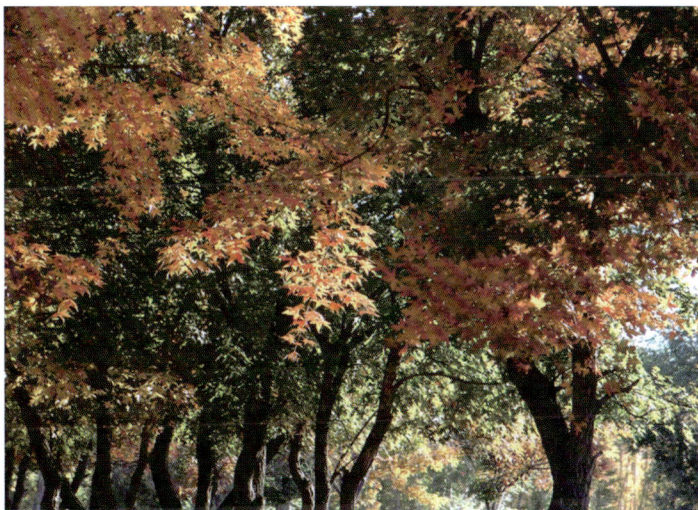

生态习性

色木槭为弱阳性树种,耐半阴,耐寒,较抗风,不耐干热和强烈日晒,喜温凉湿润气候,过于干冷及高温处均不见分布;对土壤要求不高,在中性、酸性及石灰性土上均能生长,但以土层深厚、肥沃及湿润之地生长最好,自然界多生长于阴坡山谷及溪沟两边;生长速度中等,深根性,很少有病虫害。

繁殖要点

色木槭采用播种繁殖,4 月中旬进行。采取作床条播,播种沟深 4~5 cm,播幅 4~5 cm,每亩播种量20~25 kg。种子播前最好经过湿沙层积催芽。湿沙层积催芽的种子发芽率高,出苗整齐迅速。播种下种要均匀,播后覆土 2~3 cm,然后镇压一遍。

栽培管理

播种后经过 2~3 周种子发芽出土,湿沙层积催芽的种子可提前出土。出土后 3~4 天长出真叶,1 周内出齐,3 周后开始间苗。苗木速生期追施化肥 2 次,每次每亩追碳酸氢铵 10 kg。苗期灌水 5~6 次,及时松土除草,保持床面湿润、疏松、无草。五角枫适应性强,管理较粗放。

观赏应用

色木槭树形优美,枝叶浓密,叶形秀丽,嫩叶红色,秋色叶变色早,且持续时间长,多变为黄色、橙色及红色,园林片栽或山地丛植,呈现一种“霜叶红于二月花”的美丽的秋林景色,是优良的秋天观叶树种,宜作行道树、庭荫树和风景区绿化树种。在城市绿化中,适于建筑物附近、庭院及绿地内散植;在郊野公园利用坡地片植,也会收到较好的效果。色木槭木材坚硬、细致,有光泽,可供家具、乐器、仪器、车辆、建筑细木工用材,种子可榨油。

小知识

色木槭叶色富于变化,春叶红艳,秋叶金黄,还可数次摘叶,摘叶后新叶小而红,也是很有特色的桩景材料。

元宝枫
Acer truncatum Bunge.

元宝枫,别名平基槭,槭树科槭属落叶乔木。主产于我国黄河中、下游各省。

形态特征

元宝枫高达 10 m,单叶对生,掌状 5 裂,裂片先端渐尖,有时中裂片又 3 裂,叶基通常截形,最下部两裂片有时向下开展,全缘,两面无毛,叶柄细长。花杂性,黄绿色,顶生伞房花序。翅果扁平,两翅展开约成直角,翅长等于或略长于果核,形似元宝。花期 4 月,与叶同放;果熟 10 月。

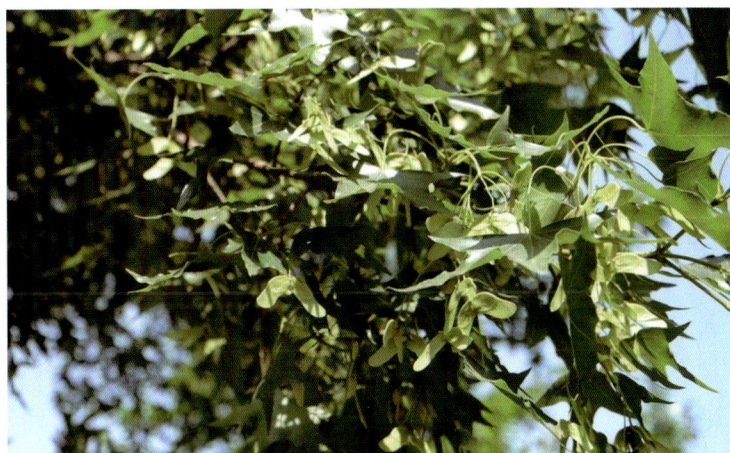

生态习性

元宝枫为弱阳性树种,耐半阴,喜温凉湿润气候,耐寒性强,但过于干冷则对生长不利,较抗风,不耐干热和强烈日晒;对土壤要求不严,在酸性土、中性土及石灰性土中均能生长,但以湿润、肥沃、土层深厚的土中生长最好;深根性,生长速度中等,病虫害较少;对二氧化硫、氟化氢的抗性较强,吸附粉尘的能力亦较强,对城市环境适应性强。

繁殖要点

元宝枫采用播种繁殖。一般以春播为好,4 月初至 5 月中上旬为播种期,播种方法为条播,行距为 15 cm,播种深度为 3~5 cm,播种量每公顷 225~300 kg,覆土厚为 2~3 cm,稍加镇压,最好在播种前灌底水,待水渗透后播种,播种后,一般经 2~3 周可发芽出土,经过催芽的种子可以提前一周左右发芽出土,发芽后 4~5 d 长出真叶,出苗盛期 5 d 左右,一周内可以出齐。

栽培管理

元宝枫喜肥,移栽时要施用一些经腐熟发酵的圈肥作基肥,基肥应与栽植土充分拌匀。初夏时

可追施一些氮肥，这次肥利于植株恢复树势，加速其长枝长叶。秋末结合浇冻水，施用一次腐叶肥或牛马粪。第二年4月初追施一次氮肥，7月初追施一次磷钾肥，秋末施用一次牛马粪。从第3年起，每年只需于春天施用一次牛马粪即可。

栽培时应注意水分管理。移栽时要浇好头三水，此后每月浇一次透水，每次水后应及时松土保墒，夏季雨天应减少浇水或不浇水，树盘内如有积水，还应及时排除。秋末应浇足浇透封冻水。翌年早春及时浇好解冻水，4—5月是气温快速回升期，也正值华北地区的春季季风期，这两个月可每半个月浇一次透水，以提供植株生长所需的水分，利于植株发根长叶。此后可每月浇一次透水，秋末按头年方法浇好封冻水。第3年按第2年的方法浇水。从第4年起，应注意浇好解冻水和封冻水，其他时间可靠自然降水生长，但在特别干旱的年景，需适当浇水。

观赏应用

元宝枫树姿优美，叶形秀丽，嫩叶红色，秋叶黄色、红色或紫红色，为著名秋季观红叶树种。华北各地广泛栽作庭荫树、行道树或风景林树种。春天满树开黄绿色花朵，颇为美观，且是良好的蜜源植物，也是优良的防护林、用材林、工矿区绿化树种。

小知识

元宝枫与色木槭的区别：元宝枫与色木槭同为槭树科槭属乔木，两者均树形优美，叶果秀丽，秋季叶色变红，因形态特征颇为相似，很容易使人混淆，现从两者形态学特征上加以区分。

两者同属乔木，元宝枫与色木槭相比，树势比较矮，有资料显示，元宝枫最高可长至13 m左右，而色木槭高可达20 m。元宝枫干皮灰黄色，浅纵裂，小枝灰黄色(1年生枝嫩绿色)，光滑无毛；而五角枫的干皮薄，呈灰褐色，嫩枝刚长出时有疏毛，后逐渐脱落。两者都是单叶对生，叶掌状裂，但元宝枫叶掌状五裂，有时中裂片又分二裂，裂片先端渐尖，叶基通常截形，稀心形，两面均无毛；而色木槭的叶掌状常为五裂，裂片宽三角形，全缘，两面无毛或仅背面脉叶有簇毛，网状脉两面明显隆起，基部常为心形。元宝枫与色木槭的花均为杂性，黄绿色，多成顶生伞房花序；它们的果都是扁平的翅果，色木槭的果翅展开为钝角，元宝枫的果翅展开略成直角。

七叶树

Aesculus chinensis Bunge.

七叶树,别名梭椤树,七叶树科七叶树属落叶乔木。主产于我国黄河中下游地区。

形态特征

七叶树高达 25 m, 树皮深褐色或灰褐色,片状剥落;小枝光滑粗壮,黄褐色或灰褐色, 无毛或嫩时有微柔毛,有圆形或椭圆形淡黄色的皮孔, 髓心大;顶芽发达,有树脂。掌状复叶,小叶 5~7, 小叶纸质, 长椭圆状披针形至矩圆形, 长 9~16 cm, 先端渐尖,基部楔形或阔楔形,缘具细锯齿,仅背面脉上疏生柔毛;小叶柄长 5~17 mm。圆锥花序成直立密集圆柱状,花白色。果实球形或倒卵圆形,顶部短尖或钝圆而中部略凹下,黄褐色,无刺,具很密的斑点,常 1~2 粒种子发育,种子形如板栗,深褐色,种脐大,白色,约占种子体积的 1/2。花期 4—5 月,果期 9—10 月。

生态习性

七叶树喜光,稍耐阴;喜温暖气候,也能耐寒;喜深厚、肥沃、湿润而排水良好之土壤;深根性,萌芽力不强,生长速度中等偏慢,寿命长;干皮较薄,易受日灼。幼树喜阴,喜冬暖夏凉与湿润的气候,在偏酸性土中生长发育良好,以深厚、肥沃和排水良好的沙质壤土为宜。阳光过强或土壤过于干燥时对生长不利。

繁殖要点

七叶树以播种繁殖为主。由于其种子含水量高,活力差,不耐贮藏,如干燥极易丧失生命力,故

种子成熟后宜及时采下,随采随播。9—10月间,当果实的外表变成深褐色并开裂时即可采集,收集后摊晾1~2 d,脱去果皮后即可用于播种。也可带果皮拌沙低温储藏至翌年春播。育苗方法:于疏松、肥沃、排灌方便的地段,施足基肥后整地作床,然后挖穴点播。七叶树的种粒较大,多用点播,点播的株行距宜为30 cm×40 cm,点播穴的深度为8~10 cm。点播时应将种脐朝下,因幼苗出土能力弱,覆土不得超过3 cm,然后覆草保湿。无论秋播或春播,在种子出苗期间,均要保持床面湿润。出苗后生长迅速,当种苗出土后,要及时揭去覆草。为防止日灼伤苗,还需搭棚遮阴,并经常喷水,使幼苗苗壮生长。一般一年生苗高可达80~100 cm,经移栽培育,3~4年生苗高250~300 cm,即可用于园林绿化。秋季落叶到翌年春季萌芽前移植。

七叶树也可以扦插、高压繁殖。春季在温床内根插,容易成活;夏季用软枝在沙箱内扦插。高压宜在春季4月中旬进行,并进行环剥处理,秋季发根,入冬即可剪下培养。

栽培管理

七叶树主根深而侧根少,不耐移植,栽植需带土球,栽植坑要挖得深些,多施基肥。幼树移植后做好草绳缠干工作和适当遮阳,防止出现灼皮枯叶的现象。土肥水管理是七叶树栽培技术中的基本内容和根本措施。平时管理要做到水肥稳定供应,旱时浇水,适当施肥,适时中耕除草,在深秋及早春在树干上刷白,及时防治天牛、吉丁虫等蛀食树干,从而给七叶树提供一个良好的生长环境。

观赏应用

七叶树树干耸直,冠大荫浓,初夏繁花满树,硕大的白色花序又似一盏华丽的烛台,蔚然可观,可作人行步道、公园、广场绿化树种,既可孤植也可群植,或与常绿树和阔叶树混种。花开之时风景十分美丽,是世界著名观赏树。七叶树与悬铃木、鹅掌楸、银杏、椴树共称世界五大行道树,最宜作为行道树和庭荫树。

七叶树种子可食用或药用,有理气解郁之效,但直接吃味道苦涩,需用碱水煮后方可食用,味如板栗。也可提取淀粉、榨油、制造肥皂。木材细密、轻软,不耐腐朽,可制造各种器具。

> **小知识**
>
> 在中国,七叶树与佛教有着很深的渊源,因此很多古刹名寺如杭州灵隐寺、北京卧佛寺、大觉寺中都有千年以上的七叶树。中国七叶树的种子是一种中药,名为娑罗子,所以有时中国七叶树也被称为娑罗树。中国七叶树科树种数量较多,分布很广,但大多数树种尚处于未被妥善经营和利用的阶段。

连翘

Forsythia suspensa
(Thunb.) Vahl.

连翘,别名黄绶带、黄花杆,香港俗称一串金,木樨科连翘属落叶丛生灌木。产于我国河北、山西、陕西、山东、安徽西部、河南、湖北、四川。

形态特征

连翘枝开展,拱形下垂,小枝土黄色或灰褐色,略呈四棱形,皮孔明显,髓中空。叶通常为单叶,或3裂至三出复叶,对生,叶片卵形、宽卵形或椭圆状卵形至椭圆形,先端锐尖,基部圆形、宽楔形至楔形,叶缘具粗锯齿,上面深绿色,下面淡黄绿色,两面无毛。花通常单生,稀3至数朵着生于叶腋,花冠黄色,裂片4,倒卵状椭圆形,先于叶开放,萼裂片长圆形,与花冠筒等长。蒴果卵圆形,瘤点较多。花期3—4月,果期8—9月。

生态习性

连翘喜光,有一定程度的耐阴性,也很耐寒,耐干旱瘠薄,怕涝;不择土壤,在中性、微酸或碱性土壤中均能正常生长;适生范围广,在干旱阳坡或有土的石缝,甚至在基岩或紫色沙页岩的风化母质上都能生长。连翘根系发达,虽主根不太显著,但其侧根都较粗而长,须根众多,广泛伸展于主根周围,大大增强了吸收和固土能力。连翘耐寒力强,经抗寒锻炼后,可耐受-50 ℃低温,惊人的耐寒性使其成为北方园林绿化的佼佼者。连翘萌发力强、发丛快,可很快扩大分布面。虽然,连翘生命力和适应性都非常强,但以在阳光充足、深厚肥沃而湿润的立地条件下生长较好。

繁殖要点

连翘用播种、扦插、压条、分株等方法繁殖均易成功,以扦插为主。3月取硬枝长约20 cm,扦插于畦或插床,保持湿润就行;生长季节也可取嫩枝扦插,于节处剪下,插后易于生根。分株繁殖在落叶后进行,春季分株会影响当年开花量。压条繁殖按常规方法进行,将下垂枝刻伤压入土中即可。播种于3—4月将种子撒播,半月左右出苗,翌年4月中旬、苗高75 cm左右时即可定植,经3~4年

后开花结实。

栽培管理

连翘较易成活,栽培管理技术简单。花后修剪,去枯弱枝、过密枝,短截徒长枝,使之通风透光,保持优美株形。修剪后及时涂抹愈伤防腐膜,保护伤口健康愈合。只要注意改善栽培条件,加强科学管理,一般不会发生病虫害。其他无须特殊管理。

观赏应用

连翘树姿优美、生长旺盛,早春先叶开花,且花期长、花量多,盛开时满枝金黄,芬芳四溢,令人赏心悦目,是早春优良观花灌木,可以做成花篱、花丛、花坛等,在绿化、美化城市方面应用广泛,是观光农业和现代园林难得的优良树种。连翘根系发达,其主根、侧根、须根可在土层中密集成网状,吸收和保水能力强;侧根粗而长,须根多而密,可牵拉和固着土壤,防止土块滑移。连翘萌发力强,树冠盖度增加较快,能有效防止雨滴击溅地面,减少侵蚀,具有良好的水土保持作用,是国家推荐的退耕还林优良生态树种和黄土高原防治水土流失的最佳经济植物。

小知识

相传五千年前,有一天,岐伯和孙女连翘去山上采药,岐伯自品自验一种药物,不幸中毒,口吐白沫,神昏脑胀,双目直视,不省人事。在病情十分危重的情况下,岐伯嘴里不停地喊着:"连翘!连翘!"连翘看爷爷中毒严重,有生命危险,泪流满面的抱着爷爷哭喊着:"救命!救命!"连翘呼喊了好久无人应答,她虽无抢救办法,也不忍心看着爷爷离去,无奈之下,她急中生智顺手将了一把身边的绿叶,在手里揉碎后塞进爷爷的嘴里。稍过片刻,岐伯慢慢苏醒过来,把绿叶咽下肚里,两刻之后,岐伯面舌如常,连翘搀扶着爷爷回到家里,进行药物和膳食的调养,岐伯仙师逐渐恢复健康。从此,他开始研究起这绿叶来,经过多次试验,发现这绿叶有较好的清热解毒作用,效果甚佳,便把这绿叶记入他的中药名录,以孙女代名,取名为连翘,又在他居住的大山沟里栽种了许多连翘。故事流传至今。

金钟花

Forsythia viridissima Lindl.

金钟花,木樨科连翘属落叶灌木。原产于我国长江流域,现南北各地园林广泛栽培。

形态特征

金钟花高可达 3 m。小枝绿色或黄绿色,呈四棱形,皮孔明显,具片状髓。单叶不裂,叶片长椭圆形至披针形,或倒卵状长椭圆形,先端锐尖,基部楔形,通常上半部具不规则锐锯齿或粗锯齿,稀近全缘,上面深绿色,下面淡绿色,两面无毛。花金黄色,花冠钟状,裂片较狭长,先叶开放;果卵形或宽卵形,基部稍圆,先端喙状渐尖,具皮孔。花期 3—4 月,果期 8—11 月。

生态习性

金钟花喜光照,又耐半阴;耐寒,耐干旱瘠薄,怕涝;对土壤要求不高,盆栽要求疏松肥沃,排水良好的沙质土,抗病虫害能力强。在温暖湿润背风面阳处,生长良好。多生长于海拔 500~1 000 m 的沟谷、林缘与灌木丛中,在黄河以南地区夏季不需遮阴,冬季无须入室。

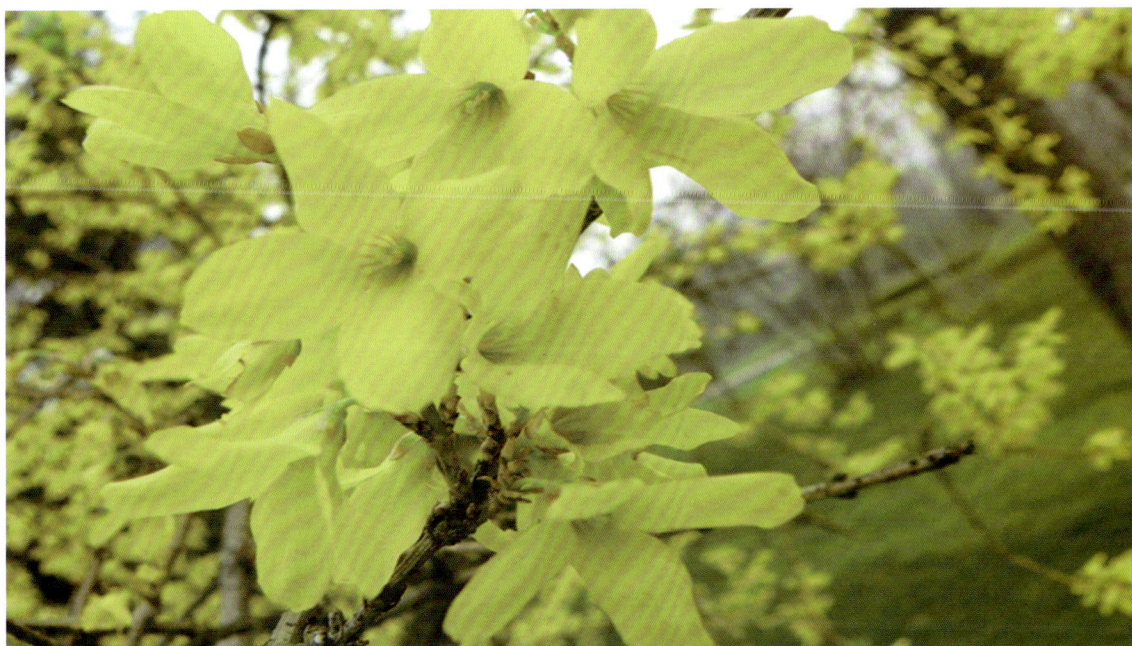

繁殖要点

金钟花用播种、扦插、压条、分株等方法繁殖均易成功,以扦插为主。3 月取硬枝长约 20 cm,扦于畦或插床,保持湿润就行;生长季节也可取嫩枝扦插,于节处剪下,插后易于生根。分株繁殖在落叶后进行,春季分株会影响当年开花量。压条繁殖按常规方法进行,将下垂枝刻伤压入土中即可。

栽培管理

春秋二季 1~2 d 需浇水 1 次;夏季每日需浇水 1~2 次;冬季土面干时再浇。盆栽每半月施 1 次稀薄液肥;孕蕾期增施 1~2 次磷钾肥,并结合喷施花朵壮蒂灵,可使花大色艳。地植冬末春初应保持土壤湿润,并于冬春开沟施 1 次有机肥,以促进花芽膨大与开花。花后修剪,去枯弱枝,过密枝,短截徒长枝,使之通风透光,保持优美株形。修剪后及时涂抹愈伤防腐膜,保护伤口健康愈合。只要注意改善栽培条件,加强科学管理,一般不会发生病虫害。其他无须特殊管理。

观赏应用

金钟花先叶而花,金黄灿烂,艳丽可爱,可丛植于草坪、墙隅、路边、树缘、岩石假山、篱下、院内庭前等处或作花篱,可丛植,也可片植,是春季良好的观花植物。大面积群植则效果更佳。

小知识

金钟花与连翘的区别:金钟花枝条具片隔状髓心,连翘髓枝中空;金钟花单叶不裂,上半部有粗锯齿,连翘单叶,有时 3 裂或 3 小叶,缘有粗锯齿;金钟花萼裂片卵圆形,长约为花冠筒之半,连翘萼裂片长圆形,与花冠筒等长。金钟花主产长江流域,连翘主产长江以北。

金钟连翘

Forsythia intermedia Zabel.

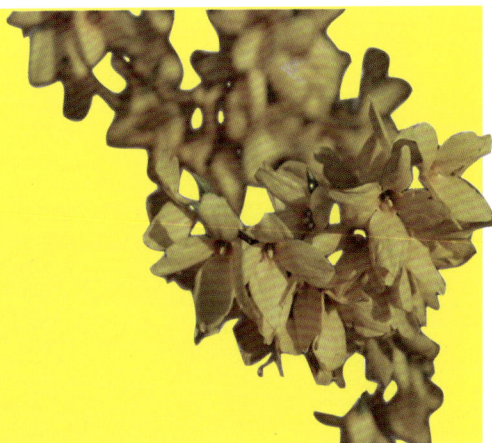

金钟连翘,木樨科连翘属落叶灌木,是连翘与金钟花的杂交种,性状介于两者之间,为珍贵的庭院观赏树种。

形态特征

金钟连翘枝拱形,较直立,节间常具片状髓,节部实心。单叶对生,叶片椭圆形至卵状披针形,有时3深裂或城3小叶。花黄色深浅不一,早春开花,花期3—4月,生长旺盛,绿叶期延长。

生态习性

金钟连翘喜光照,又耐半阴,耐寒,耐干旱瘠薄,怕涝;对土壤要求不高,宜栽于土壤深厚处;耐修剪,适应性强。

繁殖要点

金钟连翘用扦插、压条、分株繁殖,以扦插为主。硬枝扦插或半硬枝扦插均可,于节处剪下,插后易于生根。春夏秋三季均可扦插,繁殖系数高,尤以梅雨季节生根率高。

栽培管理

花后修剪,去枯弱枝,过密枝,短截徒长枝,使之通风透光,保持优美株形。修剪后及时涂抹愈伤防腐膜,保护伤口健康愈合。由于生长迅速,株行距可放宽到50 cm×50 cm或100 cm×100 cm。在肥水上要满足其生长需求。只要注意改善栽培条件,加强科学管理,一般不会发生病虫害。其他无须特殊管理。

观赏应用

金钟连翘集金钟、连翘两种植物的优点于一身,早春满枝金黄,花色鲜艳,着花繁密,开花期长,艳丽可爱;生长期枝条拱形展开,尤以晚秋冬初翠绿欲滴,形成一道亮绿的风景线。可将其丛植于草坪、角隅、岩石假山、路缘、转角、阶前等处,是珍贵的庭院观赏树种。在欧美园林中常见栽培。

小知识

金钟连翘有多种园艺品种,常见有:(1) 密花连翘,花鲜黄而繁密,盛花时壮丽辉煌;(2) 矮生连翘,高仅 50 cm,匍地而生,北京植物园有引种。

紫丁香

Syringa oblata Lindl.

紫丁香,别名丁香、华北紫丁香,木犀科丁香属落叶灌木或小乔木。产于我国华北、内蒙古、东北南部等地区,在中国已有1 000多年的栽培历史。

形态特征

紫丁香高可达5 m,树皮灰褐色或灰色。小枝、花序轴、花梗、苞片、花萼、幼叶两面以及叶柄均无毛而密被腺毛。小枝较粗,疏生皮孔。单叶对生,叶片宽卵形,宽大于长,先端短尖,基部心形、截形、全缘,两面无毛;上面深绿色,下面淡绿色;圆锥花序长6~12 cm,花冠堇紫色,花冠筒长1~1.5 cm,裂片4裂开展;花药着生于花冠筒中部或稍上。蒴果长圆形,先端尖、平滑。花期4—5月,果期9—10月。

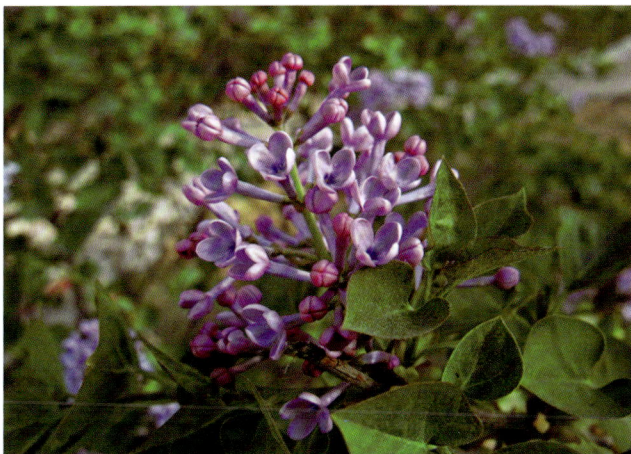

生态习性

紫丁香喜光,稍耐阴,荫处或半阴处生长衰弱,开花稀少;抗寒及抗旱性强;喜湿润、肥沃、排水良好之壤土,忌在低洼地种植,积水会引起病害,直至全株死亡。紫丁香常生于海拔300~2 400 m的山坡丛林、山沟溪边、山谷路旁及滩地水边。

繁殖要点

紫丁香采用播种、扦插、嫁接、分株和压条方式繁殖。

(1)播种。可于春、秋两季在室内盆播或露地畦播。北方以春播为佳,于3月下旬进行冷室盆播,温度维持在10~22 ℃,14~25 d即可出苗,出苗率40%~90%。若露地春播,可于3月下旬至4月初进行。播种前需将种子在0~7 ℃的条件下沙藏1~2个月,播后半个月即出苗。未经低温沙藏的种子需更长时间才能出苗。可开沟条播,沟深3 cm左右,无论室内盆播还是露地条播,当出苗后长出4~5对叶片时,即要进行分盆移栽或间苗。分盆移栽为每盆1株。露地可间苗或移栽1~2次,株行距为15 cm×30 cm。播种苗不易保持原有性状,但常有新的花色出现。

(2)扦插。夏季用嫩枝扦插,成活率很高。可于花后1个月,选当年生半木质化健壮枝条作插

穗,插穗长15 cm左右,用50~100 mg/L的吲哚丁酸水溶液处理15~18 h,插后用塑料薄膜覆盖,1个月后即可生根,生根率达80%~90%。也可在秋、冬季取木质化枝条作插穗,一般于露地埋藏,翌春扦插。

(3)嫁接。嫁接紫丁香的主要繁殖方法,可用靠接、芽接或枝接,砧木多用欧洲丁香或小叶女贞。华北地区芽接一般在6月下旬至7月中旬进行。接穗选择当年生健壮枝上的饱满休眠芽,以不带木质部的盾状芽接法,接到离地面5~10 cm高的砧木干上。也可秋、冬季采条,经露地埋藏于翌春枝接,接穗当年可长至50~80 cm,第二年萌动前需将枝干离地面30~40 cm处短截,促其萌发侧枝。华东偏南地区,实生苗生长不良,高接于女贞上使其适应。

栽培管理

紫丁香宜栽于土壤疏松而排水良好的向阳处。一般在春季萌枝前裸根栽植,每穴施100 g充分腐熟的有机肥料及100~150 g骨粉,与土壤充分混合作基肥。栽植后浇透水,以后每10 d浇1次水,每次浇水后要松土保墒。灌溉可依地区不同而有别,华北地区,4—6月是丁香生长旺盛并开花的季节,每月要浇2~3次透水,7月以后进入雨季,则要注意排水防涝。到11月中旬入冬前要灌足水。栽植3~4年生大苗,应对地上枝干进行强修剪,一般从离地面30 cm处截干,第2年就可以开出繁茂的花来。一般在春季萌动前进行修剪,主要剪除细弱枝、过密枝,并合理保留好更新枝。花后要剪除残留花穗,一般不施肥或仅施少量肥,切忌施肥过多,否则会引起徒长,从而影响花芽形成,反而使开花减少。但在花后应施些磷、钾肥及氮肥。紫丁香树势较强健,幼苗时须注意浇水,成年株无须特殊管理,适当修剪,以利调节树势及通风透光即可。

观赏应用

紫丁香是中国的名贵花木,已有1 000多年的栽培历史,植株丰满秀丽,枝叶茂密,且具独特的芳香,开花时,清香入室,沁人肺腑,是著名的观赏花木之一。欧、美园林中广为栽植,在中国园林中亦占有重要位置,广泛栽植于庭园、机关、厂矿、居民区等地。常丛植于建筑前、茶室凉亭周围;散植于园路两旁、草坪之中;与其他种类丁香配植成专类园,形成美丽、清雅、芳香、青枝绿叶,花开不绝的景区,效果极佳;也可盆栽、促成栽培、切花等。用小叶女贞根桩为砧木嫁接丁香制成的盆景,古干花枝,相得益彰,最耐观赏。另外,紫丁香种子可入药,花可提取芳香油,嫩叶可代茶。

小知识

紫丁香姿态秀美,花繁色紫,芳香宜人,是哈尔滨、呼和浩特、西宁市的市花。

桂花

Osmanthus fragrans
(Thunb.) Lour.

桂花,别名木樨、岩桂,木樨科木樨属常绿灌木或小乔木。原产于我国西南地区,现长江流域广泛栽培,北方多盆栽。其变种有金桂、银桂、丹桂、四季桂等。花开仲秋,浓香四溢,是中国传统十大名花之一。

形态特征

桂花高 3~5 m,最高可达 18 m;树皮灰褐色,不裂。小枝黄褐色,无毛。单叶对生,叶片硬革质,椭圆形、长椭圆形或椭圆状披针形,先端渐尖,基部渐狭呈楔形或宽楔形,全缘或通常上半部具细锯齿,两面无毛,中脉在上面凹入,下面凸起。聚伞花序簇生于叶腋,或近于帚状,每腋内有花多朵;花冠橙黄色或白色,浓香,近基部 4 裂。核果椭圆形,歪斜,长 1~1.5 cm,熟时紫黑色。花期 9—10 月,果期翌年 3—5 月。

生态习性

桂花喜阳光,稍耐阴,喜温暖,通风透光的环境,不耐寒,种植地区平均气温 14~28 ℃,7 月平均气温 24~28 ℃,1 月平均气温 0 ℃以上,能耐最低气温-13 ℃,最适生长气温是 15~28 ℃。湿度对桂花生长发育极为重要,要求年平均湿度 75%~85%,年降水量 1 000 mm 左右,特别是幼龄期和成年树开花时需要水分较多,若遇到干旱会影响开花。强日照和荫

蔽对其生长不利，一般要求每天 6~8 h 光照。桂花对土壤要求不高，除碱性土和低洼地或过于黏重、排水不畅的土壤外，一般均可生长，但以土层深厚、疏松肥沃、排水良好的微酸性沙质壤土最为适宜。它不耐干旱瘠薄，忌积水；萌发力强，寿命长；对有毒气体氯气、二氧化硫、氟化氢等有一定的抗性，还有较强的吸滞粉尘的能力。

繁殖要点

桂花多用嫁接、压条、扦插繁殖，也可采用播种繁殖。

（1）播种。4—5 月份桂花果实成熟，当果皮由绿色变为紫黑色时即可采收。桂花种子有后熟作用，至少要有半年的沙藏时间，采收后洒水堆沤，清除果肉，置阴凉处使种子自然风干，混沙贮藏，沙藏后可秋播或春播。沙藏期间要经常检查，防止种子霉烂或遭鼠害。播种繁殖一般采用条播的方法。播种前要整好地，施足基肥，亦可播于室内苗床。播种时将种脐侧放，以免胚根和幼茎弯曲，将来影响幼苗生长。播后覆盖一层细土，然后盖上草毡，遮阴保湿，经常保持土壤湿润，当年即可出苗。每亩用种量约 20 kg，可产苗木 3 万株左右。小苗于苗床生长 2 年后，第 3 年可移植栽培。实生苗开花较晚，定植 8~10 年后方能现花。

（2）嫁接。嫁接砧木多用女贞、小叶女贞、小蜡、小叶白蜡和流苏（别名油公子、牛筋子）等。大量繁殖苗木时，北方多用小叶女贞，在春季发芽之前，自地面以上 5 cm 处剪断砧木；剪取桂花 1~2 年生粗壮枝条长 10~12 cm，基部一侧削成长 2~3 cm 的削面，对侧削成一个 45°的小斜面；在砧木一侧约 1/3 处纵切一刀，深 2~3 cm，将接穗插入切口内，使形成层对齐，用塑料袋绑紧，然后埋土培养。用小叶女贞作砧木成活率高，嫁接苗生长快，寿命短，易形成"上粗下细"的"小脚"现象。用水蜡作砧木，生长慢，但寿命较长。盆栽桂花多行靠接，用流苏作砧木，宜在生长季节进行，不宜在雨季或伏天进行。靠接时选枝条粗细相近的接穗和砧木，在接穗适当部位削成梭形切口，深达木质部，长 3~4 cm，在砧木同等高度削成与接穗大小一致的切口，然后将两切口靠在一起，使二者形成层密结，用塑料条扎紧，愈合后，剪断接口上面的砧木和下面的接穗。嫁接苗的根系因砧木而异。

（3）扦插。在春季发芽以前，将一年生发育充实的枝条，切成 5~10 cm 长，剪去下部叶片，上部留 2~3 片绿叶，插于河沙或黄土苗床，株行距 3 cm×20 cm，插后及时灌水或喷水，并遮阴，保持温度20~25 ℃,相对湿度85%~90%,2个月后可生根移栽。

(4)压条法。可分低压和高压两种。低压桂花必须选用低分枝或丛生状的母株,时间是春季到初夏,选比较粗壮的低干母树,将其下部1~2年生的枝条,选易弯曲部位用利刀切割或环剥,深达木质部,然后压入3~5 cm深的条沟内,并用木条固定被压枝条,仅留梢端和叶片在外面。高压法是春季从母树上选1~2年生粗壮枝条,同低压法切割一圈或环剥,或者从其下侧切口,长6~9 cm,然后将伤口用培养基质涂抹,上下用塑料袋扎紧,培养过程中,始终保持基质湿润,到秋季发根后,剪离母株养护。

栽培管理

应选在春季或秋季,尤以阴天或雨天栽植最好。移栽地选在通风、排水良好且温暖的地方,光照充足或半阴环境均可。移栽要打好土球,以确保成活率。栽植土要求偏酸性,忌碱土。盆栽桂花盆土的配比是腐叶土2份、园土3份、沙土3份、腐熟的饼肥2份,将其混合均匀,然后上盆或换盆,可于春季萌芽前进行。地栽前,树穴内应先搀入草木灰及有机肥料,栽后浇1次透水。新枝发出前保持土壤湿润,切勿浇肥水。一般春季施1次氮肥,夏季施1次磷、钾肥,使花繁叶茂,入冬前施1次越冬有机肥,以腐熟的饼肥、厩肥为主。忌浓肥,尤其忌人粪尿。在黄河流域以南地区可露地栽培越冬。盆栽冬季应搬入室内,置于阳光充足处,使其充分接受直射阳光,室温保持在5 ℃以上,但不可超过10 ℃。翌年4月萌芽后移至室外,先放在背风向阳处养护,可适当增加水量,待稳定生长后再逐渐移至通风向阳或半阴的环境,然后进行正常管理。生长旺季可浇适量的淡肥水,花开季节肥水可略浓些。若生长期光照不足,会影响花芽分化。

观赏应用

桂花终年常绿,枝繁叶茂,秋季开花,芳香四溢,可谓"独占三秋压群芳"。桂花在园林中应用普遍,常作园景树,有孤植、对植的,也有成丛成林栽种的。在中国古典园林中,桂花常与建筑物、山、石相配,与丛生灌木型的植株一道植于亭、台、楼、阁附近。与牡丹、荷花、山茶等配置,可使园林四时花开。对有毒气体有一定的抗性,可用于厂矿绿化。其花可用于食品加工或提取芳香油,叶、果、根等可入药。广泛分布在江苏、河南、山东、北京、天津、大连、山西等地,但是在北方栽植耐寒性一般,冬季需要特殊保护,才能安然越冬。

小知识

旧式庭园常将桂花对植,古称"双桂当庭"或"双桂留芳"。在住宅四旁或窗前栽植桂花树,能收到"金风送香"的效果;在校园取"蟾宫折桂"之意,因此,在这些地方大量种植桂花。以桂花为原料制作的桂花茶是中国特产茶,它香气柔和、味道可口,为大众所喜爱。桂花是杭州、苏州、桂林、合肥等城市的市花。1963年、1983年国家先后两次命名咸宁为"桂花之乡";2000年,国家再次命名咸宁市咸安区为唯一的"中国桂花之乡",咸宁市以无可争辩的资源优势,先后赢得了全国性有关桂花的众多荣誉。

女贞

Ligustrum lucidum Ait.

女贞,别名大叶女贞、冬青、蜡树,木樨科女贞属常绿乔木。我国长江流域及以南各省区常见绿化树种,北京在背风向阳处可露地栽培。

形态特征

女贞高达 15m,树皮灰色,全株无毛。单叶对生,叶革质,卵形至卵状披针形,长 6~12 cm,宽 3~7 cm,顶端尖,基部圆形或宽楔形。顶生圆锥花序,长 10~20 cm;花白色,几无柄,芳香,花冠裂片与花冠筒近等长;核果椭圆形,长约 1 cm,紫黑色,有白粉。花期 6—7 月,果期 11—12 月。

生态习性

女贞喜光,稍耐阴,喜温暖,不耐寒,不耐干旱;在微酸性至微碱性湿润土壤上生长良好;对二氧化硫、氯气、氟化氢等有害气体抗性强;生长快,萌芽力强,耐修剪,侧根发达,移栽极易成活。

繁殖要点

女贞采用播种或扦插繁殖。

(1)播种。秋季果熟后采下,晒干,除去果皮贮藏。次春 3 月底至 4 月初,用热水浸种,捞出后湿放,经 4~5 天后即可播种。

(2)扦插。春、秋插条都可,但以春插者成活率较高。

栽培管理

女贞势较强健,管理粗放。幼苗时须注意浇水,成年株无须特殊管理,适当修剪,以利调节树势及通风透光即可。

观赏应用

女贞终年常绿,枝叶清秀,苍翠可爱,夏日白花满树,微带芳香,冬季紫果经久不凋,是优良绿化树种和抗污染树种。我国北方地区露地多栽植于建筑物的南侧。

小知识

女贞果、叶、树皮及根均可入药;木材可作细木工料。

小蜡

Ligustrum sinense Lour.

小蜡,别名山指甲,木樨科女贞属半常绿灌木或小乔木。我国长江流域及以南各地常见绿化树种,北京在背风向阳处可露地栽培。

形态特征

小蜡高 3~6 m,小枝被短柔毛。叶薄革质,椭圆形至卵状椭圆形,长 3~5 cm,宽 0.5~2 cm,叶背沿中脉有短柔毛。顶生圆锥花序,长 4~10 cm;花白色,芳香,有细而明显的花梗;花冠筒短于花冠裂片;雄蕊超出花冠裂片。果实近圆形,紫黑色。花期4—5 月。

生态习性

小蜡喜光,稍耐阴,喜温暖,较耐寒,不耐干旱,在微酸性至微碱性湿润土壤上生长良好;对二氧化硫等多种有害气体抗性强;生长快,萌芽力强,耐修剪,侧根发达,移栽极易成活。

繁殖要点

小蜡采用播种或扦插繁殖。

(1)播种。秋季果熟后采下,晒干,除去果皮贮藏。次年春 3 月底至 4 月初,用热水浸种,捞出后湿放,经 4~5 d 后即可播种。

(2)扦插。春、秋插条都可,但以春插者成活率较高。

栽培管理

小蜡势较强健,管理粗放。幼苗时须注意浇水,成年株无须特殊管理,适当修剪,以利调节树势

及通风透光即可。

观赏应用

小蜡多用作绿篱或修剪成长、方、圆等几何形体,植于广场、草坪、林缘、石旁,是优良抗污染树种,常植于工矿区。

丹桂

Osmanthus fragrans var.
aurantiacus Mak.

丹桂,木樨科木樨属常绿灌木或小乔木,桂花的变种。

形态特征

丹桂高 3~5 m,最高可达 18 m。树皮灰褐色,小枝黄褐色,无毛。叶片革质,椭圆形、长椭圆形或椭圆状披针形,先端渐尖,基部渐狭呈楔形或宽楔形,全缘或通常上半部具细锯齿,两面无毛,中脉在上面凹入,下面凸起。花橙黄色或橘红色,香味较淡。果歪斜,椭圆形,呈紫黑色。花期 9—10 月上旬,果期翌年 3 月。

生态习性

丹桂喜阳光,稍耐阴,喜温暖、通风透光的环境,不耐寒;对土壤要求不高,不耐干旱瘠薄,忌积水;萌发力强,寿命长,对有毒气体抗性较强。其枝叶生长茂盛,开花繁密,在背阴处生长枝叶稀疏、花稀少。抗逆性强,既耐高温,也较耐寒,在我国秦岭、淮河以南的地区均可露地越冬。若在北方室内盆栽尤需注意有充足光照,以利于生长和花芽的形成。

繁殖要点

丹桂采用扦插繁殖。土壤基质要求疏松透气、排水良好、含腐殖质高的酸性土或沙质土,以使其生根快、成活率高。扦插的株距为 5 cm,行距为 10 cm,稍斜插入,入土深度为插穗长的1/2~2/3。插后压实床土,行间盖草,淋透水一次,以便插条与土壤能够紧密结合而没有空隙。待发出的新枝长 6 cm 以上时,即可移入苗床培育。在插床期间,注意保湿、遮阴,防止积水。每亩苗床可扦插丹桂 8 万株,适宜大面积繁殖。

栽培管理

花后约11—12月份施基肥,使次春枝叶繁密,有利于花芽分化;7月夏季,二次枝未发前,进行追肥,则有利于二次枝萌发,使秋季花大繁密。

观赏应用

丹桂终年常绿,枝繁叶茂,秋季开花,花色橙红色,芳香四溢,在园艺栽培上是比较珍贵的品种。

小知识

旧时称科举中第为折桂,因以丹桂比喻科第。《晋书·郤诜传》:"〔武帝〕问诜曰:'卿自以为何如?'诜对曰:'臣举贤良对策,为天下第一,犹桂林之一枝,昆山之片玉。'"后以"丹桂"比喻选拔的人才。

迎春花

Jasminum nudiflorum
Lindl.

迎春花,别名迎春、黄素馨、金腰带,木樨科素馨属落叶丛生灌木。因其开花极早,花后即迎来百花齐放的春天而得名。栽培历史长达 1 000 余年。

形态特征

迎春花直立或匍匐,高 0.3~5 m,枝条下垂。枝稍扭曲,光滑无毛,小枝四棱形。叶对生,三出复叶,叶柄长 3~10 mm,无毛;老时仅叶,缘具睫毛;小叶片卵形、长卵形或椭圆形,先端锐尖或钝,具短尖头,基部楔形,叶缘反卷。花黄色,单生于 2 年生枝叶腋,先叶开放,有叶状狭窄的绿色苞片;萼裂片 5~6;花冠裂片 6,长椭圆形,约为花冠筒长的 1/2,花期 2—4 月,通常不结实。

生态习性

迎春花喜光,喜温暖、湿润、肥沃的土壤,适应性强,较耐寒、耐旱,但不耐涝;浅根性,生长快,萌芽、萌蘗力强,耐修剪;对土壤要求不高,耐碱,除洼地外均可栽植;根部萌发力强,枝条着地部分极易生根。

繁殖要点

迎春花繁殖以扦插为主,也可用压条、分株繁殖。

(1) 扦插。春、夏、秋三季均可进行,剪取半木质化的枝条 12~15 cm 长,插入沙土中,保持湿润,约 15 d 生根。

(2) 压条。将较长的枝条浅埋于沙土中,不必刻伤,40~50 d 后生根,翌年春季与母株分离移栽。

（3）分株。可在春季芽萌动时进行。春季移植时地上枝干截除一部分，需带宿土。

栽培管理

刚栽种或刚换盆的迎春，先浇透水，置于庇荫处 10 d 左右，再放到半阴半阳处养护一周，然后放置阳光充足、通风良好、比较湿润的地方养护。冬天，在南方只要把种迎春的盆钵埋入背风向阳处的土中即可安全越冬；在北方应于初冬移入低温(5 ℃左右)室内越冬。欲令迎春提前开花，可适时移入中温或高温向阳室内，如放置于 13 ℃左右室内向阳处，每日向枝干叶喷清水 1~2 次，20 d 左右即可开花；如置于 20 ℃左右室内向阳处，10 d 左右就可开花。开花后，室温保持在 8 ℃左右，并注意不要让风对其直吹，可延长花期。花开后，室温越高，花凋谢越快。

观赏应用

迎春枝条披垂，冬末至早春先花后叶，花色金黄，叶丛翠绿。在园林绿化中宜配置在湖边、溪畔、桥头、墙隅，或草坪、林缘、坡地、房屋周围也可栽植，以供早春观花。也可作花篱、花丛及岩石园材料，同时也是良好的插花材料。

小知识

迎春花与梅花、水仙和山茶花统称为"雪中四友"，构成新春美景。

云南黄馨

Jasminum mesnyi Hance.

云南黄馨,别名野迎春、云南迎春、南迎春,木樨科素馨属常绿灌木。原产于我国云南,现南方各地广泛栽培。

形态特征

云南黄馨高 0.5~5 m,枝条下垂。小枝四棱形,具沟,光滑无毛。叶对生,三出复叶表面光滑,顶端 1 枚较大,基部渐狭成一短柄,侧生 2 枚小而无柄。花单生于小枝端,径 3.5~4 cm。花黄色,花冠裂片 6 或稍多,呈半重瓣,较花冠筒长。花期 4 月,延续时间长。

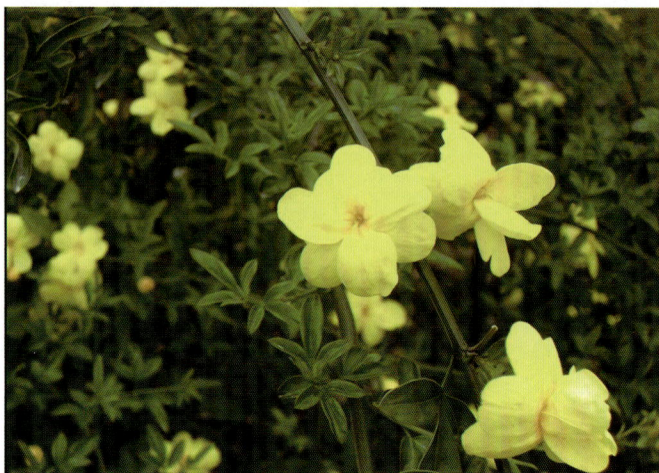

生态习性

云南黄馨喜光,稍耐阴,喜温暖湿润气候,耐寒性较差,但适应性强,常生于海拔 500~2 600 m 的峡谷、林中。

繁殖要点

云南黄馨每年 8—9 月采用扦插法繁殖,以沙质壤土最佳,扦插初期为了保证空气中的湿度,要避免空气过分的流通,插条愈合组织已形成,开始发根时,则应注意通风换气,促使其迅速发根生长;插后一星期内晴天的早晚各浇水一次(地膜育苗法除外),直到生根为止。以后视天气情况和土壤条件,酌情浇水或灌水,保持地表湿润;雨天则应该注意清沟排水。高温干燥季节,除早晚两次浇透水外,中午还要适当淋水。

亦可分株,压条繁殖。

栽培管理

栽植初期要适当遮阴,一个月左右要早晚见光,只在中午阳光直射的情况下遮阴。开花前后适当施 2~3 次薄液肥;扦插苗根浅且少,最好用手拔草,以免伤根。草长得过高则根深,拔时易损伤花苗根系,拔草后要立即浇水,使土壤与苗根密接,并注意培土,防止根系露出地面。

观赏应用

云南黄馨枝条细长而悬垂,适合花架、绿篱、坡地、高地悬垂栽培,如柳条下垂;春季黄花绿叶相衬,艳丽可爱,别具风格。也常用作绿篱,有很好的绿化效果。

小知识

迎春与云南黄馨的异同:迎春与云南黄馨同为木樨科素馨属,一般不结果。迎春,落叶灌木,花单生于去年生枝的叶腋,花冠裂片较筒部为短,花期2—4月;云南黄馨,常绿灌木,花单生于具总苞状单叶的小枝端,花冠裂片较筒部为长,花期4月。

探春

Jasminum floridum Bunge.

探春,别名迎夏,木樨科素馨属半常绿丛生灌木。主产于中国北部及西部,江浙一带也有栽培。

形态特征

探春枝条绿色,光滑无毛,但有棱角。奇数羽状复叶,叶互生;小叶通常为3枚至5枚,稀7枚,小叶片卵形或长椭圆状卵形,先端尖。顶生聚伞花序,花冠金黄色,花形比迎春花稍大,萼片5裂,线形,与萼筒等长;花冠裂片5,长约为花冠筒长的1/2,先叶后花。花期5—6月。

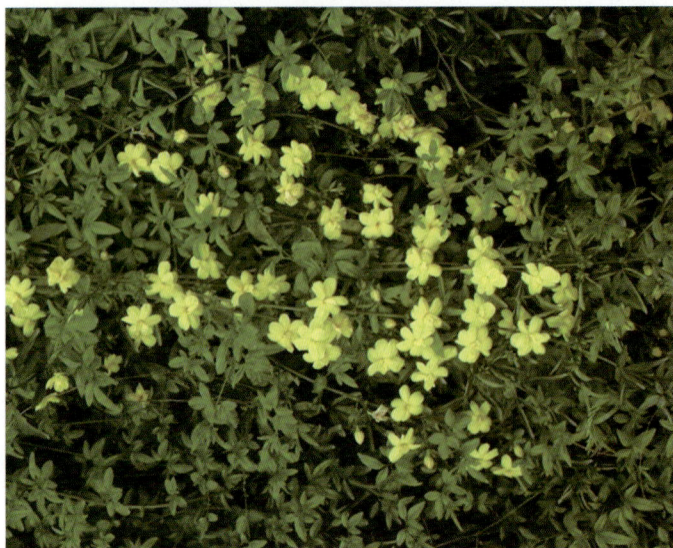

生态习性

探春性较耐寒,华北地区露地栽培,冬季稍加保护即可越冬。

繁殖要点

探春繁殖以扦插为主,也可用压条、分株繁殖,方法同迎春。

栽培管理

探春适应性强,栽培也较为容易。它喜温暖湿润的向阳之地,半阴处生长也很好,枝茂花繁,盆栽地栽均宜。每年花后和入冬时各施一次干粪或复合肥作基肥,生长季根据长势情况再追几次液肥;花后要修剪去残花梗,对旺盛生长的枝梢应适当短截,以促进枝条发育充实。地栽的应选择地势较高、排水和通风良好的地方,盆栽的雨季要防止盆中积水,浇水要见干见湿,勿使大干。盛夏要放到树荫或半阴处,避免强光直射,否则经受高温叶尖会出现干枯。冬季要放在背风向阳处,保证不让盆土大干就行。

观赏应用

探春先叶后花,叶丛翠绿,花色金黄,十分素雅,为良好的园景植物,也是盆栽、制作盆景和切花的极好材料。如将花枝插瓶,花期可维持月余,且枝条能在水中生根。

小知识

迎春与探春主要从4个方面给予鉴别:① 干皮不同。迎春干皮有绿红色红晕,而探春干皮灰褐色无晕。② 叶序不同。迎春叶对生,小叶3;而探春叶互生,小叶通常为3~5枚。③ 花期不同。迎春花期2月,先花后叶,而探春花期5月,先叶后花。④ 开花习性不同。迎春花单生于前一年枝上,而探春花排列为顶生聚伞花序。

络石
Trachelospermum jasminoides (Lindl.) Lem.

络石,别名万字茉莉、石龙藤、白花藤等,夹竹桃科络石属常绿木质藤本。常攀援在树木、岩石、墙垣上生长。

形态特征

络石长达 10 m,全枝具乳汁;茎赤褐色,圆柱形,有皮孔;小枝被黄色柔毛,老时渐无毛。单叶对生,叶革质或近革质,椭圆形至卵状椭圆形或宽倒卵形,顶端锐尖至渐尖或钝,有时微凹或有小凸尖,基部渐狭至钝,叶面无毛,叶背被疏短柔毛,老渐无毛;叶面中脉微凹,侧脉扁平,叶背中脉凸起,叶柄短,被短柔毛,老渐无毛;腋生聚伞花序;花冠白色,芳香,裂片 5,右旋形如风车;蓇葖果双生,长圆柱形,种子多颗,褐色,线形,直径约 2 mm,顶端具白色绢质种毛。花期 4—7 月,果期7—12 月。

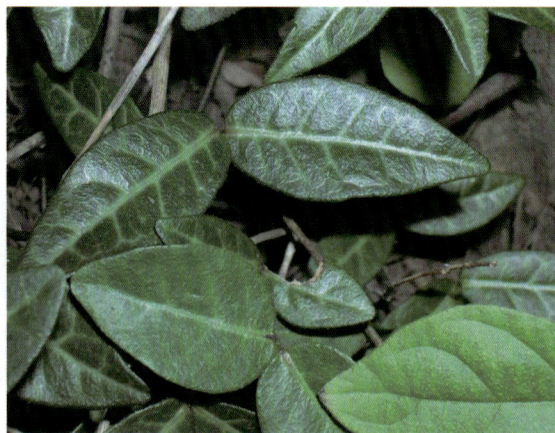

生态习性

络石原产于中国黄河流域以南,南北各地均有栽培。对气候的适应性强,耐暑热,但忌严寒,河南北部以至华北地区露地不能越冬,只宜作盆栽,冬季移入室内。华南可在露地安全越夏。喜湿润环境,忌干风吹袭,喜弱光,亦耐烈日高温,常攀附墙壁,阳面及阴面均可。对土壤的要求不高,一般肥力中等的轻黏土及沙壤土均宜,酸性土及碱性土均可生长,较耐干旱,但忌水湿,盆栽不宜浇水过多,保持土壤润湿即可。

繁殖要点

络石的繁殖，首选方法是压条，特别是在梅雨季节其嫩茎极易长气根。利用这一特性，将其嫩茎采用连续压条法，秋季从中间剪断，可获得大量的幼苗。扦插也可，于梅雨季节，剪取长有气根的嫩茎，插入素土中，置半阴处，成活率很高，但老茎扦插成活率低。盆栽络石花后一般不结籽，地栽络石花后可结圆柱状的果，10月成熟收取后，翌春播种，但播种苗要三四年后才开花，而压条、扦插苗翌年便可开花，故一般不用播种法。

栽培管理

络石养护管理粗放，容易培育。浇水保持土壤湿润，并经常向棕皮柱或支架上喷水增加湿度。在生长期，每月施1~2次肥水，并应避免烈日直射，以半阴或明亮的散射光照射为佳。

观赏应用

络石叶色浓绿，四季常青，冬叶红色，花繁色白，且具芳香，是优美的垂直绿化和常绿地被植物。将其植于枯树、假山、墙垣、石柱、亭、廊、陡壁之旁，攀援而上，均很优美。因其茎触地后易生根，耐阴性好，在园林中也可作地被或盆栽观赏。其根茎叶果均可入药，但乳汁对心脏有毒害作用。络石对二氧化硫、氯化氢、氟化物及汽车尾气等有较强抗性；对粉尘的吸滞能力强，能使空气得到净化。

小知识

络石萌蘖力强，耐修剪，茎触地后易生根，耐阴性好，作地被植物用时，可修剪得像草坪一样平整。同时，络石叶厚革质，具有较强的耐旱、耐热、耐水淹等特性，适应范围广，可作污染严重厂区的绿化，也是公路护坡等环境恶劣地块绿化的首选。由于络石耐修剪，四季常青，也可与金叶女贞、红叶小檗搭配作色带色块绿化用。

夹竹桃

Nerium indicum Mill.

夹竹桃,别名柳叶桃、红花夹竹桃,夹竹桃科夹竹桃属常绿直立大灌木。我国长江以南广为栽培。

夹竹桃

形态特征

夹竹桃高达 5 m,枝条灰绿色,含水液;嫩枝条具棱,被微毛,老时毛脱落。叶 3~4 枚轮生,下枝为对生,窄披针形,顶端极尖,基部楔形,叶缘反卷,叶面深绿,无毛,叶背浅绿色,硬革质。中脉明显,侧脉两面扁平,纤细,密生而平行,每边达 120 条,直达叶缘;花序顶生,花冠深红色或粉红色,单瓣5 枚,喉部具 5 片撕裂状副花冠;重瓣 15~18 枚,组成 3 轮,每裂片基部具顶端撕裂的鳞片。蓇葖果细长,种子长圆形,顶端种毛长 9~12 mm。花夏秋 6—10 月最盛;果期一般在冬春季。

生态习性

夹竹桃喜光、喜温暖湿润气候,不耐寒,耐旱力强;抗烟尘及有毒气体能力强;对土壤适应性强,碱性土上也能正常生长。其性强健,管理粗放,萌蘖性强,病虫害少,生命力强。

繁殖要点

夹竹桃以扦插繁殖为主,也可用分株和压条繁殖。

(1) 扦插。扦插在春季和夏季都可进行,插条基部浸入清水 10 d 左右,保持浸水新鲜,插后提前生根,成活率也高。具体做法是,春季剪取 1~2 年生枝条,截成 15~20 cm 的茎段,20 根左右捆成一束,浸于清水中,入水深为茎段

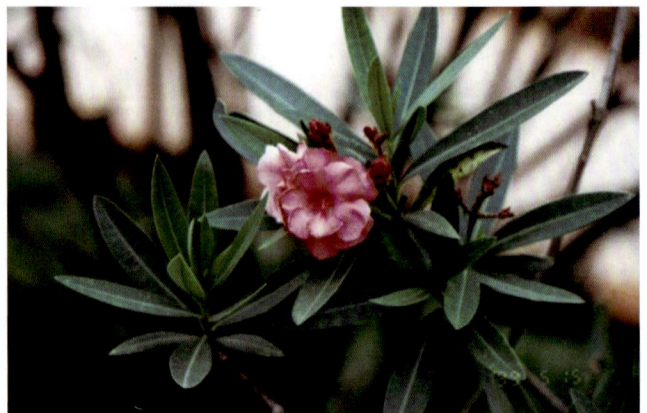

的1/3,每 1~2 d 换同温度的水一次,温度控制在 20~25 ℃,待浸水部位发生不定根时即可扦插。扦插时应在插壤中用竹筷打洞,以免损伤不定根。由于夹竹桃老茎基部的萌蘖能力很强,常抽生出大量嫩枝,可充分利用这些枝条进行夏季嫩枝扦插。选用半木质化程度插条,保留顶部 3 片小叶,插于基质中,注意及时遮阳和水分管理,成活率也很高。

(2) 压条。先将压埋部分刻伤或作环割,埋入土中,2 个月左右即可剪离母体,来年带土移栽。

栽培管理

夹竹桃的适应性强,栽培管理比较容易,无论地栽或盆栽都比较粗放。在地栽的地方,移栽需在春季进行,移栽时应进行重剪。盆栽夹竹桃,除了要求排水良好外,还需肥力充足。春季萌发需进行整形修剪,对植株中的徒长枝和纤弱枝,可以从基部剪去,对内膛过密枝,也宜疏剪一部分,同时在修剪口涂抹愈伤防腐膜保护伤口,使枝条分布均匀,树形保持丰满。经 1~2 年,进行一次换盆,换盆应在修剪后进行。夏季是夹竹桃生长旺盛和开花时期,需水量大,每天除早晚各浇一次水外,如见盆土过干,应增加一次喷水,以防嫩枝萎蔫和影响花朵寿命。9 月以后要扣水,抑制植株继续生长,使枝条组织老熟,增加养分积累,以利安全越冬。越冬的温度需维持在 8~10 ℃,低于 0 ℃气温时,夹竹桃会落叶。夹竹桃系喜肥植物,盆栽除施足基肥外,在生长期,每月应追施一次肥料。枝叶易遭蚧壳虫危害,需注意防治。

观赏应用

夹竹桃的叶片如柳似竹,红花灼灼,胜似桃花,花冠粉红至深红或白色,有特殊香气,花期为 6—10 月,是有名的观赏花卉。花集中长在枝条的顶端,它们聚集在一起好似一把张开的伞。夹竹桃花的形状像漏斗,花瓣相互重叠,有红色、黄色和白色 3 种,其中,红色是它自然的色彩,"白色"、"黄色"是人工长期培育造就的新品种。

夹竹桃有抗烟雾、抗灰尘、抗毒物和净化空气、保护环境的能力,对二氧化硫、氟化氢、氯气等有害气体有较强的抵抗作用。据测定,盆栽的夹竹桃,在距污染源 40 m 处,仅受到轻度损害,在 170 m 处则基本无损害,仍能正常开花,其叶片的含硫量比未污染时高 7 倍以上。夹竹桃即使全身落满了灰尘,仍能旺盛生长,被人们称为"环保卫士"。

小知识

夹竹桃有较强的毒性,人畜误食会有危险,曾有少量致命或差点致命的报告。可入药,孕妇忌服。还可作为重要的药物原料,用于农业上防治虫害。

栀子

Gardenia jasminoides Ellis.

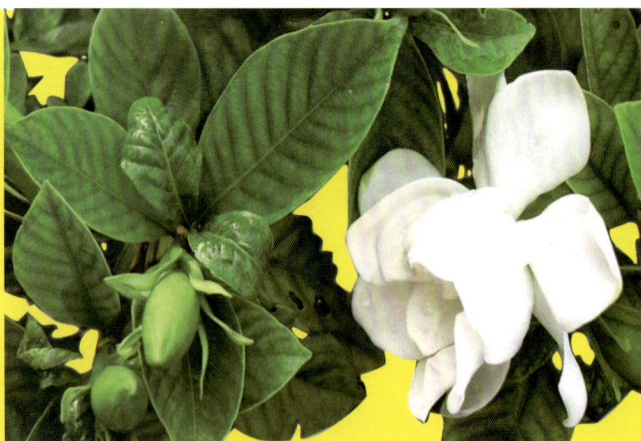

栀子,别名黄栀子、山栀、栀子花,茜草科栀子属常绿灌木。产于我国长江流域以南各省,中部及中南部也有栽培,北方温室栽培。是有名的香花观赏树种。

形态特征

栀子高 1~3 m;小枝绿色,有垢状毛。叶对生,革质,稀为纸质,少为 3 枚轮生,叶形多样,通常为长圆状披针形、倒卵状长圆形、倒卵形或椭圆形,长 5~12 cm,顶端渐尖,基部宽楔形,全缘,无毛,革质而有光泽;侧脉 8~15 对,在下面凸起,在上面平;托叶膜质。花单生枝端或叶腋;花萼 5~7 裂,裂片线形;花冠高脚碟状,先端常 6 裂,白色,浓香;花丝短,花药线形。果卵形,黄色,具 6 纵棱,种子多数,扁,近圆形而稍有棱角,有宿存萼片。花期 6—8 月,果期 9 月。

生态习性

栀子喜光也能耐阴,在庇荫条件下叶色浓绿,但开花稍差;喜温暖湿润气候,耐热也稍耐寒;喜肥沃、排水良好、酸性的轻黏壤土,也耐干旱瘠薄,但植株易衰老;抗二氧化硫能力较强;萌蘖力、萌芽力均强,耐修剪。

繁殖要点

栀子繁殖以扦插、压条为主。

扦插于秋季 9 月下旬至 10 月下旬,春季 2 月中下旬。剪取生长 2~3 年的枝条,剪长 17~20 cm 的插

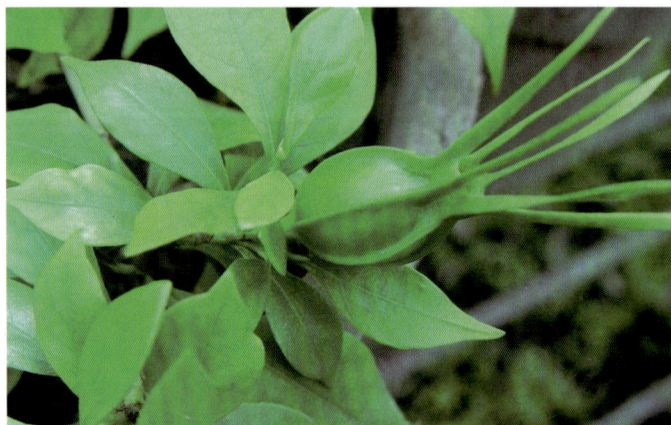

穗,插时稍微倾斜,上端留一节露出地面,约一年后即可移植。

压条于 4 月份气温升高、树液开始流动时进行,在成年树上选 2~3 年生、健壮的枝条压条,约经 1 个月即生根,可从下部切离母株,带土定植。

栽培管理

幼苗期须经常除草、浇水,保持苗床湿润,施肥以淡人粪尿为佳。定植后,在初春与夏季各除草、松土、施肥 1 次,并适当壅土。栀子是酸性土壤的指示植物,故土壤的微酸性环境是决定栀子生长好坏的关键。培养土应用微酸的沙壤红土 7 成,腐叶质土 3 成混合而成。将土壤 pH 值控制在 4.0~6.5 之间为宜。栀子的最佳生长温度为 16~18 ℃。温度过低和太阳直射都对其生长极为不利,故夏季宜将栀子放在通风良好、空气湿度大又透光的疏林或荫棚下养护。栀子喜空气湿润,生长期要适量增加浇水。通常盆土发白即可浇水,一次浇透。夏季燥热,每天须向叶面喷雾 2~3 次,以增加空气湿度,帮助植株降温。但花现蕾后,浇水不宜过多,以免造成落蕾。冬季浇水以偏干为好,防止水大烂根。栀子是喜肥的植物,为了满足其生长期对肥的需求,又能保持土壤的微酸性环境,可事先将硫酸亚铁拌入肥液中发酵。进入生长旺季后,可每半月追肥一次(施肥时最好多兑些水,以防烧花)。这样既能满足栀子对肥料的需求,又能保持土壤环境处于相对平衡的微酸环境,防止黄化病的发生,同时又避免了突击补硫酸亚铁,局部过酸对栀子的伤害。

观赏应用

栀子花叶色四季常绿,花芳香素雅,绿叶白花,格外清丽可爱。另外,栀子具有抗烟尘、抗二氧化硫能力,是良好的绿化、美化、香化环境的树种,可成片丛植或配植于林缘、庭院、路旁等,也可作为花篱栽培或应用于阳台绿化,或作盆花、盆景和切花装饰室内外环境。

小知识

栀子是秦汉以前应用最广的黄色染料。栀子的果实是传统中药,属卫生部颁布的第 1 批药食两用资源,具有护肝、利胆、降压、镇静、止血、消肿等作用。在中医临床中常用于治疗黄疸型肝炎、扭挫伤、高血压、糖尿病等症。花含挥发油,可提制浸膏,作调香剂。是岳阳、常德、汉中市的市花。

大花栀子

Gardenia jasminoides Ellis
var. grandiflora Makino.

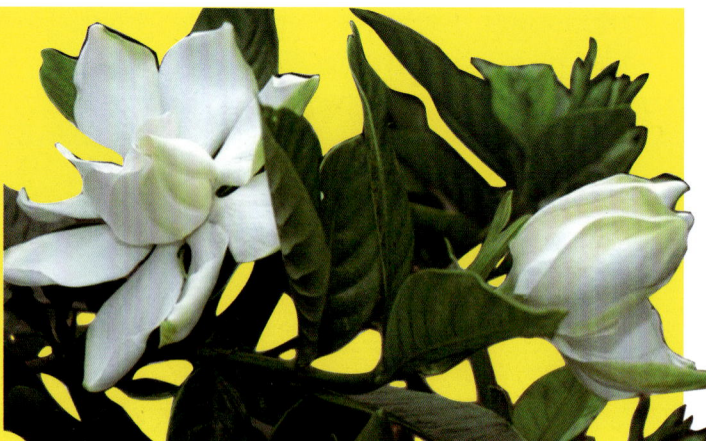

　　大花栀子,为栀子的变型,茜草科栀子属常绿灌木。大花栀子与原种的区别是花大重瓣,不结果。分布于我国中部及南部,是优良的芳香花卉,园林中应用更为普遍。

形态特征

　　大花栀子,枝绿色,幼枝具垢状毛。单叶对生或3叶轮生,叶较大,叶长圆状披针形或卵状披针形,先端渐尖或短尖,全缘,边缘白色,两面光滑,革质;具短柄;托叶膜质,基部合成一鞘。花大,单生于枝端或叶腋,白色,极香;线状;果实倒卵形或长椭圆形,黄色,纵棱较高,果皮厚,花萼宿存。花期5—7月。

生态习性

　　大花栀子喜湿润、温暖、光照充足且通风良好的环境,但忌强光暴晒,宜用疏松肥沃、排水良好的酸性土壤种植。

繁殖要点

　　大花栀子繁殖以扦插、压条为主,也可用分株或播种繁殖,但很少采用。扦插可分为春插和秋插。春插于2月中下旬进行;秋插于9月下旬至10月下旬进行。插穗选择2~3年的枝条,截成10~12 cm的段子,留顶上两片叶子,各剪去一半,然后斜插入插床中,土面上只留一节,注意遮阴和保持一定湿度,一般1个月可生根,1年后移植。南方还有采用水插法繁殖的,即将插穗插在用苇秆编织的圆盘上,任其漂浮在水面上,使其下部在水中生根,再移植栽培。压条可在4月清明前后或梅雨季节进行。选3年生母株上1年生健壮枝条,将其拉到地面,刻伤枝条上的入土部位,如能在刻伤部位蘸上200 mg/kg粉剂萘乙酸,再盖上土压实,则更容易生根。一般1~2个月生根后即可与母株分离,到第二年春再带土移栽。

栽培管理

盆栽用土以40%园土、15%粗沙、30%厩肥土、15%腐叶土配制为宜。生长期每隔10~15 d浇1次0.2%硫酸亚铁水或矾肥水(两者可相间使用)。盆栽栀子，8月份开花后只浇清水，并控制浇水量。10月寒露前移入室内，置向阳处。冬季严控浇水，但可用清水常喷叶面。每年5~7月在栀子生长旺盛期将停止时，对植株进行修剪去掉顶梢，促进分枝萌生，使日后株形美、开花多。

观赏应用

栀子花叶色四季常绿，枝叶繁茂，花朵美丽，芳香素雅，绿叶白花，格外清丽可爱。它适用于阶前、池畔和路旁配植，可用作花篱和盆栽观赏，花还可做插花和佩带装饰。

小知识

栀子花可做茶之香料，果实可消炎祛热，是优良的芳香花卉。

紫叶小檗

Berberis thunbe rgii
var. atropurpurea.

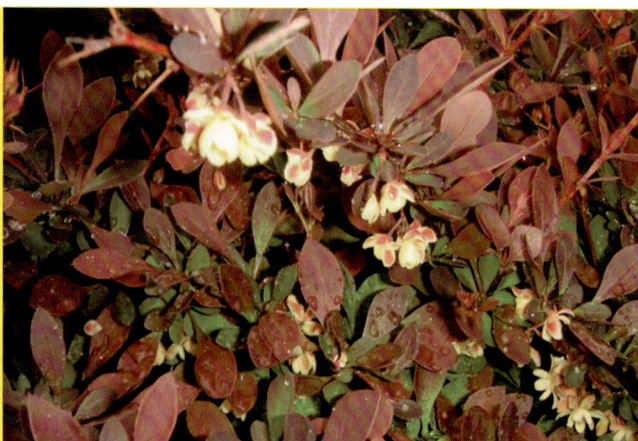

紫叶小檗,别名红叶小檗,小檗科小檗属落叶灌木。原产于日本和中国。是良好的观果、观叶和刺篱材料。

形态特征

紫叶小檗是日本小檗的栽培变种。幼枝淡红带绿色,无毛,老枝暗红色具条棱。叶簇生,倒卵形或匙形,全缘,先端钝,基部下延成短柄,常年紫红到鲜红色,两面均无毛。5月开花,花浅黄色,1~5朵成簇生状伞形花序。浆果长椭圆形,熟时亮红色,长约10 mm,稍具光泽,含种子1~2颗。

生态习性

紫叶小檗喜凉爽湿润环境,适应性强,耐寒也耐旱,不耐水涝;喜阳也能耐阴,萌蘖性强,耐修剪;对各种土壤都能适应,在肥沃深厚排水良好的土壤中生长更佳。

繁殖要点

紫叶小檗主要用播种繁殖,扦插、压条或分株繁殖也可。

(1)播种。紫叶小檗在北方易结实,故常用播种法繁殖。秋季种子采收后,洗净果肉,阴干,然后选地势高燥处挖坑,将种子与沙按1:3的比例放于坑内贮藏,第二年春季进行播种,这样经过沙藏的种子出苗率高,播种易成功,也可采收后进行秋播。

(2)扦插。可用硬枝插和嫩枝插两种方法。六七月取半木质化枝条,剪成10~12 cm长,上端留叶片,插于沙或碎石中,保持湿度在90%左右,温度25 ℃左右,20 d即可生根。秋季结合修剪,选发育充实,生长健壮的枝条作插穗,插于沙或碎石中,第二年春天可移植出棚。

（3）分株。紫叶小檗萌芽力强,生长速度快,植株往往呈丛生状,可进行分株繁殖。分株时间除夏季外,其他季节均可进行。

栽培管理

紫叶小檗小苗喜半阴,尤其播种繁殖小苗常采取遮阴措施。雨季注意排水,以免积水造成根系缺氧,发生腐烂。播种小苗和硬质扦插小苗可于当年雨季进行一次移植。嫩枝扦插苗木,生根后即可分栽定植。当苗高 40~60 cm 时可出圃。如果培育球形,小苗生长一年后,再于秋季移植,在生长时间中进行适当施肥,生长季节进行适当轻剪,休眠季节适度重剪。第三年当冠径达到 50~60 cm 时出圃。紫叶小檗适应性强,长势强健,管理也很粗放,盆栽通常在春季分盆或移植上盆,如能带土球移植,则更有利于恢复。紫叶小檗亦耐半阴,宜栽植在排水良好的沙壤土中,此植物虽较耐旱,但经常干旱对其生长不利,高温干燥时,如能喷水降温增湿,对其生长发育大有好处。紫叶小檗萌蘖性强,耐修剪,定植时可行强修剪,以促发新枝。入冬前或早春前疏剪过密枝或截短长枝,花后控制生长高度,使株形圆满。施肥可隔年,秋季落叶后在根际周围开沟施腐熟厩肥或堆肥 1 次,然后埋土并浇足冻水。

观赏应用

紫叶小檗焰灼耀人,枝细密而有刺。春季开小黄花,叶色常年紫红到鲜红色,果熟后亦红艳美丽,是良好的观果、观叶和刺篱材料。园林常用作花篱或在园路角隅丛植,点缀于池畔、岩石间,也用作大型花坛镶边或剪成球形对称状配植,适宜坡地成片种植,与常绿树种作块面色彩布置,也可用来布置花坛、花境,是园林绿化中色块组合的重要树种,常与金叶女贞、大叶黄杨组成色块、色带及模纹花坛。紫叶小檗亦可盆栽观赏或剪取果枝瓶插供室内装饰用。由于比较耐阴,是乔木下、建筑物荫蔽处栽植的优良树种,也可盆栽后放置室内外。由于本种较耐寒,冬季在门厅、走廊温度较低的地方都能摆放,为许多温室观叶植物所不及。此外,紫叶小檗也是制作盆景的好材料。

小知识

小檗的栽培变种除了紫叶小檗外,还有矮紫叶小檗、金边紫叶小檗、花叶小檗、粉斑小檗、银斑小檗、桃红小檗、金叶小檗、红柱小檗、直立小檗、铺地小檗等。

十大功劳

Mahonia fortunei
(Lindl.)Fedde.

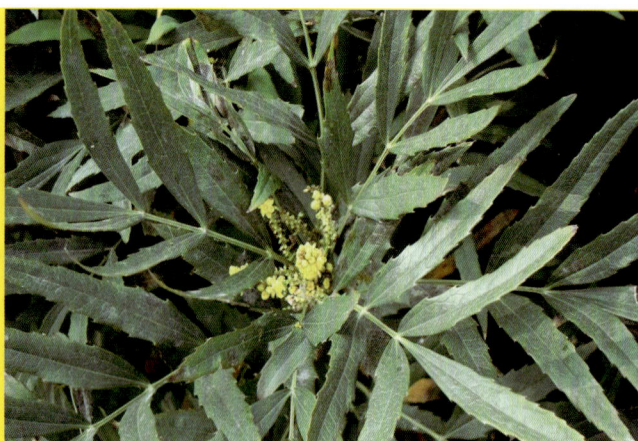

十大功劳,别名狭叶十大功劳,小檗科十大功劳属常绿灌木。

形态特征

十大功劳树高 1~2 m。树皮灰色,木质部黄色。奇数羽状复叶,小叶 5~9,侧生小叶狭披针形至披针形,长 5~11 cm;顶生小叶较大,先端急尖或渐尖,基部楔形,边缘每侧有刺齿 6~13,侧生小叶柄短或近无,叶硬革质,有光泽。花黄色,4~8 条总状花序簇生。果卵形,直径 4~6 mm,蓝黑色,被白粉。花期 8—9 月,果期 10—11 月。

生态习性

十大功劳树耐阴,喜温暖湿润的气候及肥沃、湿润、排水良好之土壤,耐寒性不强。十大功劳具有较强的分蘖和侧芽萌发能力,每年每株萌发 2~3 枝不等,并且,当年高度可达到 20 cm 左右。它

常生于山坡沟谷林中、灌丛中、路边或河边。

繁殖要点

十大功劳可用播种、插枝、插根或分株等方法繁殖。

（1）播种。野生的十大功劳越来越少，在园林苗圃生产中大量繁殖苗木时采用此法。十大功劳播种育苗需每天进行喷雾保湿，播后约过 2 个月即可生根。

（2）扦插。可于梅雨季节进行，选择当年生已充实的枝条，长 15~20 cm，苗床温度控制在 25~30 ℃，一个月后即可生根，成活率可达 90％以上。

（3）分株。分株可在 10 月中旬至 11 月中旬或 2 月下旬至 3 月下旬进行，也可结合春季换盆进行分株。将地栽丛状植株掘起，或把盆栽大丛植株从花盆中脱出，从根茎结合薄弱处剪开或撕裂，每丛带 2~3 个茎秆和一部分完好的根系，对叶片稍作修剪后，进行地栽或上盆。

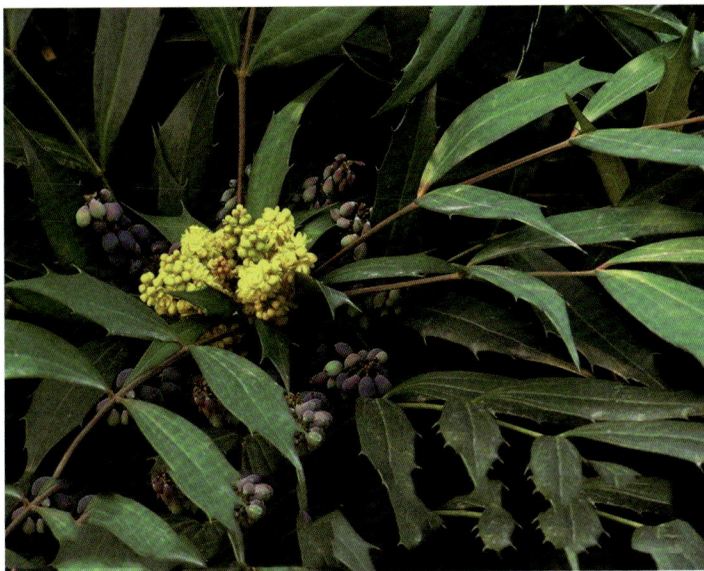

栽培管理

十大功劳的管理较为粗放。一般在早春萌动时移栽。栽植时施足底肥，栽植后压实土，浇透水。1~2 年生苗生长缓慢，第三年开始生长加快。干旱时注意浇水，最好能进行灌溉，可采用沟灌、喷灌、浇灌等方式。每年入冬前浇一次腐熟饼肥或禽畜粪肥，就能健壮生长。

观赏应用

由于十大功劳的叶形奇特，黄花似锦，蓝紫色果实，典雅美观，常植于庭院、林缘及草地边缘，或作绿篱及基础种植，还可盆栽放在门厅入口处、会议室、招待所、会议厅，清幽可爱。华北常盆栽观赏，温室越冬。

小知识

十大功劳全株可入药，有清热解毒、消肿、强壮之效。

阔叶十大功劳

Mahonia bealei (Fort.) Carr.

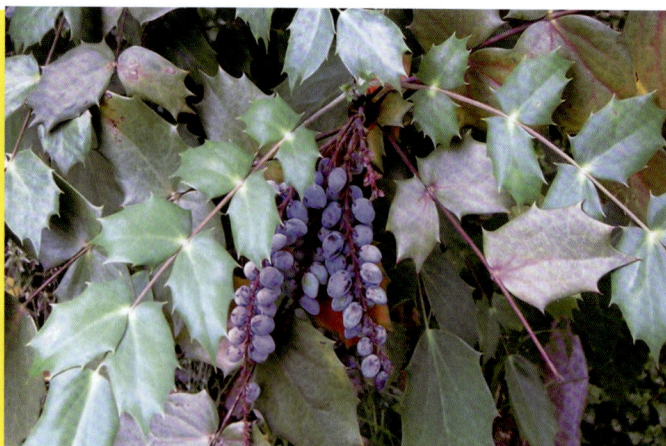

　　阔叶十大功劳,小檗科十大功劳属常绿灌木。城市公园常作观赏植物栽培。

形态特征

　　阔叶十大功劳高 0.5~4 m,树皮黄褐色。小叶 7~15,厚革质,硬直,卵形至卵状椭圆形,长 5~12 cm,叶缘反卷,有大刺齿 2~5 个,顶小叶较大,侧生小叶无柄,基部偏斜,上面绿色有光泽,背面被白粉。总状花序 6~9 条簇生,花黄色。浆果卵形,蓝黑色,被白粉。花期 11 月至翌年 3 月,果期4—8 月。

生态习性

　　阔叶十大功劳性强健,耐半阴,喜温暖气候,耐寒性不强,常生于阔叶林、竹林、杉木林及混交林下、林缘、草坡、溪边、路旁或灌丛中也能生长。华北常盆栽观赏,温室越冬。

繁殖要点

阔叶十大功劳通常采用播种、扦插、分株等法繁殖。

　　(1) 播种。果实在 11 月下旬方可成熟,12 月采果,先不要脱粒,把它们堆积起来过一段时间的后熟,再搓去果皮,把种淘干净,阴干后冬播或与湿沙混合藏一冬后,于次年 3 月在露地苗床上开沟条播。条播行距 15~20 cm,沟深 7 cm,覆土厚 2~2.5 cm,播后盖土保墒。4月下旬开始萌芽出土,应及时把盖草揭掉,梅雨过后搭设苇帘或遮阳网遮阴。也有的地方采取穴播,穴距 20 cm 左右,每穴撒种子 4 粒左右,覆土 6 cm 左右。穴播节省种子,播种后保持土壤湿润,2 周左右的时间即可出苗。第二年早春分苗移栽一次,仍继续遮阴,培养一年即可出圃。实生苗栽植后 4~5 年才能开花。苗需要在育苗床培育 2~3 年,当苗高 30~40 cm 时即可移栽,一般在每年 3—4 月移栽,干旱半干旱地区秋天 9—10 月份移栽为好。栽植前把幼苗挖出来,并且剪去一部分叶子,减少蒸发面积。整好地,做成 130 cm 宽的畦,畦长根据苗的多少和地形确定。行株距按 30 cm 挖一坑,填土踏实至和地面相平,浇定根水。水渗后再盖一层隔墒土。

（2）扦插。露地扦插应在3月下旬进行，采冬季落叶的健壮茎秆做插穗，按15 cm一段截开，插入疏松的沙壤土中，入土深10 cm，并搭设苇帘或遮阳网遮阴。在北方应在6—7月采嫩枝扦插，插条长10~12 cm，保留先端1个复叶，将复叶先端的小叶剪掉，只留基部2枝小叶并将其剪掉1/2，用素沙土插入大花盆中，入土深5 cm，遮阴养护，立秋以后可以长出新根，入冬前上盆，然后移入温室越冬。

（3）分株。可在10月中旬至11月中旬或2月下旬至3月下旬进行。阔叶十大功劳的茎秆呈丛壮直立向上生长，分枝力弱。扦插繁殖时需截秆采条，使母株暂时无法观赏。因此，多冬季翻盆换土，把整丛植株分蘖开来，上盆栽种，成活后对原有茎秆进行短截，促使根系萌发新的根蘖条而形成新的株丛。移植在春、秋季均可，留宿土或带泥球，养护管理简便，注意修剪枯枝，保持植株整洁。

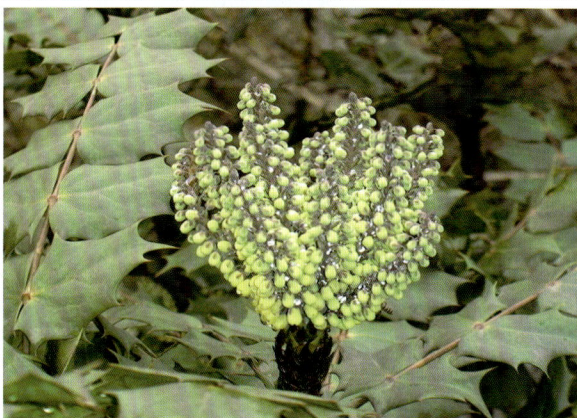

栽培管理

阔叶十大功劳性强健，在南方可栽在园林中观赏。树木的下面、建筑物的北侧、风景区山坡的背阴面均可露地栽植，地面不能积水，不需要灌溉和追肥，生长2~3年后可进行一次平茬，让它们萌发新茎秆和新叶来更新老的植株。如不平茬更新，老叶黄尖但不脱落，新叶长不出来相当难看。盆栽时在培养土中应大量掺沙，以防盆内积水，可2年翻盆换土一次。随着根蘖的抽生和株丛不断扩大，逐渐换入大盆，不要栽入木桶，因为老株的观赏价值不高，过老的植株可通过分株和平茬栽入较小的花盆中。在生长旺季可追肥3~4次，春、夏两季适当蔽荫，雨季应加强通风，否则蚧壳虫危害极为严重。冬季应移入冷室越冬，让它们休眠，如果室温超过15 ℃，对来年生长极为不利。冬季要修剪树形，去掉残枝和黄叶。

观赏应用

阔叶十大功劳四季常绿，树形雅致，枝叶奇特，叶形秀丽，尖有刺，叶色艳美，开黄色花，花色秀丽，果实成熟后呈蓝紫色，用于园林绿化点缀显得既别致又富有特色。阔叶十大功劳栽在房前屋后、白粉墙前感觉调和，或于庭院、园林围墙下作为基础种植，颇为美观。选择粗大的植株，进行截干促萌，可形成根、叶、花、果兼美的树桩盆景。在园林中也可植为绿篱或当作室内盆栽观赏，盆栽配置门厅入口处、会议室、招待所、会客厅使人感到清幽可爱。栽植作为切花更为独特。

> **小知识**
>
> 阔叶十大功劳栽培历史悠久，全株可入药，具有清热解毒、止咳化痰、清肿止泻、滋阴强壮等功效，根、茎、叶含小檗碱等生物碱。

南天竹

Nandina domestica Thunb.

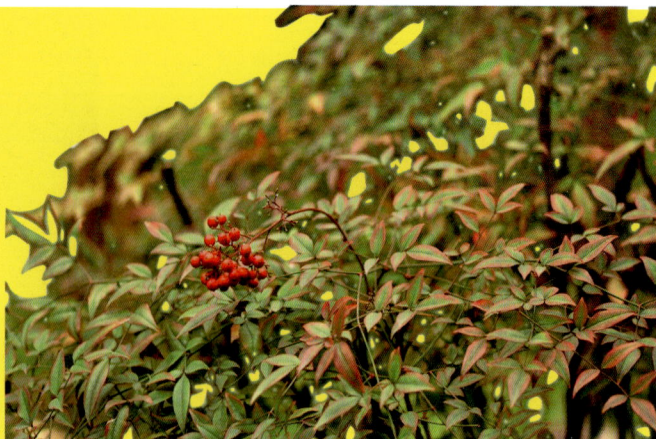

南天竹，别名南天竺、天竹、红杷子等，小檗科南天竹属常绿灌木。我国长江流域及其以南地区庭院广泛栽培。

形态特征

南天竹茎常丛生而少分枝，高 1~3 m，光滑无毛，幼枝常为红色，老后呈灰色。2~3 回羽状复叶，叶互生，集生于茎的上部，各级羽片全为对生，小叶薄革质，椭圆形或椭圆状披针形，顶端渐尖，基部楔形，全缘，上面深绿色，冬季变红色，背面叶脉隆起，两面无毛；近无柄。花小，白色，圆锥花序顶生；浆果球形，熟时鲜红色，稀橙红色，种子扁圆形。花期 5—7 月，果期 9—10 月。

生态习性

南天竹喜温暖湿润及通风良好的环境，较耐阴，耐寒性不强，对土壤要求不高，喜钙质土，中性、微酸性土均能适应；在强烈阳光、土壤瘠薄干燥处生长不良；不耐积水，生长较慢。

繁殖要点

南天竹以播种、扦插、分株等法繁殖。室内养护要加强通风透光，防止介壳虫害发生。

（1）播种。秋季采种，采后即播。在整好的苗床上，均匀撒种，每公顷播种量为 90~120 kg。播后，盖草木灰及细土，压紧。第二年幼苗生长较慢，要经常除草，松土，并施清淡人畜粪尿。以后每年注意中耕除草、追肥，培育 3 年后可出圃定植。移栽宜在春天雨后进行，株行距各为 100 cm。栽前，带土挖起幼苗,如不能带土,必须用稀泥浆蘸根,栽后才易成活。

(2) 分株。春秋两季将丛状植株掘出,抖去宿土,从根基结合薄弱处剪断,每丛带茎秆 2~3 个,需带一部分根系,同时剪去一些较大的羽状复叶,地栽或上盆,培养一二年后即可开花结果。

(3) 扦插。扦插于新芽萌动前或夏季新梢停止生长时进行,选用 1~2 年生枝顶部,长 15~20 cm,雨季进行扦插。

栽培管理

南天竹浇水应见干见湿。干旱季节要勤浇水,保持土壤湿润;夏季每天浇水一次,浇水时间夏季宜在早、晚进行,冬季宜在中午进行。南天竹在生长期内,小苗每半个月左右需施一次薄肥(宜施含磷多的有机肥),成年植株每年施 3 次干肥,分别在 5、8、10 月份进行。肥料可用充分发酵后的饼肥和麻酱渣等。施肥量一般第一、二次宜少,第三次可增加用量。在生长期内,剪除根部萌生枝条、密生枝条,剪去果穗较长的枝干,留一二枝较低的枝干,以保株形美观,以利开花结果。

观赏应用

南天竹基干丛生,枝叶扶疏,秋冬叶色变红,更有红果累累,经冬不落,为美丽的观果、观叶佳品,宜丛植于庭前、假山石旁或小径转弯处、漏窗前后。若与松、蜡梅配景,绿叶、黄花、红果,色香俱全,雪中欣赏,效果尤佳;也可制作盆景和桩景。根、茎、叶、果均可入药,有祛风、清热、镇咳、止咳等功能。

小知识

南天竹常见栽培变种有:玉果南天竹,浆果成熟时为白色;橙果南天竹,浆果成熟时为橙色;琴丝南天竹,叶色细如丝;紫果南天竹,果实成熟时呈淡紫色;圆叶南天竹,叶圆形,且有光泽;矮南天竹,矮灌木,树冠紧密球形,叶全年着色。

紫薇
Lagerstroemia indica L.

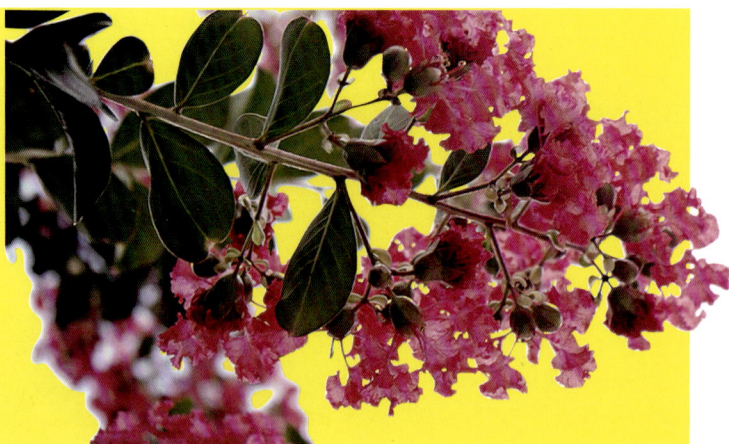

紫薇,别名痒痒树、百日红、无皮树等,千屈菜科紫薇属落叶灌木或小乔木。我国东北南部、华东、华中、华南及西南均有分布,各地普遍栽培。紫薇花色艳丽,花期长,由6月可开至9月,故有"百日红"之称。

形态特征

紫薇高可达7 m;树皮平滑,灰色或灰褐色;枝干多扭曲,小枝纤细,具4棱,常有狭翅。叶互生或有时对生,纸质,椭圆形、阔矩圆形或倒卵形,长2.5~7 cm,宽1.5~4 cm,顶端短尖或钝形,有时微凹,基部阔楔形或近圆形,无毛或下面沿中脉有微柔毛,侧脉3~7对,小脉不明显;无柄或叶柄很短。顶生圆锥花序,红色、粉色、紫色,径约6~20 cm;萼6浅裂;花瓣6;雄蕊40~60;蒴果椭圆状球形或阔椭圆形,幼时绿色至黄色,成熟时或干燥时呈紫黑色,室背开裂,6瓣裂,径约1.2 cm。种子有翅,长约8 mm。花期6—9月,果期10—12月。

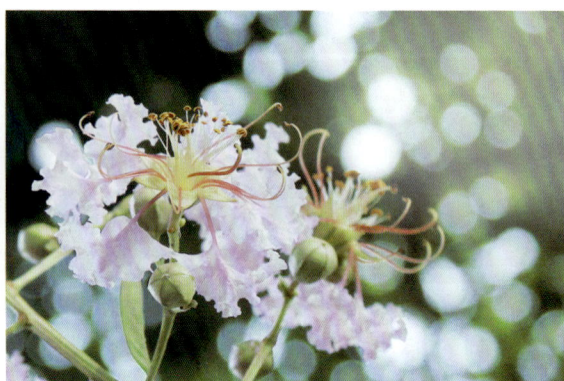

生态习性

紫薇喜光,略耐阴,喜温暖、湿润气候,有一定抗寒力和耐旱力;喜肥沃、湿润而排水良好的石灰性壤土或沙壤土,不耐水涝,忌种在地下水位高的低湿地方;开花早,花期长,寿命长,萌芽力强,耐修剪。紫薇还具有较强的抗污染能力,对二氧化硫、氟化氢及氯气的抗性较强。

繁殖要点

紫薇常用繁殖方法为播种和扦插两种,扦插与播种相比成活率更高,植株的开花更早,成株快,而且苗木的生产量也较高。

栽培管理

紫薇栽培管理粗放,但要及时剪除枯枝、病虫枝,并烧毁。为了延长花期,应适时剪去已开过花的枝条,使之重新萌芽,长出下一轮花枝。为了树干粗枝,可以大量剪去花枝,集中营养培养树干。实践证明,管理适当,紫薇一年中经多次修剪可使其开花多次,长达 100~120 d。紫薇喜阳光,生长季节必须置室外阳光处。春冬两季应保持盆土湿润,夏秋季节每天早晚要浇水一次,干旱高温时每天可适当增加浇水次数,以河水、井水、雨水以及贮存 2~3 d 的自来水浇施。

观赏应用

紫薇树姿优美,树干光滑洁净,花色艳丽。开花时正当夏秋少花季节,花期长,由 6 月可开至 9 月,故有"百日红"之称,又有"盛夏绿遮眼,此花红满堂"的赞语,也是观花、观干、观根的盆景良材。

作为优良的观花乔木,紫薇在园林绿化中,被广泛用于公园绿化、庭院绿化、道路绿化、街区城市绿化等。在实际应用中可栽植于建筑物前、院落内、池畔、河边、草坪旁及公园中小径两旁均很适宜。其根、皮、叶、花皆可入药。

小知识

紫薇栽培品种丰富,花除紫色外还有白花的"银薇",粉红花的"粉薇",亮蓝紫色花的"翠薇",天蓝色花的"蓝薇"及"二色紫薇"等。此外,还有"斑叶紫薇"、"红叶紫薇"、"矮紫薇"、"红叶矮紫薇"、"葡萄紫薇"等品种,具有极高的观赏价值。并且,具有易栽、易管理的特点,在园林中广泛应用。

参考文献

[1] 中国植物志编辑委员会:《中国植物志》,科学出版社,2004年。

[2] 毛龙生:《观赏树木学》,东南大学出版社,2003年。

[3] 陈有民:《园林树木学》,中国林业出版社,2007年。

[4] 包满珠:《花卉学》,中国农业出版社,2003年。

[5] 陈俊愉:《中国花卉品种分类》,中国林业出版社,2001年。

[6] 郑万钧:《中国树木志》,中国林业出版社,2004年。

[7] 李景侠,康永祥:《观赏植物学》,中国林业出版社,2005年。

[8] 刑福武:《中国景观植物》,华中科技大学出版社,2009年。

[9] 周洪义,张清,袁东升:《园林景观植物图鉴》,中国林业出版社,2009年。

[10] 杨先芳:《花卉文化与园林观赏》,中国农业出版社,2005年。

[11] 何礼华,汤书福:《常见园林植物彩色图鉴》,浙江大学出版社,2012年。

[12] 芦建国,杨艳容:《园林花卉》,中国林业出版社,2006年。

[13] 曹春英:《花卉栽培》,中国农业出版社,2001年。

[14] 周余华:《园林植物栽培》,江苏科学技术出版社,2007年。